노벨상의 발상

디아스포라(DIASPORA)는 독자 여러분의 책에 관한 아이디어와 원고 투고를 기다리고 있습니다. 디아스포라는 전파과학사의 임프린트로 종교(기독교), 경제·경영서, 일반 문학 등 다양한 장르의 국내 저자와 해외 번역서를 준비하고 있습니다. 출간을 고민하고 계신 분들은 이메일 chonpa2@hanmail.net로 간단한 개요와 취지, 연락처 등을 적어 보내주세요.

노벨상의 발상

–
초판1쇄 발행 1986년 12월 25일
개정1쇄 발행 2025년 08월 26일

–
지 은 이 미우라 겐이치
옮 긴 이 손영수
발 행 인 손동민
디 자 인 이지혜

–
펴낸 곳 전파과학사
출판등록 1956. 7. 23. 제 10-89호
주　　소 서울시 서대문구 증가로18, 204호
전　　화 02-333-8877(8855)
팩　　스 02-334-8092
이 메 일 chonpa2@hanmail.net
공식 블로그 http://blog.naver.com/siencia

ISBN 979-11-94832-21-8 (03400)

노벨상의 발상

미우라 겐이치 지음
손영수 옮김

한국 독자들에게

“이 책이 한국 독자들과 만나게 되어 매우 기쁘게 생각합니다. 오늘날 과학이 세계 어디에서나 높은 신뢰와 강력한 힘을 발휘할 수 있는 것은 그 보편성 덕분입니다. 논문에 기록된 대로 같은 조건에서 실험을 수행하면, 세계 어느 곳에서 누구나 동일한 결과를 얻을 수 있다는 사실이 과학의 기반을 이루고 있습니다.

그러나 오늘날 과학의 보편성이 완벽히 실현되고 있다고는 말하기 어렵습니다. 예를 들어 CERN(유럽 합동 원자핵 연구기관)의 가속기는 우주 초기의 고에너지 상태를 재현함으로써 우리 세계를 구성하는 소립자의 정체를 밝혀 나가고 있습니다. 이곳에서는 전자기력과 약력을 통일하는 이론이 예언했던 위크보손(weak boson)이라는 입자의 존재가 확인되었습니다. 현재로서는 이러한 실험이 가능한 시설이 지구상에 CERN밖에 없습니다. 즉, 어느 곳에서나 쉽게 재현할 수 있는 상황은 아닙니다. 그러나 CERN에서 이루어진 실험이 과학자의 신뢰를 받는 것은, 지금까지 과학이 쌓아온 보편적 논리 위에서 진행되었기 때문입니다.

이 책은 노벨상 수상 연구라는 높은 평가를 받은 여러 과학적 업적이, 어떻게 이루어졌는지를 가능한 한 구체적으로 밝히려는 의도에서 집필되었습니다. 과학적 발견의 과정 탐구도 세계 어디에서나 통용될 수 있는 보편적 진실임을 확신합니다.

부족한 글이지만, 한국 독자 여러분께 조금이라도 도움이 된다면 더할 나위 없는 기쁨이겠습니다. 이 책을 눈여겨보고 한국어로 번역하는 일에 열정적으로 추진해 주신 손영수 선생님께 진심으로 감사의 말씀을 드립니다.

1986년 11월 도쿄 근교에서

미우라 겐이치

들어가며

“소감은요?” 통신사로부터 걸려온 난데없는 전화는 불쑥 이렇게 질문했다. “아니…… 소감이라니, 무슨 소감을 말하는 거요?” “그야 물론, 노벨상을 수상한 소감이죠.” — 피터 미첼(1978년 화학상).

“낮 뉴스가 있기 전까지만 해도 프랑스 대부분의 국민은 파스퇴르 연구소의 존재를 몰랐어요. 우리의 노벨상 수상이 보도되자 그때부터는 파스퇴르 연구소를 모르는 사람이라곤 한 사람도 없답니다.” — 프랑수아 자코브(1965년 생리학·의학상).

노벨상은 과학자를 과학의 세계 밖에서마저도 단숨에 유명 인사로 만들어 놓는다. 평소 과학에 별다른 관심이 없는 사람조차 노벨상 수상자의 이름쯤은 알고 있다. 과학 연구에 주어지는 최고의 영예로서 노벨상의 명성은 확고부동하다.

일본에서는 전후(戰後) 얼마 지나지 않은 1949년에, 유카와 히데키(湯川秀樹)가 일본인으로서는 처음으로 노벨상(핵력의 이론에 의한 중간자의 존재 예언으로 물리학상)을 수상했다. 이는 일본 국민에게 큰 격려가 되었다고 한다.

과학 이외의 세계에서도 노벨상 수상자가 입을 벙긋하면 그 발언은 굉장한 비중을 가지고 받아들여진다. 수상자의 사회적 발언은 세계의 이목을 집중시키는 일이 많다. 노벨상 수상은 곧 세계를 대표하는 현인(賢人)의 대열에 들어선다는 뜻이며, 이는 결코 과장이 아닐 것이다.

노벨상의 자연과학 분야 세 부문 상은 매년 10월에 발표되며, 전 세계 보도기관은 예민한 촉각을 곤두세우고 스톡홀름의 동향을 주목한다. 수상자는 노벨위원회나 보도기관으로부터 전화로 수상 소식을 통보받는다. 이후 얼마간 분주한 시간을 보낸 뒤, 12월 10일에 열리는 수상식에 참석하기 위해 스톡홀름으로 향한다. 수상식이 거행되는 12월 10일은 바로 알프레드 노벨(Alfred B. Nobel)의 기일(忌日)이다.

수상식이 열리는 회장은 스톡홀름시의 중심부에 위치한 콘서트홀이다. 무대 오른쪽은 왕실석으로 스웨덴 국왕을 비롯한 왕족들이 자리한다. 정장을 갖춘 수상자들은 무대 왼쪽에 한 줄로 늘어선다. 무대 중앙에 깊숙한 곳에는 노벨의 흉상(胸像)이 놓여, 수상식 내내 그 광경을 지켜본다.

수상자는 한 사람씩 소개되며, 스웨덴 국왕이 직접 금메달과 상금을 수여한다. 메달과 상장은 한 손으로 들기 어려울 만큼 묵직하다. 메달 옆면에는 노벨의 옆얼굴이 부각되어 있고, 뒷면에는 과학의 여신이 자연의 여신의 베일을 벗겨내는 장면이 새겨져 있다. 메달 가장자리를 따라 "기예(技藝)의 발견에 의해 삶을 풍요롭게 하는 것은 유익한 일이다"라는 노벨의 신조(信條)가 라틴어로 새겨져 있다. 상장은 절반으로 접을 수 있도록 되어 있으며, 오른쪽 면에는 상을 수여하는 글과 함께 수상자의 업적이 스웨덴어로 적혀 있다. '노벨상'이라는 글자와 수상자 이름은 붉은 글씨로 크게 표시된다. 왼쪽 면에는 수상자마다 서로 다른 그림이 그려져 있다.

수상 강연에서는 각 수상자가 노벨상의 대상으로 선정된 자신의 연구

내용을 소개한다. 스피치를 곁들인 공식 만찬회도 열리는데, 이 만찬은 스톡홀름의 시청에서 진행된다. 이 자리에서 수상자들이 전하는 짤막한 연설에는 수상자들의 인품이 둥실하게 풍긴다.

5월에 찾아간 스톡홀름에서도 이따금 눈이 내리고, 기온은 0도 가까이 내려간 듯하다. 그렇다면 12월 추위는 얼마나 매서울까.

콘서트홀과 시청 등 노벨상과 깊은 관련이 있는 시설들은 모두 역사의 숨결을 느끼게 하는 건물이었다. 콘서트홀은 밝은 청색 벽을 가진 거대한 상자 모양의 건물로, 정면에는 10개의 둥근 기둥이 7층 높이 정도의 홀 상부까지 우뚝 솟아 있었다. 홀 앞의 광장에는 저녁때까지 장터가 열려, 시민들의 생활과 밀착된 장소임을 느낄 수 있었다. 물가에 서 있는 시청은 짙은 갈색 벽돌로 지어진 건물로, 두드러지게 높은 탑이 솟아 있었다. 물가를 따라 조성된 잔디밭에는 하얀 벤치가 놓여 있었고, 주변 풍경은 마치 한 장의 그림엽서처럼 아름다웠다. 택시를 타거나 걷거나 하여 찾아온 관광객들은, 오랜 세월 동안 변함없이 이어져 온 아늑한 풍경 속에 잠겨 있었다.

노벨상은 다이너마이트의 발명으로 거부(巨富)가 된 노벨의 유언에 따라 제정되었다. 그의 유산에서 나오는 수익은 1896년 당시 기준으로 매년 920만 달러에 이르는 거액이었다. 노벨은 이 재산을 다섯 분야로 나눠 물리학, 화학, 생리학·의학, 문학, 평화 부문에 각각 상을 수여하도록 유언을 남겼다.

1901년에 제1회 노벨상은 세 사람에게 수여되었다. 물리학상은 뢴트겐(Wilhelm Conrad Röntgen, X선의 발견), 화학상은 반트호프(Jacobus Henricus van't Hoff, 화학 열역학의 발견 및 용액의 삼투압의 발견), 생리학·의학상은 베링

(Emil Adolf von Behring, 디프테리아에 대한 혈청요법)이 수상했다. 1986년까지 과학 분야의 수상자는 총 378명에 이른다.

과학 연구에 대한 상은 노벨상 이외에도 여러 종류가 있으며, 역사나 상금 규모 면에서 노벨상을 웃도는 것도 있다. 그런데도 노벨상이 이토록 압도적인 권위를 지닐 수 있었던 이유는 무엇일까? 미국의 과학사학자 주커먼(H. Zuckerman)이 지적했듯이, 그 비결은 수상자 명단에 있다. 수상자들은 모두 쟁쟁한 인물들이었고, 노벨상 위원회는 비록 약간의 오류를 범한 적은 있을지라도 대체로 적절한 선택을 해왔기에 오늘날과 같은 권위를 얻게 된 것이다.

노벨상의 역사는 곧 20세기 과학의 역사라고 해도 지나친 말이 아닐 것이다. 나는 이 책에서, 그 노벨상 수상 연구가 어떤 발상에서 출발했는지를 스물세 명의 수상자에게 직접 들어보았다.

이 책은 일본의 월간 과학잡지 『과학 아사히(科學朝日)』 1984년 8월호부터 다섯 차례에 걸쳐 연재했던 내용을 바탕으로 하고 있다. 잡지 연재 당시에는 제한된 지면 사정으로 생략해야 했던 부분이나 설명이 부족했던 부분 등을 이 책에서는 대폭 보완했다. 그 결과 내용이 한층 상세해졌다고 생각하지만, 설명이 너무 세부적인 부분에 이르러 오히려 번거롭게 느껴지는 경우가 있다면 그런 부분은 가볍게 넘어가도 무방할 것이다.

수상자의 배열 순서는 물리학상, 화학상, 생리학·의학상의 순서로 나누었으며, 수상 연구의 내용이 서로 관련 있는 인물들은 가능한 한 가까운 차례에 배치했다. 각 수상자는 독립된 항목으로 완결되도록 구성했으므로, 독자는 흥미롭게 생각되는 수상자에 관한 부분을 먼저 읽어도 될 것이다.

[차례]

- 한국 독자들에게 | 04
- 들어가며 | 06

1. 노벨 물리학상

불러들인 행운 • 아노 펜지어스 • 로버트 우드로 윌슨
<1978년, 3K 우주배경복사 발견> 15

기묘함이야말로 진실 • 머리 겔만
<1969년, 소립자의 분류와 그 상호작용에 관한 발견과 기여> 46

혁명을 낳게 한 확신 • 버턴 릭터 • 새뮤얼 차오 충 팅
<1976년, 무거운 소립자 발견> 68

퍼즐에 열중하던 끝에 • 양전닝
<1957년, 패리티 비보존에 관한 연구> 98

경계 영역에서 비약 • 에사키 레오나
<1973년, 고체에서의 터널효과 연구> 119

2. 노벨 화학상

외톨박이의 반란 • 피터 미첼
<1978년, 생체막에서의 에너지 변환 연구> 136

광범위한 이론을 찾아서 • 후쿠이 겐이치
<1981년, 화학반응 과정에 대한 이론적 연구> 159

직관의 거인 • 라이너스 폴링 <1954년, 화학결합에 관한 연구로 노벨 화학상 수상 / 1962년, 핵실험 반대운동을 이끈 공로로 노벨 평화상 수상> 184

시행의 연속 • 프레더릭 생어
<1958년, 인슐린의 구조결정 / 1980년, 핵산의 염기배열 연구> 202

불가능에의 도전 • 존 켄드루 • 맥스 퍼디낸드 퍼루츠
<1962년, X선 회절법을 이용한 구상 단백질 입체구조의 해명> 224

3. 노벨 생리학·의학상 1

시대를 뒤흔든 통찰	• 프랜시스 크릭 <1962년, 핵산의 분자구조와 생체 내 정보 전달에 관한 그 중요한 발견>	255
직관을 뒷받침하는 논리	• 프랑수아 자코브 <1965년, 효소와 바이러스 합성의 유전적 제어 연구>	273
방대한 메모로부터	• 마셜 워런 니런버그 <1968년, 유전암호 해독과 단백질 합성에서의 역할에 관한 연구>	293
때로는 전략 전환을	• 아서 콘버그 <1959년, DNA 합성>	309

4. 노벨 생리학·의학상 2

강력한 수단을 확립	• 조슈아 레더버그 <1958년, 미생물에 대한 유전생화학의 발전>	327
편견이 없는 유연한 사고	• 데이비드 볼티모어 <1975년, 종양 바이러스 연구>	341
실험의 암시를 추적	• 줄리어스 액설로드 <1970년, 신경 말초부에서의 신경전달물질의 발견과 그 저장, 해리, 비활성화 기구에 대한 연구>	355
가설로부터의 탐험	• 데이비드 허블 • 토르스텐 비셀 <1981년, 대뇌피질 시각영역에서의 정보 처리 연구>	369
고독이 낳은 목표	• 앨런 코맥 <1979년, 컴퓨터를 이용한 X선 단층 촬영 기술 개발>	402

• 나가며 | 415
• 노벨상(자연과학 부문) 수상자 목록 | 427
• 옮긴이의 말 | 434

1 노벨 물리학상

- 아노 펜지어스와 로버트 우드로 윌슨 (1978년)
- 머리 겔만 (1969년)
- 버턴 릭터와 새뮤얼 차오 충 팅 (1976년)
- 양전닝 (1957년)
- 에사키 레오나 (1973년)

노벨 물리학·화학상 금메달 뒷면

불러들인 행운

- 1978년, 3K 우주배경복사 발견 -

아노 (앨런) 펜지어스
(Arno (Allan) Penzias)

- 1933년 4월 26일, 독일 뮌헨에서 출생
- 1946년 미국 국적 취득
- 1954년 뉴욕 시립대학교 졸업
- 1961년 벨 연구소(Holmdel) 연구원
- 1962년 컬럼비아 대학교에서 박사학위 취득
- 1972년 벨 연구소 전파물리 부장
- 1976년 전파연구 실장
- 1977년 통신과학부문 부소장
- 1982년 프린스턴 대학교 객원 교수

로버트 우드로 윌슨
(Robert Woodrow Wilson)

- 1936년 1월 10일, 미국 텍사스주 휴스턴 출생
- 1957년 라이스 대학교 졸업
- 1962년 캘리포니아 공과대학에서 박사학위 취득, 이후 동 대학에서 연구원을 거쳐
- 1963년 벨 연구소(Holmdel) 연구원
- 1976년 전파물리 부장

크로포즈빌 언덕 위에 올라섰다. 공교롭게도 비가 내리고 있어 먼 풍경은 아련히 흐려 보였다. 눈앞에는 길이 20피트에 이르는 각기둥(horn) 모양 안테나가 조용히 서 있었다. 안테나는 마치 비를 피하려는 듯, 고개를 아래로 숙이고 있었다.

미국 뉴저지주 홀름델에 있는 벨 연구소의 이 안테나야말로, 우주가 백 수십억 년 전 어떻게 탄생했는가에 대한 결정적 단서를 포착한 관측 장비다. 크로포즈빌에 서서 이 안테나를 바라보고 있노라면 어디선가 우주의 숨소리가 들려오는 것만 같다.

This is the way the world began.

Not with a whimper, but with a BANG!

이 글귀는 아노 펜지어스에게서 선물받은 티셔츠에 적혀 있던 것이다. 토머스 엘리엇(Thomas Stearns Eliot)의 시『The Hollow Men』에 있는 "This is the way the world ends. / Not with a bang but a whimper.(이것이 이 세상의 종말, 펑! 하고 터지는 것이 아니라 흐느껴 우는 것)이라는 구절을 빌려 쓴 글이다. 티셔츠에는 여러 크기의 '3K'라는 글자가 빽빽하게 배치된 한가운데에 쓰여 있었다.

우리 우주는 수십억 년 전의 대폭발로 시작되어, 이후 계속해서 팽창해 오늘날의 모습에 이르렀다는 사실은 이제 모든 천문학자가 받아들이고 있다. 우주는 이 폭발로 인해 생겨난 엄청난 고온 상태에서 차

층차층 식어갔고, 그 과정에서 물질을 이루는 가장 기본적인 입자인 전자와 쿼크(Quark)가 생성되었으며, 이어서 양성자와 중성자가 형성되고, 결국 원자가 만들어졌다. 이렇게 팽창하는 우주 속에서 은하가 탄생하고, 별이 태어났으며, 우리의 태양계가 생성되었다. 우주의 시작인 이 대폭발— 많은 교양서적을 통해 널리 알려진 이 현상을 조지 가모브(George Gamow)는 "빅뱅(Big Bang)"이라고 불렀다. 가모브가 빅뱅을 연구하기 시작한 것은 1940년대 말의 일이다.

빅뱅 이론의 실마리가 된 아이디어는 바로 우주의 팽창이었다. 미국의 천문학자 에드윈 허블(Edwin Powell Hubble)은 1929년, 아주 멀리 떨어진 은하는 우리에게서 멀어질수록 빠른 속도로 멀어지고 있다는 학설을 발표했다. 그 근거가 된 것이 은하의 스펙트럼에서 나타나는 '적색편이(赤色偏移)' 현상이다. 특정 원자가 내는 빛의 파장은 일정한 값으로 정해져 있는데도, 은하에서 오는 빛의 스펙트럼을 관측하면, 일정해야 할 터인 특정 원자가 내는 빛의 파장이, 우리에게서 멀리 떨어져 있는 은하일수록 긴 파장 쪽으로, 즉 붉은색 쪽으로 치우쳐 있다는 것이다. 이 현상을 일컬어 적색편이라고 한다.

기차가 기적을 울리며 눈앞을 통과할 때, 기차가 접근해 오는 데 따라 기적소리는 높은음이 된다. 눈앞을 통과해 멀어져 가는 데 따라 기적소리는 낮아진다. 이는 기적소리를 듣는 사람을 기준으로, 기차가 움직이며 소리를 내기 때문에 생기는 현상으로 이를 도플러 효과라고 부른다. 음원이 가까워질 때는 음의 파장이 짧아지고, 멀어질 때는 파장이 길어진다. 만약 은하가 우리에게서 멀어져 간다고 한다면 같은 현상이 나타난다. 빛도 파동의 성질을 지니고 있으므로 파장이 길어진다. 즉 붉은 파장 쪽으로 치우치게 된다. 이것이 곧 적색편이이다. 관측 결과, 우리에게서 멀리 있는 은하일수록 빠른 속도로 멀어지고 있음이 드러났다. 이로부터 우주가 팽창하고 있으며, 그에 따라 은하들이 서로 멀리 떨어져 나간다는 결론에 이르게 되었다.

그러나 은하의 스펙트럼 적색편이로부터 이끌어 낸 우주의 팽창이 반드시 곧바로 빅뱅과 직결되는 것은 아니다. 우주에서는 늘 물질이 생성되고 있기 때문에, 팽창이 일어나더라도 평균적으로는 같은 밀도 상태가 계속된다는 관점도 있다. 이러한 사고방식은 1940년대 후반, 영국의 천문학자 호일(Fred Hoyle) 등을 중심으로 제안된 「정상우주론(定常字宙論)」이다. 정상 우주냐, 빅뱅 우주냐 그것이 문제였다.

백 수십억 년 전에 일어난 빅뱅의 증거를 찾아낸다는 것은, 잃어버린 과거 생물의 화석을 찾아내는 일과 비교하더라도 훨씬 더 어려운 일처럼 보인다. 그런데 놀랍게도 그 "빅뱅의 화석"이라 할 만한 것이 실제로 존재했다.

빅뱅 이후, 고온의 우주에 가득 차 있던 빛은 우주의 팽창 때문에 적색편이를 일으켜 파장이 점점 길어졌고, 이제는 빛이 아닌 전파(마이크로파)가 되어 우주를 떠돌아다니고 있다. 이 전파는 우주의 모든 방향에서 균일하게 관측된다. 과학자들은 흔히 전파의 에너지를 온도로 환산해 나타내는데, 우주의 모든 방향에서 동일하게 관측되는 이 전파의 온도는 절대온도 약 3도(3K)이었다.

빅뱅의 흔적인 전파는 우주배경복사(宇宙背景輻射)라고 불린다. 3K의 우주배경복사를 발견한 사람은 펜지어스와 윌슨이었으며, 이 발견에 사용된 장비는 20피트의 각기둥 모양 안테나였다. 우주배경복사의 발견은 "우주론에서의 20세기 최대의 발견"이라고 일컬어진다.

우주배경복사의 발견에는 많은 드라마가 숨어 있었다. 펜지어스와 윌슨의 발견은 과학상의 대발견을 가져다주는 것이 무엇이며, 행운이란 어떻게 하여 찾아오는 것인가를 여러모로 생각하게 했다.

우선, 이 발견은 전적으로 우연의 결과였다. 그들은 우주배경복사를 발견하려는 의도로 관측했던 것이 아니었다. 그들은 다만 우리 태양계가 그 안에 포함된 은하인, 우리 은하계의 은하면(은하수)에서 떨어져 있는 곳, 즉 별이 적게 분포된 곳에서부터 오는 전파를 21cm의 파장(수소가 내는 파장)으로 관측하려고 계획하고 있었다. 그런 곳에서 오는 전파는 매우 약하기 때문에, 안테나의 잡음이 어느 정도 되는지를 정확하게 파악할 필요가 있었다. 펜지어스와 윌슨은 1963년, 본격적인 관측에 앞서 7cm의 파장에서 안테나 잡음을 측정하는 준비 작업을 진행했다. 그런데 측정 결과, 잡음 수준이 예상보다 2.5도에서 4.5도나 더 높게 나타났던 것이다. 이 잡음은 어디에서 비롯된 것일까?

벨 연구소의 이 20피트짜리 각기둥 모양 안테나는 1960년에 에코(Echo) 위성을 위한 통신용으로 만들어졌고, 개구부(開口部) 방향 이외에서 오는 전파를 효과적으로 차단할 수 있도록 정교하게 설계되어 있었다. 하늘로 돌려놓으면 지상으로부터의 전파를 포착하는 등의 일은 전혀 없을 터였다. 그들은 안테나와 수화기를 철저히 조사했다. 어쨌든 이 문제를 해결하지 않고서는 목적하는 관측을 시작할 수가 없었다.

그러나 안테나와 수신기에서는 아무런 이상도 찾지 못했다. 약 30km쯤 떨어진 뉴욕에서 오는 전파도 의심해 보았으나 그렇지는 않았다. 이럭저럭 시간만 흐르던 중, 안테나의 제일 깊숙한 '목' 부분에 비둘기가 둥지를 틀고 있는 것이 발견되었다. 그들은 이 둥지를 말끔히 치우고, 펜지어스가 "하얀 유전물질(誘電物質)"이라고 농담으로 불렀던 오물을 청소했다. 안테나를 징으로 박은 부분에 알루미늄을 덮어씌우기도 했다. 그래도 잡음은 없어지지 않았다.

잡음은 우주의 사방으로부터 균일하게 왔다. 하루 종일, 계절이 바뀌어도 전혀 변하지 없었다. 즉 이 전파는 안테나나 수신기의 내부에서 발생하는 것도 아니었음이 명백해졌다. 태양이나 은하계에서 오는 것도 아니었다. 그들은 1년 이상이나 설명조차 할 수 없는 난처한 처지에 빠져 있었다.

1964년 12월 31일, 펜지어스는 다른 연구와 관련해 매사추세츠 공과대학(MIT)의 버크(B. Burke) 교수에게 전화를 걸었다. 이야기를 나누던 중, 그는 문득 자신들이 겪고 있는 까닭 모를 잡음에 관한 고충을 털어놓게 되었다. 그러자 버크는 그것은 프린스턴 대학교 디키(Robert H. Dicke) 교수 연구팀이 진행 중인 연구와 관련이 있을지도 모른다는 암시를 주었다. 당시 이론적인 연구를 하고 있던 프린스턴 대학교의 그룹은, 빅뱅의 흔적인 우주배경복사는 실제로 찾아낼 수 있을 거라는 결론을 내리고, 그것을 관측하려는 채비를 서두르고 있었다. 그리하여 펜지어스와 윌슨을 1년 이상이나 괴롭혀 온 문제에 대한 정체가 밝혀지게 되었다. 그러나 펜지어스와 윌슨은 그런 줄도 모르고 빅뱅의 흔적인 전파를 포착하고 있었던 셈이다.

1965년 『천체물리학 저널(The Astrophysical Journal)』에는 프린스턴 대학교의 디키와 피블스(P. T. Peebles) 등이 집필한 우주배경복사에 대한 이론 논문과 펜지어스와 윌슨의 짧지만 매우 기술적인 논문이 함께 실렸다. 펜지어스의 논문은 관측 결과만을 간결하게 기술했으며, 우주론에 관해서는 "관측된 과잉 잡음온도를 설명할 수 있는 하나의 설(說)로는, 이번 호의 논문에 실린 디키들의 설이 있다"라고만 언급했을 뿐이다. 그러나 막상 노벨상을 수상한 것은 펜지어스와 윌슨 두 사람이었다.

펜지어스와 윌슨이 수상한 1978년 노벨 물리학상의 또 다른 수상자는 표트르 카피차(Pyotr Leonidovich Kapitsa)였다. 그는 저온물리학(低溫物理學) 분야의 연구 업적으로 이 상을 받았다.

노벨상은 한 부문당 최대 세 사람까지 공동 수상자로 선정할 수 있도록 정해져 있다. 아마도 노벨위원회는 '저온'이라는 공통 요소를 고려해 펜지어스와 윌슨, 그리고 저온물리학자인 카피차에게 상을 수여했을지도 모른다. 3K도 저온이기는 하니까……. 빅뱅 이론에 관해 누구에게 상을 주어야 할지 어려운 사정이 있었을 것이다.

1940년대 말에 빅뱅이라는 개념을 최초로 제안한 이는 가모브였지만, 그는 이미 고인(故人)이었다(노벨상은 고인에게는 수여하지 않는다는 원칙을 갖고 있다). 이론 분야에서는 굳이 누구 하나, 이를테면 디키를 단독 수상자로 선정하는 것도 적절하지 않다고 판단했을 가능성이 있다. 물론 이는 어디까지나 필자의 억측에 불과하다. 어쨌든 노벨위원회는 펜지어스와 윌슨을 수상자로 선정했다.

노벨상 수상자는 누구나 정도의 차이는 있지만 행운을 가진 사람들이라 할 수 있다. 그러나 펜지어스와 윌슨의 경우는 그중에서도 특히 큰 행운을 잡은 예에 속한다고 말할 수 있다.

스티븐 와인버그(Steven Weinberg)는 그의 명저 『우주 창성의 첫 3분간』[이 책은 우리나라에서도 김용채 옮김, 『처음 3분간』(전파과학사 현대과학신서 No. 116)과 조병하 옮김, 『태초의 3분간』(범양사)으로 번역되었다-옮긴이 주]에서 "'초기의 이론적 연구에서 왜 우주 마이크로파의 배경을 발견하려 하지 않았는가'라는 수수께끼"에 대해 언급하고 있다.

또한 벨 연구소의 각기둥 안테나에서는 건설 도중에 한 차례, 그리고 1961년에 옴(E. A. Ohm) 등을 통해 한 번, 총 두 번에 걸쳐 놀랍게도 이미 같은 3K의 과잉잡음이 관측되었다. 그들은 그것이 안테나나 수신기에서 발생하는 것인지, 아니면 다른 무엇에서 오는 것인지를 특정 짓지 못한 채로 그만 큰 물고기를 놓쳐버린 셈이었다.

펜지어스와 윌슨에게는 꼭 한번 묻고 싶었다. 어째서 그런 행운이 그들에게 돌아오게 되었는지, 그들은 그 행운을 어떻게 받아들이고 있는지에 대해서 말이다.

나는 뉴욕의 맨해튼 6번가 33블록에 위치한 지하역에서 열차를 탔다. 허드슨강 아래를 지나는 구불구불한 긴 터널을 통과해 뉴저지주 호보켄에 도착했고, 거기서 다시 열차를 갈아타고 머레이 힐로 향했다. 이 열차는 낙서 하나 없이 말끔한 차량으로 뉴욕 지하철과는 아주 딴판이다. 머레이 힐 역은 대합실에 작은 매점 하나만 있을 뿐인, 조용하고 한적한 시골역 같은 분위기였다. 전화를 걸고 얼마 지나지 않아, 벨 연구소의 홍보 담당자가 마중을 나와 주었다.

펜지어스는 머레이 힐 벨 연구소의 부소장으로 재직 중이었다. 이 연구소는 약 48헥타르의 부지에 직원이 5,500명에 달하는 직원이 근무하는 대형 연구소이다. 입구에서 바라본 건물은 그리 높지는 않았지만, 삼각형 모양의 큰 지붕과 그 위에 솟아 있는 두 개의 거대한 굴뚝 같은 구조물이 인상적이 외관을 이루고 있었다.

펜지어스의 사무실은 비서실을 지나 들어가는 넓은 방이었다. 그는 조끼 위에 어두운색 양복을 단정하게 입고, 금속테 안경을 낀 모습이었다. 나에게 의자를 권하고는 총총걸음으로 비서에게로 갔다가 금방 돌아왔다. 어딘지 모르게 부산한 느낌이 들었다. 자기 자리로 돌아온 그는 "유대식 과자는 어떠세요?" 하며 테이블 위에 놓인 유리병을 가리켰다. 나는 정중히 사양하고 곧바로 인터뷰에 들어갔다.

Q 우선 어린 시절 이야기부터……

A "저는 독일에서 중산 계급의 가정에서 태어났습니다. 1930년대에

나치스가 대두했는데, 우리 가족은 운수 좋게도 미국으로 건너올 수 있었지요."

그는 질문도 채 끝나기 전에 말을 시작했다.

A "미국에서 교육을 받고, 대학을 졸업한 후 벨 연구소에 들어왔지요. 여기서 매우 쾌적한 환경 속에서 일해 왔습니다. 노벨상 수상자는 일반인이나 다른 과학자와는 다르다고 생각하곤 합니다. 극히 최근에 저도 그런 질문을 받았을 때, '확실히 어떤 차이는 있을지도 모르겠군' 하고 생각했습니다."

"저에게는 하나의 습관이 있습니다. 항상 바깥에서부터 사물을 관찰하는 습관이죠. 사교적인 자리에서도 저는 한쪽 구석에 서서 사람들을 관찰하곤 합니다. 그런 태도 때문에 외로움을 느끼기도 하지만, 이 관찰하는 능력은 저에게 사물을 넓게, 전체적으로 바라볼 수 있는 시각을 줍니다. 이런 넓은 관찰 방식 덕분에, 사물의 결과나 그 의미를 내다볼 수 있고, 관찰자로서 분석적 태도를 유지할 수 있게 됩니다.

재미있다고 생각하는 것은, 어떤 어려운 일에 도전하는 사람들이 조금만 어려움에 부딪히면 다른 시도를 해 보지도 않고서 내던져 버린다는 일입니다. 모든 일이 다 생각대로 흘러가지는 않는다는 걸 잘 알고 있어요. 그래서 언제나 결과가 어떻게 될지를 분석하려고 합니다. 이것이 제가 남과 다른 점이라고 생각합니다.

저는 오래전부터 몸에 밴 저만의 방식으로 과학연구 계획을 구상해 왔습니다. 관찰자로서 거리를 떼어놓고 사물을 관찰한 결과, 남과는 다른 느낌이나 관점을 갖게 되기도 하지요. 어릴 적에는 부모님과도 자주 떨어져 있었고, 미국에서 자랄 때도 그룹에서 떨어져 있는 일이 많았기 때문에 이런 습관을 만들게 된 것 같습니다."

나는 그가 이런 인터뷰에 대비해 미리 대답을 생각하고 있었던 것이 아닐까 하는 생각이 들었다. 풍부한 제스처와 열띤 어조로 대화를 이끄는 그는, 말을 시작하면 끊임없이 줄줄 이어지는 이야기로 분위기를 주도했다.

Q 몇 살 때부터 그런 방법으로 사물을 관찰하게 되셨나요?

A "기억하고 있는 한, 어릴 적부터죠."

Q 구체적인 예를 들어주실 수 있을까요?

A "과학에 관해서 말씀드리자면, 벨 연구소에 들어와 전파천문학(電波天文學)을 하고 싶다고 생각한 것은, '지금 사용 가능한 설비를 가지고 할 수 있는 가장 중요한 연구가 무엇일까' 하고 자문했기 때문입니다. 그 질문이 결국, 제 첫 작업인 우주배경복사의 측정으로 이어졌지요.

처음에는 은하계의 은하면에서 떨어진 곳의 전파를 측정하자는 생각뿐이었고, 우주론이라는 큰 문제를 의식하고 시작한 건 아니었습니다. 하지만 점점 그것은 그 누구도 본격적으로 다뤄본 적이 없는 문제처럼 느껴졌어요. 독특한 장치(20피트의 각기둥 안테나)를 이용할 수 있었기 때문입니다. 사실 제가 벨 연구소에 오게 된 것도, 바로 이 독특한 장치가 있었기 때문이죠."

"저는 단순한 결과를 얻을 수 있는 실험에 흥미를 느낍니다. 복잡해서 다른 사람에게 설명하기 어려운 실험을 할 만큼 참을성이 강하지 못하거든요. 그런 단순한 실험일수록 종종 근본적인 문제를 다루고 있으며, 어쩌면 가장 중요한 실마리를 제공하기도 합니다. 이것이 저만의 방법이자 습관입니다. 무언가를 포착해 제 방식대로 대결합니다. 머리를 가만히 쉬게 내버려둘 필요는 없습니다. 여기, 제가 존경하는 일본 책이 있어요."

그는 책꽂이에서 책 한 권을 꺼내 들고 왔다. 그 책은 미야모토 무사시(宮本武藏, 일본의 에도 초기의 검객)의 『고린노 쇼(五輪書)』(다섯 권으로 구성되어 있으며, 미야모토 무사시가 엄격한 검법 수련을 통해 터득한 병법의 비결을 담은 책-옮긴이 주)의 영어 번역판이었다.

A "제가 가장 존경하는 구절은 '병법(兵法)의 도(道)는 목수에다 비유할 것'이라고 한 대목입니다. 목수는 갖가지 재목을 준비해 두는데, 그것들은 제각기 다른 특징을 지니고 있지요. 그 재목들을 모아서 긴 재목은 여기에다 쓰고, 또 이 재목은 약간 잘라서 저곳에 사용하는 식으로, 가장 알맞은 자리에 배치해 아름답고 튼튼한 집을 지어냅니다."

그의 아버지는 목수 일에 능숙했으며, 한때 메트로폴리탄 미술관의 목공품 매장에서 일한 적도 있다.

Q 아버님의 영향으로 목공이라는 일에 흥미를 가지게 된 건가요?

A "제 아버지는 확실히 오랫동안 목수 일을 하셨어요. 그러나 아버지의 영향인지 어떤지는 잘 모르겠어요. 저는 여러 가지 일에서 정리를 잘하는 편입니다. 자동차의 트렁크에도 남보다 더 많은 여행 가방을 효율적으로 넣는 재주도 있거든요."

Q 벨 연구소가 마음에 든 이유는 어떤 점입니까?

A "그건 간단합니다. 규모와 명성에도 관계가 있지요. 규모가 크면 다양한 분야의 일을 할 수가 있습니다. 동시에 저는 대학보다는 더 실용적인 연구를 하는 곳이 좋습니다. 이 연구소는 세계에서도 가장 명성이 높은 연구소 중 하나입니다. 25년 전 제가 이곳에 들어왔을 당시만 해도 박사학위 소지자는 드물었고, 입사도 훨씬 쉬웠습니다. 지금은 어려워지고 있지요.

과학은 문제를 푸는 것이 아니라, 문제를 발견하는 것입니다. 미국에서는 영직권(永職權, 장기 고용권)을 부여할 때, 그 사람이 교수로서 새로운 문제를 발견할 능력이 있는지 여부를 가장 중요하게 평가합니다. 문제를 해결할 수 있느냐, 없느냐는 핵심이 아닙니다. 과학자로서 성공하느냐, 평범하게 머무르느냐, 아니면 불가능하느냐는 것은 모두 문제의 선택 방법에 달려 있습니다. 여기서는 여러 사람과 활발히 교류할 수 있기 때문에 좋은 문제를 발견하기가 훨씬 쉬운 환경이지요."

(Q) 우주배경복사 이야기를 듣고 싶습니다. 최초의 측정에서부터 잡음이 지나치게 많다는 것을 아셨습니까?

A "그렇습니다. 우리는 액체 헬륨과 하늘의 온도를 비교하는 방법을 가지고 있었으니까요. 잡음이 안테나 외부에서 오는지, 아니면 안테나 자체에서 발생하는지를 판단할 수 있었습니다. 우선 처음 해야 할 일은 그 잡음이 안테나 자체에서 오는 것이 아님을 밝히는 일이었죠. 아시다시피 당시 안테나 안에는 비둘기가 둥지를 틀고 있었고, 우리는 안테나를 깨끗이 청소했습니다. 그 결과 잡음이 안테나 내부의 문제는 아니라는 걸 확인할 수 있었습니다. 낮이건 밤이건 잡음이 있었기 때문에, 태양에서 비롯된 것도 아니었습니다. 은하계로부터도 아닙니다."

(Q) 처음 데이터를 보셨을 때, 어떤 느낌이 드셨나요?

A "처음에는 뭔가 이상하다는 생각이 들었습니다. 그런데 점점 더 알 수 없게 되어갔지요. 하지만 다행히도 저희가 곤혹스러운 논문을 발표하기 전에 그 현상을 이론적으로 설명한 사람들이 나타났습니다. 프린스턴 대학교 그룹의 이론을 미리 알고 있던 MIT의 버크를 통해 그 정보를 접할 수 있었어요."

(Q) MIT의 버크와는 어떤 이야기를 나누셨나요?

A "정확히 재현하기는 힘들지만, 1964년 12월 31일이었다고 생각됩니다. 캐나다의 몬트리올에서 돌아오는 길에 비행기 안에서 버크와 옆자리에 앉게 된 것이 인연이 되었고, 몇 주 뒤에 전화 통화를 하게 되었

습니다. 그때 제가 진행 중이던 다른 실험 이야기를 하던 중, 우연히 그때까지 설명이 잘 안 되어 난처한 처지에 빠진 그 잡음 문제에 대해 말하게 되었죠. 그러자 그가 프린스턴 그룹이 4K의 우주배경복사에 대한 논문을 갖고 있다고 말했습니다. 저는 그 이야기를 듣고 '그것 참 잘된 일이군요' 하고 말했어요. 어쨌든 설명하지 못해 곤란한 상황이었으니까요."

"재미있는 것은 몇 해 전에도 우주배경복사는 예측되고 있었다는 사실입니다(즉 가모브와 함께 연구한 바 있었던). 앨퍼(R. Alpher)와 허만(R. Hermann)이 에너지밀도의 형태로 우주배경복사를 독창적으로 예측했던 것입니다. 가모브는 이 에너지밀도가 별빛이나 우주선의 에너지밀도만큼이나 약하기 때문에 분리해서 측정할 수는 없을 것이라고 말했습니다.

그러나 실제로는 우주배경복사는 파장이 다르기 때문에 따로따로 측정이 가능했던 것입니다. 가모브는 판단 착오를 범한 셈이지요. 앨퍼는 물론 이 사실을 알고 있었고, 자신의 논문 속에서 이에 대한 논의를 하고 있었습니다. 결국 그들이 우주배경복사를 실제로 측정할 수 있으리라고 생각하지 못했던 이유는, 이 우주배경복사가 다른 스펙트럼을 지닌다는 점을 충분히 인식하지 못했기 때문이라고 생각됩니다."

"그뿐만 아니라, 우리가 이 연구를 하고 있던 무렵, 도로슈케비치(A. G. Doroshkevich)와 노비코프(I. D. Novikov) 두 사람이 우주배경복사는 실제로 측정할 수 있으며, 그것을 찾아내는 데는 벨 연구소가 가장 좋은 곳이라고 말했어요. 그게 바로 1964년에 있었던 일입니다. 문제는 영어 어휘의 사용에 있었던 거지요."

펜지어스의 말은 차츰 빨라졌고, 말끝마다 힘이 실렸다.

A "옴의 1961년 논문에서 하늘의 온도(Tsky)라고 한 것을, 그들은 대기로부터의 복사를 포함한 안테나 온도로 해석해 버린 것입니다. 그러나 옴은 실제로 대기 복사를 뺀 값, 즉 우주배경복사 자체를 Tsky로 표기하고 있었던 것입니다. Tsky는 곧 우주배경복사였던 것이지요. 이 부분을 잘못 읽지만 않았더라면 두 소련인은 1964년에 우주배경복사를 발견할 수도 있었을 것입니다. 이것은 당시 존재했던 여러 혼란 중 하나였습니다. 나폴레옹이 '장군에게는 어떤 재능이 필요합니까?'라는 질문을 받았을 때 그는 '그건 오직 한 가지, 행운이라는 재능'이라고 대답했다고 하지 않습니까."

Q 선생님께서는 스스로의 행운에 대해 어떻게 생각하십니까?

A "그건 굉장한 일입니다. 행운을 결코 가볍게 보아서는 안 됩니다. 중요한 일은 언제나 행운에 의해 이루어지곤 합니다. 하지만 뭔가 다른 것을 성취하기 위해서는 몇 가지 판단을 거치고 있는 것입니다. 중요한 것을 발견하는 데는 어떤 종류의 모험을 무릅써야 합니다. 노벨상 수상자뿐만 아니라, 남과 다른 일을 하는 사람은 모두 뭔가 다른 점이 있다고 봐야겠지요.

예를 들어 개에 비유하자면, 불도그처럼 집요한 사람도 있고, 어떤 사람들은 믿을 수 없을 정도로 스마트한 사람들도 있습니다. 저는 제3의 유형에 속한다고 생각합니다. 그게 바로 목수형입니다. 기회를 포착해 여러 가지 일을 모아 매듭을 짓고 마무리를 짓는 것입니다."

Q 옴 등이 1961년에, 안테나의 과잉 잡음을 포착하고도 결론을 내리지 못한 이유는 무엇이었을까요?

A "목적이 달랐기 때문입니다. 그들은 수신기를 작동시키는 것이 목적이었지, 그 잡음 자체의 의미를 밝히는 데에는 초점을 두지 않았던 것이죠. 사실 옴들보다 앞서, 안테나를 만들 때에도 3K의 불일치 현상이 관측되었습니다. 그때 안테나 그룹의 두 사람은 '2도 정도의 오차가 있을지도 모른다'고 했고, 수신기 그룹의 두 사람은 '1도의 오차가 있을지도 모른다'고 했습니다. 이론값보다 3도 높은 측정값을 안테나와 수신기의 오차라고 결론을 내버린 것입니다. 어쩌면 자신이 없었기 때문이라고도 말할 수 있겠지요."

Q 기술적인 문제는 없었을까요?

A "우리는 액체 헬륨 온도를 기준으로 사용했기 때문에, 잡음 속에서 우주배경복사를 분리할 수 있었습니다. 이 점이 그들과의 차이라고 할 수 있겠지요. 또한 그들은 일정한 시기 안에 위성통신 시스템을 완성시켜야만 했던 차이도 있었고요. 게다가 안테나를 처음 만든 네 사람이 그 작업을 계속 이어가려 하지 않았다는 점도, 결국 이런 차이를 만든 요인 중 하나라고 생각합니다."

(Q) 만일 그들이 계속 연구를 이어갔더라면, 우주배경복사를 발견할 수 있었을까요?

(A) "물론입니다. 우리보다 훨씬 먼저 발견했을 것이 거의 확실합니다. 우리가 그 연구를 해낼 수 있었던 것도 단지 은하계외곽의 전파를 관측해 보고 싶었기 때문이었으니까요."

(Q) 와인버그가 『우주 창성의 처음 3분간』에서, 이론가들이 우주배경복사를 실험적으로 찾아낼 수 있다는 데까지 확신을 가질 수 없었던 것이, 우주배경복사의 발견이 늦어진 이유라고 말하고 있는데…….

(A) "그렇습니다. 여러 가지 이론이 있었습니다. 피블스의 미발표 논문에서는 0, 10, 20, 30, 40도로 될 수 있다는 따위로 확정하지 못했던 것입니다. 이론가들은 자신들이 살아 있는 동안 그러한 이론이 실험적으로 확인되리라고는 생각조차 하지 않고 있었습니다. 우주의 기원은 일상과는 전혀 동떨어진 세계이니까요."

(Q) 선생님은 그 세계를 상상할 수 있습니까?

(A) "몰라요. 제가 알고 있는 세계는, 자신이 확인할 수 있는 세계뿐입니다. 제 방에 걸어둔 사진 속 인물은 단 한 사람 마이컬슨(A. Michelson)입니다. 그의 사진은 마치 뭔가를 포착해 내려는 얼굴처럼 보입니다."

마이컬슨은 광속(光速)을 측정한 미국의 물리학자이다. 데카르트(R. Descartes) 이래로 빛의 파동이 전파하는 매체로서 가상 물질인 '에테르'가 공간 속에 존재한다는 견해가 있었다. 마이컬슨은 이 에테르에 대해, 지구가 상대적으로 운동하는 것을 검증하려는 실험을 1881년부터 시도했고, 1887년부터는 몰리(E. Morley)와 함께 이 실험을 반복했다. 그러나 에테르에 대한 지구의 상대운동은 관측되지 않았다. 그들의 실험 결과는 훗날 광속불변의 원리로 설명되었고, 이는 특수상대성이론의 근거가 되었다. 에테르의 존재는 과학적으로 부정되었다.

A "마이컬슨은 마이컬슨-몰리 실험을 꼭 해내고 싶었던 사람입니다. 그는 먼저 실험 목표를 설정한 뒤, 출발점으로 되돌아와 다시 계획을 세운 것이죠. 우주배경복사의 문제에 관해 생각한다면, 프린스턴의 연구자들은 이론적 연구를 계속하고 있었지만, 좋은 장치를 갖추고 있지 못했기 때문에, 맨 먼저 실험을 시작했더라도 실제로 발견까지 이어지기는 어려웠을 것입니다.

우리와의 차이점은, 우리는 되도록 좋은 온도 기준을 만들기 위해 액체 헬륨으로 그것을 만들었다는 점입니다. 처음부터 골을 겨냥하고 있었다는 점이 차이입니다. 마이컬슨도 100년 이상 전에 여러 가지 기술을 총동원해 그 어떤 사람과도 다른 대대적인 실험을 했습니다. 그는 먼저 무엇을 찾을지를 분명히 결정해 놓고, 거기서부터 출발점으로 되돌아가 끝내 그 목표에 도달했던 것입니다."

Q 우주배경복사의 의미를 알았을 때, '이건 노벨상감이다'라는 생각을 하셨나요?

A "아니요, 전혀 아닙니다. 상을 받게 되리라고는 단 한 번도 생각해 본 적이 없습니다. 그 논문은 두 번째 논문이었고, 당시 저는 아직 젊었고 저보다 훨씬 더 세련된 연구를 하는 분들도 많았기 때문입니다. 저는 다만 벨 연구소에 머무르면서 연구를 계속할 수 있기를 바랐을 뿐입니다."

전화가 걸려왔다. 그가 수화기를 들었는데 코드가 없었다. 안테나가 달린 코드리스 폰이다. '과연 벨 연구소답군' 하고 나는 멍청히 생각했다. 그는 서둘러 통화를 끝냈다.

Q 선생님께서는 인류에게 매우 의미심장한 발견을 하셨습니다. 그것에 대해 어떻게 생각하십니까?

A "발견을 한 사람이 저라는 사실은 맞습니다. 하지만 저는 그것이 더 큰 무언가에 의해 이루어진 결과라고 생각합니다. 그중 하나는 미국이 난민을 받아들여 주었다는 사실입니다. 또 교육기관과 벨 연구소가 다양한 문화를 가진 사람들에게 개방되어 있다는 점도 있습니다. 저의 발견 또한 이 세계를 이해하고자 하는 거대한 흐름 속에서 일어난 하나의 사건이라고 생각합니다."

이 말을 한 뒤, 그는 20세기 중엽에 미국이 과학의 중심 무대에서 활약할 수 있었던 배경, 그리고 20세기가 물리학의 시대였다는 사실 등을 열정적으로 펼쳐 나갔다. 대단한 열변이었다.

Q 노벨상을 받고, 여러 가지 변화가 많았을 것 같습니다. 그중 가장 큰 변화는 무엇인가요?

A "당신들이 생각하는 것보다는 변화가 훨씬 적습니다. 저는 예전과 마찬가지로 보잘것없는 집에서 21년째 살고 있고, 같은 친구들과 여전히 교류하며 지내고 있습니다. 달라진 점이 있다면 제가 승진하여 연구를 지휘하는 자리에 있게 되었다는 것, 그로 인해 다른 사람들과 떨어져 있다는 것이겠지요. 저는 자신을 과거형으로 표현하는 것을 좋아하지 않습니다. 저는 현재의 인간입니다."

미야모토 무사시의 『고린노 쇼(五輪書)』가 미국에서 베스트셀러가 되었고, 그 독자층의 대부분이 비즈니스맨이라는 말이 나오자, 그는 간발의 틈도 놓치지 않고 "나는 그 비즈니스맨입니다" 하고 말했다.

머레이 힐에서 홀름델까지는 고속도로를 타고 약 40분이나 차를 달려가야 했다. 이렇게 먼 거리일 줄은 미처 짐작조차 하지 못했다. 펜지어스와의 인터뷰가 예정 시간을 넘긴 데다가, 머레이 힐 벨 연구소의 카페테리아 분위기가 워낙 좋아서, 그만 점심시간을 조금 느긋하게 보내버리고 말았다.

약속 시간보다 20분쯤이 늦었다. 윌슨이 있는 곳은 전파천문학과 통신 관련 그룹이 들어 있는 작은 건물이었다. 그 건물은 크로포즈빌 기슭에 있으며, 나무 사이로 20피트짜리 각기둥 안테나가 언뜻언뜻 보였다.

연한 청색 와이셔츠에 감색 넥타이 차림의 월슨은 조용한 인물이었다. 머리 가운데가 벗겨졌고, 귀 위로 갈색 머리카락이 남아 있는 모습이 인상적이었다. 무척이나 온순한 눈을 지녔다. 그는 말을 할 때 기세를 부리거나 과장된 표현을 전혀 쓰지 않았고, 묻는 말에만 차분하게 충실히 대답했다. 조용하게 묵묵히 연구에 몰두하는 타입인 듯하다. 늦은 도착에 대해 사과하자 그는 기꺼이 아무렇지도 않게 받아들였다.

그는 1976년부터 전파물리학 부문의 부장으로 재직 중이다. 현재도 연구의 최일선에서 직접 연구를 계속하고 있으며, 완전히 관리직으로 자리를 굳힌 펜지어스와는 상당히 대조적인 모습이다. 성격 면에서도, 두 사람은 좋은 대비를 이루는 듯했다.

Q 어릴 적부터 라디오 같은 전자기기 공작을 잘하셨다고 들었습니다. 아버님의 영향이었나요?

A "그렇습니다. 아버지는 일렉트로닉스뿐만 아니라, 여러 면에서 제게 영향을 주셨습니다. 그분은 화학 기술자였지만, 저는 화학보다 일렉트로닉스에 더 흥미를 느꼈지요."

Q 라디오가 일단 작동하기 시작하면 흥미를 잃으셨다고 하는데, 왜죠?

A "분명하게 기억하고 있진 않으나, 고교 시절에 아마추어 무선을 즐

기던 친구들이 있었어요. 저는 송신기를 직접 조작하고 만지는 일은 좋아했지만, 정작 무선으로 교신하는 것에는 별 흥미가 없었습니다. 그러니까 송신기가 일단 작동하고 나면 흥미가 없어지는 것입니다."

Q 그 당시에 이미 트랜지스터가 쓰였나요?

A "아니요, 진공관이었습니다. 라디오나 텔레비전 수리도 했었는데, 그것도 모두 진공관이었습니다."

Q 그 무렵부터 이미 손재주가 뛰어나셨던 건가요?

A "잘은 모르겠지만, 잘 고치기는 했습니다. 고장을 찾아내고 수리하는 솜씨는 그 후에도 매우 큰 도움이 되었지요. 전파망원경의 상태가 나쁜 부분을 찾아내는 데에서도 말입니다. 키트 피크 국립천문대에 갔을 때, 마침 기술자가 자리를 비운 적이 있었어요. 그래서 제가 직접 고장 난 부분을 찾아내고, 기술자가 왔을 때 부품을 교환해 달라고 부탁했더니 그가 깜짝 놀라더군요. 천문학자가 전자기기를 알고 있으리라고는 생각하지 못했던 것 같아요."

Q 펜지어스와 처음 만나셨을 때의 일을 기억하십니까?

A "네, 처음으로 이야기를 나눈 건 미국 천문학회의 회합 때였습니다. 그 후에는 제가 벨 연구소로 찾아가 상의를 하게 되었죠. 그때 그는 이미 이 연구소에 먼저 와 있었고, 저에게 이쪽으로 오지 않겠느냐고 권하고 있었습니다."

윌슨이 벨 연구소에 들어간 것은 1963년이었고, 펜지어스는 그보다 2년 전에 들어와 있었다.

A "저는 그의 말이 옳다고 생각했습니다. 왜냐하면 우리는 서로의 능력을 아주 잘 보완해 줄 수 있는 조합이었기 때문입니다."

Q 서로 보완한다는 능력이란 구체적으로 어떤 점일까요?

A "그는 메이저(maser)와 저잡음 수신기 분야에 잘 알고 있었고, 저는 전파천문학의 그 밖의 분야에서 주로 일하고 있었습니다. 저는 일렉트로닉스 쪽을 맡았고, 그는 큰 기계 부품을 맡았습니다. 그는 웅대한 구도를 그려내고, 저는 그것이 잘 작동하도록 만드는 역할을 했습니다. (웃음)"

펜지어스는 이 점에 대해 자신은 멀리까지 가고 싶어 하고, 윌슨은 결실을 많게 한다고 표현한 바 있다.

Q 펜지어스와는 성격이 꽤 다르다는 인상을 받았는데, 선생님 생각은 어떠신가요?

A "네, 그렇습니다. 전혀 다르지요. 그는 개인적으로 정해 놓은 목표가 저보다 훨씬 분명하고 많습니다. 또한 사람들을 이끌며 일을 추진해 나가는 걸 좋아하고, 저는 직접 손으로 일하는 것을 더 좋아합니다."

Q 펜지어스로부터 벨 연구소에 오지 않겠느냐는 권유를 받았을 때, 어떤 생각이 드셨나요?

A "그 당시 저는 천문학을 계속할지 말지조차도 결정하지 못하고 있었습니다. 천문학을 그만두고 공업 분야로 직업을 바꿀까 하는 생각도 하고 있었죠. 하지만 벨 연구소에서 일할 기회를 얻게 되면서, 여기서 제가 정말 해 보고 싶은 일이 많다는 걸 깨달았고, 그 덕분에 전파천문학을 계속하고 있었습니다."

Q 7cm의 파장으로 최초로 잡음을 측정했을 때, 상당히 놀라셨을 것 같습니다만…….

A "놀라움은 서서히 일어났습니다. 처음에는 그저 어딘가 상태가 나쁜 것으로만 생각했지요. 그래서 무엇이 잘못됐는지를 찾아내려 했습니다. 1년이 넘는 시간 동안, 여러 가지를 배우고, 각각의 장치들을 하나하나 점검하면서 모두 이상이 없다는 사실을 확인해 나갔고, 비로소 진짜 원인에 접근해 간 것입니다."

Q 일이 잘 풀리지 않았을 때, 왜 포기하지 않고 계속하셨나요?

A "우리에게는 시간이 있었기 때문입니다. 벨 연구소에서는 과거에도 두 번이나 이런 문제가 일어난 적이 있었습니다. 하지만 그들은 실용적인 실험을 통해 결과를 빠르게 내야 하는 시간적 제약이 있었죠. 그에 비해 우리는 그런 시간적인 제약이 없었습니다. 게다가 우리는 이 결과에 대해 좀 더 깊이 조사해 보고 싶었지요. 이 일이 중요한 일이라고 생각하고 있었어요.

물론 이 일만을 하고 있었던 것은 아닙니다. 다른 연구도 하고 있었기 때문에, 이 일에만 전적으로 매달릴 필요는 없었습니다. 한 가지 연구에만 집중하고 있었다면 중간에 막히는 순간이 큰 걱정일지 몰라도, 우리는 다른 연구에서 결과가 나오면 그것으로도 괜찮았기 때문에 걱정이 없었습니다. 그렇기 때문에 굳이 그만둘 이유도 없었고, 그래서 결국 안테나 잡음 문제를 꾸준히 연구할 수 있었던 것입니다."

Q 옴 등은 1961년에 과잉 잡음을 관측하고도, 왜 결국 우주배경복사의 발견으로 이어지지 못했을까요?

A "옴은 매우 조심스럽고 신중한 실험가입니다. 그의 논문을 읽어보면 그가 얼마나 의미 있는 관측을 했는지를 알 수 있습니다. 옴 일행은 예상보다 높은 안테나 온도를 측정했지만, 당시에는 장비의 각 부분별 예상 온도를 합산해 측정 결과와 비교하는 부정확한 방법밖에 쓸 수 없었지요. 우리는 액체 헬륨의 온도 기준을 사용했기 때문에, 안테나 온도와 직접 비교할 수 있었던 것이지요. 그들이 안고 있었던 시간적 제약이란 문제점도 없었고요."

Q 액체 헬륨을 기준으로 사용한 것이 성공의 원인이었군요.

A "그렇습니다. 하늘과 안테나는 모두 액체 헬륨보다 더 많은 잡음을 내고 있고, 안테나 자체는 이보다 적은 잡음을 낼 것이라는 점을 우리는 알고 있었습니다. 따라서 안테나의 외부에 무언가 있다는 것이 됩니다. 이처럼 액체 헬륨을 기준으로 삼아 직접 비교함으로써, 올바른 결론에 이를 수가 있었던 것이지요."

미국의 저널리스트인 저드슨(H. Judson, 그 후 존스 홉킨스 대학교 교수)

은 과학자가 어떤 방식으로 발견에 이르게 되는가를 분석한 훌륭한 저서 『과학과 창조(The Search for Solutions)』를 집필했다. 그 책에서 그는 우연한 발견으로 자주 인용되는 예로 뢴트겐(W. Röntgen)의 X선 발견과 플레밍(A. Fleming)의 페니실린 발견 등 많은 예를 소개하고 있다. 그의 결론은 "우연은 준비가 잘 갖춰진 실험실을 좋아한다"라는 것이었다.

Q 저드슨은 "우연은 준비가 잘 갖춰진 실험실을 좋아한다"라고 했는데, 이 말은 선생님들의 발견에도 그대로 적용될 수 있을 것 같다는 생각이 듭니다.

윌슨은 잠시 생각에 잠겼다.

A "그렇지요. 그런 종류의 측정을 해내기 위해서라면 우리의 실험실은 분명히 매우 잘 준비된 실험실이었다고 말할 수 있을 것입니다."

Q 만약에 옴들이 연구를 계속했더라면, 그들이 우주배경복사를 발견할 수 있었을까요?

A "그건 대답하기 매우 곤란하군요. 액체 헬륨의 온도 기준을 사용해야 할 이유가 없었더라면, 아마도 그들은 우주배경복사를 발견하지 못했을지도 모릅니다. 하지만……. 우리가 정말로 운이 좋았던 점은, 프린스턴의 사람들이 이론적인 연구를 하여 서로의 결과를 알고 있었다는 점입니다. 그것이 없었더라면 두 연구는 서로 이어지지 못했을 것입니

다. 우리는 극히 한정된 측정을 하고 있었습니다. 이론적인 연구가 없었다고 하더라도 측정은 계속했겠지만……."

펜지어스의 대답과는 조금 뉘앙스가 달랐다.

Q 1965년에 연구소로부터 풀타임 전파천문학자 한 사람을 감원하겠다는 말을 들으셨다면서요?

A "네, 그랬습니다. 당시 우리 두 사람은 다 파트타임으로 전파천문학을 하고 그 외의 시간에는 다른 연구를 하기로 결정했습니다. 이산화탄소 레이저를 연구했지요."

Q 우주배경복사의 발견 과정에서 가장 흥분했던 순간은 언제였나요?

A "그건 아주 천천히 왔습니다. 디키와 이야기를 나눈 후조차도 말입니다. 저는 처음에는 우주론을 그리 중대한 문제로 생각지 않았고, 펜지어스도 마찬가지였다고 생각합니다. (웃음) 우리는 우주론에 의한 설명은 빼 버리고 논문을 썼지요. 나는 그때 마침 정상우주론(定常宇宙論)을 좋아하고 있었어요. 그런데 우리는 다른 우주론(빅뱅 우주론)을 설명하게 된 것입니다. 그러나 이 발견이 우주론에 커다란 변혁을 가져오게 될 것이라는 자각은 저에게 아주 서서히 일어났습니다. 『뉴욕타임스』 1면에 이 발견에 관한 기사가 실린 것이, 비로소 '이건 중요한 일이었구나' 하고 깨닫게 된 하나의 실마리가 되었습니다."

Q 『뉴욕타임스』에 실리고 나서 노벨상을 받을지도 모른다는 생각을

하셨나요?

A "아니요, 아닙니다."

Q 선생님들의 발견은 매우 운이 좋은 예라고 말합니다만…… .

A "확실히 우리는 매우 운이 좋았다고 생각합니다. 다른 사람들도 같은 실험을 했다면, 아마 같은 결과를 얻었을지도 모르니까요. 우리는 우주배경복사를 발견할 계획조차 없었으니까요. 그러나 많은 과학상의 발견이 미리 계획된 결과로 이루어진 것만은 아니라고 생각합니다. 우연한 관찰이나 예상치 못한 결과로부터 시작된 경우도 많지요. 다만 그 과정에서 제가 범했던 중대한 과오가 하나 있었음을 깨달았습니다. 장치를 신뢰한다는 건 중요한 일이라고 생각했습니다."

과연 윌슨다운 말이었다. 무한히 실험에 충실하려는 진정한 실험가의 말이다.

Q 선생님은 수상 강연에서 "우리의 관측은 이론으로부터 독립되어 있으며, 그 자체만으로도 계속해서 살아남을 것이다"라고 말씀하신 바 있는데, 지금도 그 생각에는 변함이 없으십니까?

A "네, 이론이 아무리 바뀌더라도 길은 있는 것입니다. 빅뱅 이론에서도 단순한 이론이 진실이어야 한다고는 할 수 없습니다. 최초의 빅뱅이 일어날 때 방출된 복사가 지금 관측하는 우주배경복사가 되었다는 설은 매우 설득력이 있습니다. 그러나 그 이후에 우리 태양계가 생겼고

또 모든 무거운 원소들이 만들어졌습니다. 탄소, 질소, 산소, 그 밖의 여러 원소가 그것입니다. 이 원소들은 그보다 전에 태어난 별에서 만들어진 것입니다.

이른 시대의 별에서 '차가운 빅뱅'이 일어나 많은 열을 발생시켰다는 이론을 제창한 사람들도 있습니다. 지금 우리가 보고 있는 배경복사는 이른 시대의 별들에서 나온 것이라는 주장입니다. 단순한 빅뱅설로는 설명할 수가 없고, 이런 이론이 부분적으로는 옳을 수도 있습니다. 그러나 배경복사의 스펙트럼은 흑체복사(黑體輻射), 즉 모든 파장의 복사를 완전히 흡수한 뒤 다시 방출하는 물체에서 나오는 열복사와 매우 흡사합니다. 이러한 사실로부터 우주배경복사는 우주의 극히 초기 상태에서 유래했다는 점이 명백하다고 할 수 있습니다."

Q 선생님들은 인류 역사에 있어 굉장히 중요한 발견을 하셨습니다. 그것에 대해 어떻게 생각하십니까?

A "역사에 우리의 발자취를 남길 수 있었다는 것은 매우 기쁜 일입니다. 하지만 그 이후에 우리는 성간분자(星間分子) 중 하나인 일산화탄소를 발견하기도 했습니다. 이 발견은 우리에게 더 큰 만족을 주었습니다. 그건 우리의 실험이 단발적인 결과에 그친 것이 아니라, 오랜 기간 꾸준히 이어져 온 연구의 연장선상에서 이루어진 것이기 때문입니다."

펜지어스와 윌슨 두 사람은 모두, 우주배경복사의 발견만이 자신의 유일한 업적으로 보는 것에는 그리 유쾌하게 생각하지 않는 듯했다. 확실히 많은 우연과 행운이 그들에게 작용했으며, 그것이 과학계 최고의 영예를 가져다준 것은 틀림없다.

그러나 그들은 행운을 불러들일 만한 준비와 소질을 이미 갖추고 있었다는 점에서, 역시 비범한 과학자들이었음은 틀림없다고 필자는 생각한다.

윌슨과의 인터뷰를 마치고, 20피트의 각기둥 모양 안테나를 둘러본 뒤 뉴어크 공항으로 가서 워싱턴행 항공기를 탈 예정이었다. 윌슨과의 인터뷰가 길어지는 바람에 예약했던 항공편은 도저히 시간을 맞출 수 없었다. 다행히도 공항에 전화를 걸어 예약을 변경한 끝에 바로 다음 편을 잡을 수가 있었다. 빅뱅의 화석을 포착한 안테나를 바라보는 시간은 길면 길수록 좋았기 때문이다.

기묘함이야말로 진실

- 1969년, 소립자의 분류와 그 상호작용에 관한 발견과 기여 -

머리 겔만
(Murray Gell-Mann)

- 1929년 9월 15일, 뉴욕 출생
- 1948년 예일 대학교 졸업
- 1951년 매사추세츠 공과대학교(MIT)에서 박사학위 취득
- 1952년 시카고 대학교 강사
- 1953년 시카고 대학교 조교수
- 1954년 시카고 대학교 부교수
- 1955년 캘리포니아 공과대학교 부교수
- 1956년 캘리포니아 공과대학교 정교수

우리가 살아가는 이 세계는 근본적으로 무엇으로 이루어져 있을까? 이 오래된 물음에 대해 고대 그리스 시대부터 인류는 다양한 방식으로 해답을 시도해 왔다.

우리는 물질을 구성하는 기본 요소로 원자를 알고 있다. 원자는 원자핵과 그 주위를 회전하는 전자(電子)로 이루어져 있다. 원자핵은 양성자와 중성자, 즉 전자에 비교하면 훨씬 무거운 입자들로 구성되어 있다. 1930년대에는 물질을 만드는 기본적인 입자, 즉 소립자(素粒子)는 양성자, 중성자, 전자의 세 가지라고 여겨졌다.

그런데 그 후, 새로운 입자가 연달아 발견되었다. 소립자가 수백 개에 이를 정도가 되어 버렸다. 이처럼 수많은 입자를 과연 '素'(바탕) 입자라고 부를 수가 있을까? 이에 따라 이들 입자는 더 기본적인 소수의 입자로 구성되어 있는 것이 아닐까 하는 생각이 제기되었다.

머리 겔만은 양성자와 중성자를 만들고 있는 더 기본적인 입자 '쿼크(Quark)'를 제창한 인물로 유명하다. 쿼크 모델은 1964년에 나왔는데, 겔만과 같은 캘리포니아 공과대학의 츠바이크(G. Zweig)도 독립적으로 같은 모델을 내놓아 '에이스(ace)'라고 명명했다. 그러나 겔만이 붙인 쿼크라는 이름이 널리 사용되고 있다.

쿼크는 그 이전까지 알려져 있던 입자들과 비교할 때 매우 기묘한 성질을 지닌 입자이다. 자연계에 존재하는 전하(電荷)는 전자의 전하를 기본 단위로 한다. 그때까지 발견된 모든 입자의 전하는 어느 것이나 다 전자의 전하의 정수배(整數倍)와 같았다(물론 음 · 양의 차이가 있고, 전하를 갖지 않는 입자도 있다). 그런데 쿼크는 전자 전하의 1/3배 또는 2/3배 라고 하는 분수 전하를 가지고 있다. 게다가 쿼크는 양성자 등의 속에 갇혀 있고 단독으로는 그 모습을 나타내는 일이 없다고 한다.

그러나 높은 에너지의 전자를 양성자에 쏘아 전자의 산란 방식을 조사한 실험 결과, 양성자 내부에 점 모양의 전하가 존재한다는 사실이 알려졌다. 또 높은 에너지의 입자를 충돌시켰을 때에도, 쿼크가 만들어지고 있는 것으로 생각되는 현상이 다수 관측되었다. 이러한 결과들을 통해, 현재 쿼크는 실존하는 입자로 다루어지고 있다. 쿼크는 향기(flavor)라 불리는 성질에 따라 분류되며, 지금까지 업(up=u), 다운(down=d), 스트레인지(strange=s), 참(charm=c), 보텀(bottom=b)의 다섯 종이 알려져 있고, 존재가 예측되어 왔던 여섯 번째 쿼크, 톱(top=t)이 실제로 발견되었다는 보고도 나와 있다.

현재의 이론에 따르면, 양성자는 u쿼크 2개와 d쿼크 1개, 즉 (u, u, d)로 구성되어 있다. 중성자는 u쿼크 1개와 d쿼크 2개, 즉 (u, d, d)로 이루어져 있다. 이와 같이 모든 무거운 입자들의 총칭인 바리온(baryon)은 3개의 쿼크 조합으로 이루어진다. 그러나 중간자는 쿼크와 반(反)쿼크가 짝을 이루어 형성된다.

또 전자나 중성미자(뉴트리노, newtrino=ν)는 렙톤(lepton, 경입자)이라고 불리며, 이들은 쿼크와 더불어 동등한 기본입 자를 구성한다. 여기에 더해 포톤(photon, 광자)이나 최근 실존이 확인된 위크보손(week boson) 등도 힘을 전달하는 기본입자로 인정되고 있다.

쿼크 이론은 바로 현대물리학의 대발견이라고 할 수 있으나, 1969년의 노벨 물리학상을 수상한 겔만의 공식 수상 이유는 "소립자의 분류와 그 상호작용에 관한 발견과 기여"로 명시되어 있으며, 쿼크 모델에 대한 공로는 직접적으로 포함되어 있지 않다.

겔만은 1953년에 새로운 소립자의 상호작용을 분류하기 위해 스트레인지니스(기묘성)라는 양자수(量子數)를 도입한 이론을 발표했다. 같은 해에 일본의 니시지마(西島和彥, 당시 도쿄 대학교 교수)와 나카노(中野董夫, 당시 오사카 시립대학교 교수)도 같은 견해를 발표했으며, 이 이론은 '겔만-니시지마 -나카노(GNN) 이론'으로도 불린다.

또 겔만은 1960년, 수학의 군론(群論)적 방법을 사용해 입자를 분류하는 이른바 '팔도설(八道說, eightfold way)'을 발표했다. 이 이론은 쿼크 모델로 발전하게 된다. 팔도설은 1956년 일본의 사카다(坂田昌一, 당시

쿼크·렙톤의 세대구분

	전하	제1세대	제2세대	제3세대
쿼크	+2/3	u (업)	c (참)	t (톱)미발견
	-1/3	d (다운)	S (스트레인지)	b (보텀)
렙톤	-1	e- (전자)	μ- (뮤온)	τ- (타우)
	0	ν_e (전자 뉴트리노)	ν_μ (뮤 뉴트리노)	ν_τ (타우뉴트리노)

나고야 대학교 교수, 사망)가 만든 '사카다 모델'과도 밀접한 관계가 있는 등, 겔만의 연구는 일본의 소립자론과도 깊은 연관성을 지닌다.

어쨌든 양성자와 중성자 등을 구성하는 더 아래 계층의 입자인 쿼크라는 개념에 도달하고, 이를 통해 현대물리학의 기반을 만든 그의 업적은 매우 위대하다. 그는 가히 '20세기 이론물리학의 거인'이라 불릴 만한 인물이다.

학회에 참석하기 위해 시카고에 머물고 있던 겔만과는 호텔에서 만나기로 되어 있었다. 내가 차를 준비해 그를 공항까지 모셔가고, 인터뷰는 이동 중인 차 안과 공항에서 진행하자는 것이 그의 조건이었다.

겔만과의 인터뷰를 하루 앞두고, 나는 샌프란시스코에서 시카고로 날아와 그와 만나기로 한 호텔에 짐을 풀었다. 시카고 시내에 있는 좀 낡았지만 차분한 분위기의 호텔이었다. 예정 시간보다 훨씬 일찍 도착한 나는 로비에 앉아 들어오는 사람들을 살펴보고 있었다. 곱슬곱슬한 백발에 검은 테 안경, 약간 뚱뚱한 체형에 베이지색 코트를 걸친 초로의 신사가 양손에 가방을 들고 들어섰다. 그가 확실했다.

"겔만 교수님!" 하고 내가 부르자, 그는 곧 내 이름을 확인했다.

그는 묻듯이 말했다.

"당신 차입니까, 아니면 대절한 차입니까?"

나는 운전을 하지 못하는 데다 전세차를 빌릴 형편도 되지 않아, "택시로요……" 하고 대답하자 그는 아무 말 없이 성큼성큼 택시 승강장 쪽으로 걸어가기 시작했다.

Q 선생님은 스물한 살이라는 아주 젊은 나이에 박사학위를 취득하셨는데, 이것은 이론물리학 분야에서도 드문 일입니까?

A "특별한 경우였다고 생각합니다. 어릴 적부터 책 읽기를 좋아했고, 월반을 거듭하며 교육의 각 단계를 일찍 마쳤어요. 그래서 박사학위도 빨리 취득하게 되었지요."

겔만은 육중한 체격과는 어울리지 않게, 높고 날카로운 목소리로 빠르게 말했다.

Q 어릴 적부터 물리학에 흥미가 있으셨나요?

A "아니요. 저는 고고학, 새와 동물이나 식물 등의 박물학, 수학 등 여러 분야에 관심이 많았지만, 물리학에는 전혀 흥미를 느끼지 못했습니다. 물리 교과서는 너무 따분했고, 고등학교에서 성적이 나빴던 과목도 물리뿐입니다. 역학, 소리, 열, 빛, 전기, 자기를 아무 관련성도 없이 배웠지요. 정말로 지독한 과목이었습니다."

Q 소립자 물리학을 전공하겠다고 결심한 건 언제였습니까?

A "사실 저는 한 번도 그런 결정을 내린 적이 없어요. 열다섯 살에 대학 입학이 허가되었을 때는 고고학이나 언어학 같은 과목을 전공할 생각이었지요. 그러나 아버지께서 반대하셨어요. '그런 걸 하면 굶어 죽게 돼'라고 말입니다. 아버지 머릿속에는 대공황 시절의 기억이 아직도 강하게 남아 있었던 겁니다. 아버지는 '엔지니어링이라면 생계에 지장

이 없을 테니 좋지 않겠느냐'고 하셨지만, 저는 '내가 만드는 건 모조리 부서지거나 깨질 텐데 결국 굶어 죽기는 마찬가지'라고 생각했습니다. (웃음) 형도 박물학에 흥미를 가졌지만, 엔지니어링을 공부하다가 열다섯 살에 대학을 그만두었어요.

아버지는 타협안으로 '물리학은 어떻겠느냐'고 말씀하셨지요. 저는 '물리는 따분하고 체계도 갖추어져 있지 않다'고 대답했더니, '그건 초급 수준이기 때문'이라며, '상대성이론이나 양자역학을 배우게 되면, 그 값어치를 알게 될 것'이라고 하셨지요. 아버지는 물리학자도 수학자도 아니었지만 취미로 수학 문제를 풀거나, 일반인을 위한 물리학과 천문학 서적을 즐겨 읽으셨습니다."

"그래서 저는 예일 대학교에 입학해 물리학 과정을 택했습니다. 확실히 상대성이론과 양자역학은 무척 흥미로웠습니다. 고등학교에서 배웠던 물리처럼 토막지식이 아니라, 넓은 범위를 다루고 있었거든요. 그렇기 때문에 다른 전공으로 옮길 필요를 느끼지 않았습니다. 소립자 물리학을 선택하게 된 건, 제가 원래부터 사물의 근본적인 부분에 끌리는 성향이 있었기 때문입니다. 자연과학에서 근본적인 분야라는 건 아주 특별한 영역이지요. 특히 소립자 물리학과 우주론은 한 쌍의 기둥과도 같습니다. 다른 모든 과학은 소립자 물리학과 우주론을 기반으로 하고 있습니다. 그런 점에서 보면, 제 선택은 나쁘지 않았다고 생각합니다."

Q 가장 영향을 받은 물리학자는 누구입니까?

A "처음에는 형님이었습니다."

물리학자를 물었는데, 좀 뜻밖의 대답이었다. 이야기는 의외의 방향에서 시작되었다.

A "형은 저보다 아홉 살 많았고, 아주 지적이고 재미있는 사람이었습니다. 어릴 적에는 모든 것을 형한테 배웠어요. 제가 흥미를 가지게 된 것들도 형과 나눈 대화들에서 비롯된 거예요."

"저는 여러 분야가 뚜렷하게 나뉘어 존재한다고는 생각지 않습니다. 제게 인간의 문화란 단절 없이 이어지는 하나의 통합된 체계입니다. 그 가운데 물리는 중요한 부분을 차지하고 있는데, 자연과학은 전체적으로 하나의 흐름 안에 있으며 사회과학, 인문과학, 예술과도 연결되어 있다고 생각합니다. 저는 물리학 속에서도 자주 박물학자의 시점(視點)을 사용합니다. 다이내믹한 이론을 만들지만 현상을 기술하거나 수식화하거나 정성적인 관점에서 바라보는 일을 반대하지 않습니다. 냉철한 이론으로 움직이는 '아폴로적 인간'도, 직관으로 움직이는 '디오니소스적 인간'도 아니며, 두 성향을 모두 즐길 줄 압니다. 이런 유형을 '오디세우스적 인간'이라고 말하는 사람도 있지요. 저는 다른 물리학자들보다 애매한 것들에 대해 관용적인 편입니다. 그렇다고 해서 정성적 문제를 다루는 사람들보다 논리나 다이내믹스에 더 흥미를 느끼는 것도 사실입니다. 저는 이 두 영역을 연결하고자 합니다."

겔만은 일단 이야기를 시작하면 좀처럼 멈추지 않는 성격인 듯했다.

이야기는 다소 옆길로 새기도 했지만, 그의 사고방식을 엿볼 수 있어 흥미로웠다. 고등학교 시절과 예일대 시절 인상 깊었던 선생님들에 대한 이야기를 거쳐서야 비로소 박사 논문을 지도해 준 빅토어 바이스코프(Victor Frederick Weisskoph)에 관한 이야기로 이어졌다.

A "바이스코프는 중요한 인물입니다. 저는 물리학 자체에 대해서는 그에게서 많은 걸 배우지는 않았지만, 더 중요한 걸 배웠습니다. 그건 과학 연구에서 어떤 부분이 중요한가를 확인하는 일입니다. 젊은 사람들은 흔히 수식(數式)에 매력을 느낍니다. 바이스코프는 과학의 본질은 수식에 있지 않다고 주의 깊게 가르쳐 주셨습니다. 수식이 아니라 아이디어라고 말했습니다. 복잡하고 그럴듯해 보이는 수식보다는, 되도록 간단한 수식이 낫다는 겁니다. 물론 수식을 쓰지 않을 수는 없지만, 그것은 어디까지나 최소한에 그쳐야 한다는 뜻이었습니다."

"같은 맥락에서 그는 아이디어가 숨겨지지 않고, 그 모습이 드러나야 한다고 말씀하셨어요. 일부 수학자들은 자신이 어떻게 생각했는지를 감추려 하지만, 그건 과학자가 해서는 안 될 일이라는 것이죠. 이런 방법은 최근에는 수학에서도 점차 사라지고 있지만……. 바이스코프와 역사, 철학, 정치 따위를 이야기를 나누는 것도 신선한 경험이었습니다. 그는 저와 마찬가지로 모든 것을 인류 문화의 일부로 생각하고 계셨습니다. 그에게서 배운 것이 아니라, 이미 제 안에 있던 감각이 그와 공명한 것이었습니다."

여기서부터 이야기는 아이디어가 떠오르는 과정에 대한 설명으로 이어졌다. 그 과정을 겔만의 입을 통해 직접 듣는 것은 매우 흥미로운 일이었다.

A "문제를 풀기 위해서는, 그 문제로 늘 머릿속을 가득 채워 두어야 합니다. 존재하고 있는 이론이 모두 사실과 맞지 않게 되었을 때, 그 모순을 없애기 위해 이론을 변화시킬 방법을 찾아야 합니다. 그건 흔히 받아들여지고 있는 아이디어를 버리는 일이 됩니다. 그러나 무엇으로 그것을 대체할 수 있을지는 알 수 없습니다. 어쨌든 부지런히 시도해 보아야 합니다. 그리고 어느 지점에 이르면, 결국 막히게 됩니다. 그때 제 마음속 어딘가에, 제가 '의식하(意識下)의 의식'이라고 부르는 것이 생깁니다. 그래서 자전거를 타고 있을 때도, 면도할 때도, 달릴 때도, 잠을 잘 때도, 마치 케쿨레(Friedrich August Kekule)가 꿈속에서 벤젠의 구조를 발견했을 때처럼, 저 역시 꿈을 꾸는 중에도 아이디어가 떠오르곤 합니다."

"최근 40년, 특히 지난 20~10년 사이에는 브레인스토밍(창조적 두뇌의 집단적 개발법. 여러 계층의 사람이 그룹을 이루어, 아무런 제약 없이 자유롭게 창의적인 아이디어를 제안하고 토론하는 방법-옮긴이 주)이란 방법을 통해 이러한 과정이 가능하다는 말이 나오기 시작했습니다. 이 방법은 아이디어를 뱉어내는 데에 바탕을 두고 있습니다. 그릇된 아이디어건, 불충분한 아이디어건, 심지어 터무니없는 아이디어건 간에 모두 한데 모으고,

그렇게 모은 것을 잡탕처럼 섞어서 결국엔 좋은 아이디어로 만들어 내는 것이지요. 이러한 과정은, 제가 말한 '의식하의 의식'이 문제를 소화하면서 해결로 이어지는 것과 닮아 있습니다. 저도 그렇게 생각합니다. 수동적인 방법보다는 이런 적극적인 방법이 문제 해결을 빠르게 만들 수 있다고 생각합니다."

(Q) 다른 물리학자의 영향은 어떻습니까?

A "초기의 공동 연구자인 로우(F. Low)와 골드버거(M. Goldberger)에게서 상당한 영향을 받았습니다. 특히 골드버거는 저에게 정확하게 계산하는 방법을 가르쳐 주었지요. 바이스코프로부터는 그런 걸 배우지 못했거든요. (웃음) 바이스코프는 페르미(E. Fermi)의 제자입니다만……. 그 페르미는 질문을 하면 칠판 왼쪽 위에서 글을 쓰기 시작해 오른쪽 아래까지 계속해서 답이 나올 때까지 전혀 틀리는 곳이라곤 없었습니다."

'바이스코프의 식'이라는 것이 있다고 한다. 1= -1 = i = -i라는 것이다. 바이스코프는 계산을 자주 틀리는 것으로 유명하다.

A "로우와는 프린스턴 고등연구소에서 함께 연구했고, 최초의 공저 논문도 그때 썼습니다. 2년 뒤에 다시 한번 함께 일을 하여 재규격화 이론(renormalization theory)에 관한 논문을 발표했습니다. 1953년 여름은 기온이 40℃에 이를 정도로 더웠지만, 논문에 집중하느라 더위를 느끼지 못했습니다. 같은 해 여름에 스트렌지니스에 관한 논문도 썼습니

다. 이는 1년쯤 전부터 생각해 오던 주제였는데, 그 무렵에 니시지마와 나카노도 논문을 제출했습니다. 저는 생각을 해놓고도 논문 제출은 1년 반이나 늦어졌지요. 저는 항상 논문을 늦게 내는 편입니다. 빨리 쓰면 좋을 텐데 그게 잘 안 됩니다. 식과 대답은 완성되는 데도 문장으로 정리하는 데 늘 시간이 걸립니다."

Q 그러고 보니 선생님의 노벨상 수상 강연은 강연집에 수록되어 있지 않더군요.

A "1966년에 왕립 연구소에서 했던 것과 같은 내용의 강연을 스톡홀름에서도 했습니다. 그러나 쿼크의 아이디어를 포함한 더 자세한 내용을 쓰고 싶다고 생각하고 있었지요. 쿼크의 아이디어는 제가 수상한 연구 전체를 설명해 줍니다. 저는 쿼크가 입자에서 분리되어 단독으로 나타날 수 없다고 생각하고 있었음에도, 쿼크의 존재를 중대한 것으로 받아들였습니다. 쿼크를 중요한 실존하는 것으로 생각하고 있었다고 해도 되겠지요. 그러나 쿼크는 입자 바깥에서 단독으로 관측되는 일은 없다는 수학적인 의미만을 기술했습니다. 그건 수학적인 기술이었고, 제 내면에서는 쿼크가 실제로 존재한다고 믿고 있었습니다. 이 내용을 노벨상 수상 강연으로 썼으면 좋았겠다고 생각했지요. 그러나 결국 쓰지 못했습니다. 다음 주에는 써야지, 내일은 써야지 하다가 시간이 그냥 흘러가 버리고 말았어요."

Q 어쨌든 무언가를 쓴다는 건 시간이 걸리시는군요.

A "그렇습니다. 편지건 무엇이건……. 어릴 적에 아버지께서 '글을

쓴다는 건 중대한 일이니 절대 틀려서는 안 된다'고 하신 말씀이 제게 영향을 끼쳤을지도 모르겠습니다. 저는 문장 하나하나에 지나치게 신경을 쓰는 편이라, 편지 한 장을 쓰는데도 한 달이 걸립니다."

택시는 벌써 30분 넘게 오헤어 공항으로 향하는 고속도로를 달리고 있었다. 도로는 막히지 않고 시원하게 뚫려 있었다. 겔만의 이야기는 좀처럼 멈출 줄 모르고 계속되었다. 쿼크의 발상에 대해 들을 시간이 사라지는 건 아닐까 걱정이 될 정도였다. 그러던 중 가까스로 이야기가 일단락되었고, 마침내 핵심적인 화제로 들어갈 수 있었다.

Q 쿼크에 대해 여쭤 보고 싶습니다. 분수 전하라는 개념을 도입한 것은 혁명적인 일이었는데요, 그 아이디어는 어떻게 떠올리게 되셨습니까?

A "이건 현재 향기(flavor)라고 불리는 개념에 따라, 기본 입자들을 3개씩 한 세트로 다루려는 명확한 아이디어에서 출발한 것입니다. 향기에 관한 SU_3군(群)은 잘 알려져 있었고, 세 입자로 이루어진 조합이 중요하다고 생각하는 것은 자연스러운 일이었지요. 저는 여러 가지를 시도해 보고 있었습니다."

SU_3이란 수학의 군론에서 사용하는 용어로, 세 가지 상태를 혼합하는 변환(變換)을 다루는 군(群)을 의미한다. 이 개념 또한 겔만이 크게 기여한 분야이다. 소립자는 전하, 아이소스핀, 스트레인지니스

(strangeness) 등의 양자수를 사용해 분류할 수 있으며, 그렇게 분류된 입자들의 집합이 SU_3에 의해 설명될 수 있는지가 중요한 문제이다.

A "관측되는 입자는 1입자조, 8입자조, 10입자조 등입니다. 여기서 핵심은, 3입자조를 도입하는 교묘한 방법을 찾아내는 데 있습니다. 그 중 하나의 시도는 바리온에 관한 것이었지요. 3×3×3은 수학적으로 1+8+8+10으로 된 부분군으로 갈라집니다. 이는 바리온 내부에서 실제로 관측되는 1입자조, 8입자조, 10입자조를 제공해 줍니다.

한편 중간자에 대해서는 3×3, 즉 세 종류의 입자와 세 종류의 반(反)입자를 곱한 결과가 1+8로 분류됩니다. 이는 관측되는 중간자의 1입자조와 8입자조를 제공해 줍니다. 그런데 이 모델은 분수 전하를 도입해야만 비로소 성립된다는 점을 알게 되었지요. 그러나 당시에는 분수 전하라는 개념이 받아들이기 어려운, 버려야 할 아이디어라고 생각했습니다."

"그러던 어느 날, 두 달 후에 저는 컬럼비아 대학교에서 서버(R. Serber)로부터 질문을 받았습니다. '왜 당신은 3×3×3이 1+8+8+10으로 분해된다는 사실을 논문에 쓰지 않았느냐'는 것이었지요. 그래서 저는 그렇게 하려면 분수 전하를 도입해야 하기 때문이라고 대답했습니다. 그런데 그 순간, 분수 전하가 꼭 틀린 것만은 아니지 않겠느냐는 생각이 떠올랐습니다.

물론 저는 당시 분수 전하가 존재하리라고는 믿지 않았습니다. 그러나 3입자조는 이론적으로는 근본적인 구성일 수 있지만, 실제로는 관측되지 않을 가능성도 있겠지요. 누군가가 실험으로 그 존재를 찾아내려 할지도 모른다는 생각에, 논문에서는 조심스럽게 그 가능성을 시사해 두었습니다. 하지만 실제로는 분수 전하가 관측될 수 있다고 생각하지 않았습니다. 왜 그렇게 생각했는지는 정확히 설명하기 어렵지만, 어쨌든 그때는 그렇게 느꼈던 것입니다."

"서버와의 대화는 이 아이디어가 해방되는 데 결정적인 역할을 했습니다. 다음 날 컬럼비아 대학교에서 열린 회합에서 저는 처음으로 이 생각을 이야기하기 시작했습니다. 그 자리에서부터 제가 '쿼크'라는 말을 쓰기 시작했다고 기억하는 사람

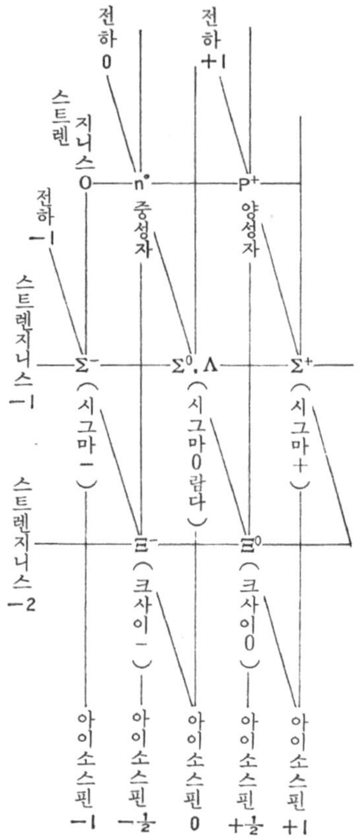

나카노-니시지마-겔만의 법칙에 의해 전하, 아이소스핀, 스트렌지니스라는 세 가지 양자수를 사용해 하드론을 분류하면 중간자, 바리온이 어느 것이나 8개 조를 이룬다. 여기서는 바리온의 예를 살펴보았고, 겔만은 이 이론으로부터 팔도설이라는 이름을 붙였다.

도 있습니다. 그 당시 저는 좀 별난 기본 입자에 대해 별난 이름인 '쿼크'로 부르기 시작했던 것입니다.

그보다 조금 뒤에 제임스 조이스(James Joyce)의 소설 『피네간의 경야(Finnegans Wake)』에 나오는 시의 한 구절에서 아마도 '쿼크'라고 발음될 수 있는 단어를 발견했을지도 모릅니다. 그래서 저는 그 철자 'quark'를 쓰기로 결정했습니다. 대화와 아이디어는 1963년 3월의 일이었지만, 그로부터 6개월이 지난 9월이 되기까지 논문을 쓰지 않았습니다. 저는 당시 MIT의 객원 교수였고, 컬럼비아 대학교에는 토론을 위해 방문 중이었습니다."

기본적인 입자의 3입자조로부터 많은 입자를 설명하려는 시도는 이미 사카다 모델에서도 이루어졌다. 그러나 사카다 모델은 양성자, 중성자, 람다(Λ) 입자 등 이미 알려진 입자들을 구성요소로 삼았기 때문에, 특히 바리온에 대해서는 설명이 완전하지 않은 부분이 있었다. 이에 반해 쿼크 이론의 혁명적인 점은 양성자나 중성자보다 더 근본적인 하위 계층의 입자들을 가정했다는 데 있으며, 바로 그 점이 이 이론이 성공을 거둘 수 있었던 이유였다.

Q 바리온과 중간자의 하부 구조가 필요하다는 생각은 언제부터 하셨습니까?

A "당시에는 하부 구조가 필요하다고까지는 생각하지 않았습니다.

하지만 처음으로 팔도설 이론을 제안했을 때부터 3입자조가 어떤 형태로든 관여하고 있을 것이라는 생각은 분명히 가지고 있었습니다. 결국 그 생각은 하부 구조의 존재로 귀결된 셈이지요. 서버와의 대화는 그 사실을 상기시켜 주었습니다. 그는 분수 전하의 도입이 필요하다는 걸 알지 못했고, 저는 그에게 그 이유를 설명했습니다.

그래서 매우 훌륭하고 단순하면서도 말끔한 이론이 탄생할 수 있었습니다. 분수 전하를 도입하지 않았다면, 이런 발상 자체가 나오지 않았을지도 모릅니다. 왜냐하면 우리가 지금 알고 있는 '가두어 두기 메커니즘'을 몰랐기 때문입니다. 그 개념을 이해한 건 그로부터 9~10년이 지난 후의 일이었으니까요."

택시는 오헤어 공항의 유나이티드 항공 출발 카운터 앞에 도착했다. 마침 대화가 일단락된 참이라 마음이 놓였다. 짐을 X선 검사기에 통과시키고, 테이프 레코더를 검사용 바구니에 올려 내밀었다. 그때 여자 직원이 놀란 듯한 얼굴로 말했다.

"어머, 이거 작동하고 있어요."
"네, 지금 녹음 중이에요."

내가 대답하자, 그녀는 매우 의아하다는 표정을 지었다. 겔만이 걸어가면서도 이야기를 계속하고 있었기 때문에 일부러 테이프 레코더를

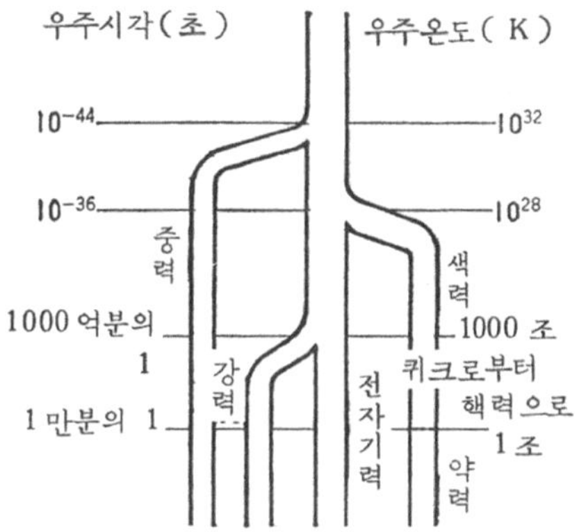

빅뱅 후, 우주의 온도가 내려감에 따라 네 종류의 힘으로 갈라졌다. 통일이론은 이 과정을 역으로 되짚어 가는 것이다.

작동시킨 채로 두었던 것이다.

겔만은 성큼성큼 앞서 걸어갔다. 에스컬레이터를 타고 올라가 도착한 곳은 회원제로 운영되는 라운지였다. 그는 카드첩에서 여러 장의 카드 중 한 장을 꺼내 입구 직원에게 보여주고 안으로 들어갔다. 안은 제법 혼잡했으나 다행히 빈자리가 하나 있었다.

"커피 드릴까요?" 하고 그가 물었다. 내가 고개를 끄덕이자, 그는 곧바로 일어나 커피를 가지러 갔다. 셀프 서비스였다. 나는 당황해서 얼른 뒤따라가며 "제가 할게요"라고 말했지만, 그는 개의치 않고 자연스럽게 컵에 커피를 따라 주었다. 다시 자리에 앉은 우리는 인터뷰를 시작했다.

Q 현재 존재하는 향기(flavor)는 여섯 가지로 알려져 있는데, 이것뿐일까요? 아니면 더 있을 가능성도 있을까요?

A "입자는 두 종류의 렙톤과 두 종류의 쿼크가 한 세대를 만들고 있는 듯 보입니다. 만약 네 번째 가족이 존재한다면, 네 번째 뉴트리노도 있어야겠지요. 이 뉴트리노는 다른 뉴트리노와 마찬가지로 질량이 없거나, 매우 가벼울 것입니다. 우주 초기에 일어난 물질 생성 과정을 연구하는 사람들은 다섯 번째나 여섯 번째 뉴트리노를 가진 가족이 나타나면 곤란해집니다. 수소와 중수소의 비율이 관측값과 맞지 않게 되거든요. 그래서 많은 가족이 있으리라고는 생각되지 않아요. 물론 뉴트리노에 질량이 있다는 사실이 밝혀지면 그때는 가족이 더 많아도 됩니다."

Q 이론물리학자가 될 수 있느냐 없느냐는, 선천적으로 결정되어 버린다고 생각하십니까?

A "그건 제 전문 분야는 아니지만, 대개의 분야에서 성공하려면 유전적인 요소가 필요합니다. 그러나 그 밖에도 많은 요소가 필요하죠. 그리고 필요한 유전적 요소는 상당히 많은 사람들이 가지고 있다고 생각합니다."

Q 앞으로의 물리학에는 무엇이 필요하다고 생각하십니까?

A "근본적인 이론(fundamental theory)입니다. 이는 물리학뿐 아니라 모든 과학 분야에 중요하다고 생각합니다. 아마 사회과학까지 포함될 수 있을 겁니다. 이 이론은 비선형 시스템 다이내믹스와도 깊은 관련이 있습니다. 그 안에는 방대한 중요성과 복잡성, 아름다움 그리고 가능성

이 담겨 있습니다. 물리학, 화학, 생물학, 심리학, 정신의학, 사회과학, 컴퓨터 과학 등 다양한 분야에 영향을 미칠 수 있는, 그야말로 엄청난 일반성과 훌륭함 그리고 아름다움을 지닌 이론을 말하는 것이지요."

Q 쿼크보다 더 아래 계층의 입자가 있다고 생각하십니까?

A "쿼크 이론에서 이루어진 가장 큰 성과는, 하드론(hadron)을 구성하는 기본 입자를 발견한 일입니다. 이들 입자는 전자나 뉴트리노처럼 기본적인 입자로 여겨지고 있지요. 글루온(gluon)은 쿼크 사이의 힘을 전달하는 입자로, 쿼크가 하드론을 만들 때 작용하는 상호작용의 '양자(量子)'입니다. 글루온은 포톤과 마찬가지로 기본적인 힘의 매개 입자라고 할 수 있습니다. 하지만 생각해 보면 렙톤이나 포톤은 기본 입자가 아닐 수도 있습니다. 그런 점에서 보면 쿼크나 글루온도 기본적인 입자가 아닐지도 모릅니다."

"그런데 포톤과 글루온은 엄격한 보존법칙과 대칭성 등을 지니고 있으므로 특별한 위치에 놓입니다. 포톤이나 글루온을 복합인자라고 생각하는 건 불가능한 일은 아니지만, 그렇게 보는 건 매우 어렵습니다. 반면 렙톤과 쿼크는 복합입자일 가능성도 존재합니다. 이들이 복합입자인지 아닌지를 알기 위해서는, 지금보다 훨씬 더 높은 에너지 영역에 도달해야 합니다. 현재의 에너지 범위에서는 이들이 소립자처럼 행동하고 있기 때문입니다. 전자는 언젠가 높은 에너지 실험을 통해 복합입자로 밝혀질 수도 있습니다. 그렇게 되면 쿼크도 복합입자일 가능성이 생기는 것이지요."

Q 앞으로 네 종류의 힘에 대한 통일이론이 실험적으로 검증되는 일이 가능할까요?

A "이론은 그때까지 알려진 사실을 설명해 주는 역할을 합니다. 동시에 예측도 하지요. 지금 나와 있는 모든 것을 설명할 수 있을 것처럼 보이는 이론들이 있긴 합니다. 하지만 그것들은 어디까지나 후보에 불과합니다. 그래서 당신의 질문은 두 가지로 나뉩니다. 지금까지 알려진 사실들을 이론적으로 잘 설명해 낼 수 있는지, 그것이 가능하다면 검증 가능한 예측을 제시할 수 있느냐는 것입니다. 우리는 지금 바로 그 두 가지를 놓고 작업하는 중입니다. 현재로서는 모든 것을 설명하는 이론이 잘되지 않을지도 모르고, 어쩌면 전혀 다른 방식의 접근이 필요하다는 결론에 이르게 될지도 모릅니다. 그렇게 생각하는 것이 공평한 입장일 것입니다."

인터뷰 막바지에서 겔만은 내 이름의 한자와 그 글자 하나하나의 뜻을 물었다. 그는 언어에 능하고 한자에도 큰 흥미가 있어서 일본 사람을 만날 때마다 늘 이런 질문을 하는 모양이었다.

나는 노벨 수상자에게 모두 사인을 받아 잡지에 사용할 수 있는 허가를 받고 있었다. 그에게도 그런 부탁을 했더니 왜 그런 요청을 하느냐고 되물었다.

"그 기사가 정확한지 어떤지를 제가 판단할 수 없기에 제 사인을 사용하는 건 곤란하겠네요."

이것이 그의 첫 반응이었다. 나는 "어떤 사인을 하는지에 흥미를 갖는 독자도 있고, 또 일본에서는 사인이 있다고 해서 반드시 그 내용이 정확하다는 의미는 아닙니다"라고 설명했다. 그러자 그는 "설마 200만 엔짜리 차용증서에 쓰려는 건 아니겠지요?" 하고 웃으면서 양해해 주었다. 제법 장난기 있는 사람인 것 같았다.

내가 인터뷰할 예정인 노벨 수상자들의 명단을 보여주자, 그는 거침없이 솔직한 평가를 내렸다. 말투에는 꾸밈이 없었고, 그의 자신감이 그대로 드러났다. 그래도 내 질문에는 하나하나 매우 친절하고 성의 있게 답해 주었다.

혁명을 낳게 한 확신

- 1976년, 무거운 소립자 발견 -

버턴 릭터
(Burton Richter)

- 1931년 3월 22일, 뉴욕에서 출생
- 1952년 매사추세츠 공과대학교(MIT) 졸업
- 1956년 박사학위 취득
- 1960년 스탠퍼드 대학교 연구원, 조교수
- 1963년 부교수
- 1967년 정교수

새뮤얼 차오 충 팅
(Samuel Chao Chung Ting,
중국명: 丁肇中)

- 1936년 1월 27일, 미시간주 앤아버에서 출생
- 1959년 미시간 대학교 졸업
- 1962년 박사학위 취득
- 1963년 유럽 합동 원자핵 연구기관(CERN) 연구원
- 1964년 컬럼비아 대학교 조수
- 1965~1967년 조교수
- 1966년 독일 전자 싱크로트론 연구소(DESY) 연구그룹 주임
- 1967년 매사추세츠 공과대학교(MIT) 부교수
- 1969년 교수

1974년 11월, 전 세계 물리학계는 흥분의 도가니 속에 휩싸였다. 그때까지의 이론으로는 전혀 예측되지 않았던 새로운 입자가 스탠퍼드 대학교와 매사추세츠 공과대학교(MIT)의 두 그룹에 의해 각각 독립적으로 발견된 것이다.

이 새로운 입자를, 릭터가 이끄는 스탠퍼드 그룹은 Ψ(프사이)입자라고 불렀고, 팅(S. Ting)이 이끄는 MIT 그룹은 J(제이)입자라고 불렀다. 결국 이 새 입자는 J-Ψ입자로 불리게 되었다. 발견 직후, 이 입자의 이론적 성격을 설명하려는 논문들이 쏟아졌다. J-Ψ입자의 발견은 소립자 물리학계를 단번에 뜨겁게 달구었고, 일반 대중에게도 강한 인상을 남겼다. 이러한 현상은 이른바 "소립자 물리학의 11월 혁명"이라 불리게 된다. 그 사건은 과연 '혁명'이라는 표현이 어울릴 만큼 충격적이었다.

릭터는 스탠퍼드 대학교의 선형 가속기 센터(SLAC, Stanford Linear Accelerator Center=슬랙)에서 전자-양전자의 쌍소멸(對消滅) 실험에 의해 Ψ입자를 발견했다. 반면, 팅은 미국의 브룩헤이븐 국립연구소(Brookhaven National Laboratory)에서 양성자를 베릴륨 원자핵에 충돌시켜 생성된 전자-양전자 쌍을 관측함으로써 J입자를 발견했다. 릭터의 실험은 전자와 양전자의 직접 충돌을 통해 새로운 입자가 생성되는 과정을 관측한 것이다. 한편 팅의 실험은 양성자와 양성자(또는 중성자)가 충돌하여 포톤이 되고, 거기서 생성된 입자가 붕괴하여 생성되는 전자-양전자 쌍을 관측한 것이다. 두 사람의 실험 방식은 정반대에 가까웠지만, 얻어진 결과는 완전히 같았다.

J-Ψ입자는, 양성자 질량의 약 3배에 해당하는 에너지, 즉 약 31억 전자볼트(eV) 지점에서 매우 예민한 피크 형태로 관측되었다. 이는 그때까지 알려진 가장 무거운 소립자의 약 2배에 해당하는 질량이었다.

"비유하자면, 탐험대가 정글 속에서 과테말라 티칼에 있는 세계 최대의 피라미드만큼 높으면서도 폭은 1,000분의 1에 불과한 가느다란 피라미드를 발견한 것과 같은 놀라움이라 할 수 있습니다."

이는 노벨상 시상식에서 스웨덴 왕립 아카데미 회원인 엑스폰(Gösta Ekspong)이 J-Ψ입자의 발견을 소개하며 덧붙인 표현이다.

J-Ψ입자는 중간자의 한 종류이다. 중간자는 쿼크와 반(反)쿼크의 쌍으로 이루어진다고 여겨진다. 당시는 업(up=u), 다운(down=d), 스트레인지(Strange=s)의 세 종류의 쿼크가 알려져 있었다. J-Ψ입자는 제4의 쿼크, 참(charm=c)의 발견이었다. 즉, 참 쿼크와 반(反)참 쿼크의 쌍($c\,\bar{c}$)이 J-Ψ입자의 정체였던 것이다. J-Ψ입자가 발견된 이후, 참을 포함하는 중간자와 바리온이 잇달아 발견되었고, 그 결과 새로운 쿼크는 확고한 사실로 받아들여지게 되었다.

'11월 혁명' 이후 현재에 이르기까지, 쿼크의 종류는 보텀(bottom=b)과 톱(top=t)이 추가되어 총 여섯 종류의 쿼크가 존재하는 것으로 알려져 있다.

릭터와 팅은 1976년에 노벨 물리학상을 수상했다. 입자의 발견으로부터 불과 2년밖에 지나지 않았던 시점이었다. 그들의 발견은 처음부터 확고하고 명확했으며, 그 중요성을 누구나 인식하고 있었음을 보여주는 사례라고 할 수 있다.

스탠퍼드 대학교 캠퍼스는 매우 넓었다. 정문에서 자동차로 약 10분을 달려가야 도착할 수 있는 외곽 지역에 SLAC이 자리 잡고 있었다. SLAC 간판이 보이는 입구 주변은 널찍한 잔디밭에 군데군데 나무가 서 있었다. 가속기는 거기서 조금 떨어진 곳에 위치해 있었다. 나중에 받은 항공사진을 보니, 그 지점에서 대략 200m쯤 떨어진 곳에서부터 시작해 총 길이 3,200m의 선형 가속기가 하얗게 긴 띠 모양으로 안쪽으로 뻗어 있었고, 그 위로는 간선도로가 가로지르고 있었다. 그날은 마침 실험 중이어서 가속기 근처에 접근할 수 없었던 것이 유감이었다.

좀 뚱뚱한 몸집의 릭터는 칼라에 단추를 채운 청색 셔츠 차림의 편안한 복장을 하고 있었다. 약간 허스키한 목소리로 조용조용히 말하는 모습에서는 대형 실험 그룹을 통솔하는 보스다운 관록이 느껴졌다. 점점 대규모화되어 가는 소립자 실험물리학의 세계에서는, 보스에게 실험 설계뿐 아니라 경영자적 자질까지도 요구된다. 그는 그런 점에서 매우 높은 평가를 받는 인물이었다.

Q 프사이(*Ψ*) 입자를 발견했을 때, 맨 처음에 어떤 일이 있었습니까?

A "그건 두 단계로 나눌 수 있습니다. 처음에는 특정 에너지 영역에서 반응이 일어나는 비율에 이상한 피크(돌출 부분)가 나타나기도 하고

나타나지 않기도 했습니다. 1974년 봄이었어요. 그해 11월에 우리는 저장 링의 에너지를 아주 미세하게 조절하면서 에너지 변화에 따라 반응률이 어떻게 변화하는지를 계통적으로 연구했습니다. 그 결과 매우 좁은 에너지폭의 영역 안에서 거대한 피크가 생겨나고 있음을 발견했지요. 그건 분명히 새로운 입자의 특징을 가리키는 것이었습니다."

"피크가 발생하는 에너지로부터 그 입자의 질량을 계산할 수 있습니다. 또한 이 입자가 전자와 양전자가 쌍소멸로 생성된 까닭에 그 과정에서 각운동량(角運動量) 등 입자를 결정짓는 몇 가지 양자수(量子數)를 알 수 있게 됩니다. 당시 이 현상을 두고 몇 가지 설명이 있었습니다. 첫 번째 설명은 이 입자가 Z° 입자일지도 모른다는 것이었습니다. Z°는 나중에 루비아(C. Rubbia)가 발견한 입자인데, 10년 전에는 그 질량이 얼마인지 아무도 알지 못했죠. 두 번째는, 이 입자가 당시에는 '숨겨진 양자수'였던 컬러(color, 색깔)를 가진 입자일지도 모른다는 것입니다. 세 번째 설명은, 전혀 새로운 쿼크와 반쿼크의 쌍이라는 것이었지요."

Z°는 약한 힘을 매개해 주는 입자 중 하나로, 와인버그-살람(Weinberg-Salam) 이론에서 그 존재가 예언되었다. 이 입자는 1983년에 유럽 합동 원자핵 연구기관(CERN)의 양성자-반양성자 충돌형 가속기(SPS) 실험을 통해 처음으로 실험적으로 검증되었다. 이 실험을 이끈 사람은 이탈리아의 카를로 루비아(Carlo Rubbia)였으며, 가속기 설계에 결정적인 기여를 한 네덜란드의 시몬 판데르 메이르(Simon van der Meer)와 함께

1984년 노벨 물리학상을 공동 수상했다.

색깔(color)은 향기(flavor)와 함께 쿼크의 특징을 나타내는 양자수이다. 색깔을 빨강·초록·파랑의 삼원색으로 하면, 세 개의 쿼크로 구성된 바리온의 경우, 각각의 쿼크가 빨강·초록·파랑의 3색을 갖게 되므로 전체로서는 그것들을 혼합한 무색(백색)이 되는 것으로 간주된다. 중간자의 경우는 같은 색깔의 쿼크와 반쿼크의 쌍으로 구성되며, 역시 백색 상태가 된다. 이처럼 컬러 개념을 도입해 쿼크 사이에 작용하는 힘을 설명하는 이론을 색역학(色力學)이라고 부른다.

Q 세 번째 쿼크·반쿼크 쌍이라는 아이디어가 옳았던 것이군요.

A "그렇습니다. 현재로서는 그렇게 알고 있습니다. 우리가 처음으로 수행했던 실험은 그 입자와 동일한 입자가 또 있는지를 탐색하는 일이었습니다. 실험을 시작한 지 약 10일 후에 두 번째 입자를 발견했습니다. 그리고 두 입자 사이에 붕괴가 일어나는지를 관측했고, 약 2~3개월 사이에 약한 상호작용을 하고 있는 입자가 아니라는 사실을 확인할 수 있었습니다.

또 6개월에서 1년에 걸친 실험으로 그것이 컬러 입자가 아니라는 사실도 확실히 밝혀졌습니다. 이 발견을 가장 간단히 설명하는 방법은 '새로운 쿼크의 존재'라고 저는 생각했습니다. 하지만 실험가라면 누구나 그렇듯, 쉬운 설명을 받아들이지 않습니다. 결정적 증거가 필요하지요. 모두가 새로운 쿼크의 존재를 납득할 수 있도록 증거를 얻는 데는 1

년쯤 걸렸고, 그 증거를 제시하자 대부분의 물리학자들이 불과 2주 만에 이를 받아들였습니다."

Q 팅도 같은 입자를 발견했다는 사실은 언제 알게 되었습니까?

A "우리가 계통적인 실험에 들어간 다음다음 날, 팅이 학회 참석을 위해 SLAC에 왔고, 그 자리에서 우리는 서로의 발견을 알게 되었습니다. 이 실험 결과가 물리학자들에게 빠르게 받아들여질 수 있었던 이유는 두 그룹이 전혀 다른 방식의 실험을 진행했음에도 불구하고, 정확히 같은 질량을 가진 입자를 발견했기 때문이라고 생각합니다.

혁명적인 발견에는 물리학계 내부에서도 항상 일정 정도의 회의론이 따르게 마련입니다. 과학자들은 확실한 증거가 나오기 전까지는 조심스럽게 의심을 제기하죠. 이 발견은 예비적인 결과 단계에서부터 두 그룹이 같은 결과를 얻었음을 서로 알고 있었고, 이로 인해 상호 확인이 빠르게 이루어졌습니다. 그렇기 때문에 회의론자의 의심을 잠재우고, 이 발견은 곧바로 금방 받아들여졌으며, 결국 '소립자 물리학의 11월 혁명'을 이끌어 낸 계기가 된 것입니다."

Q 11월 혁명과 같은 일은 소립자 물리학에서 다시 일어날 수 있다고 생각하십니까?

A "다시 일어나 주었으면 좋겠다고 생각하지만……. 그처럼 갑작스럽게 발생해서 곧바로 확실한 것으로 인정되고, 빠르게 받아들여졌다는 점은 정말 놀라운 일이었지요. 실제로도 '11월 혁명'이라는 이름이 전혀 과장이 아니라고 생각합니다. 운이 좋다면 또다시 그런 일이 일어

날 수도 있겠지요. 그렇게 되었으면 하고 희망합니다."

Q 다른 누구도 아닌, 바로 선생님께서 11월 혁명을 일으키게 된 이유는 무엇이라고 생각하십니까?

A "그 질문에 답하려면 1960년대 초까지 거슬러 올라가야 합니다. 당시에는 빔(beam)의 충돌을 이용한 전자와 양전자의 소멸실험에서 강한 상호작용을 하는 입자가 발견될 것이라고는 누구도 생각하지 않았습니다. 하지만 저만은 그 가능성을 믿고 있었습니다. 그래서 강한 상호작용에 대해 뭔가 흥미로운 사실을 밝혀낼 수 있으리라는 확신을 가지고, 스탠퍼드에서 고에너지 충돌형 가속기를 만들기로 결심했지요.

1961년, 저는 제가 처음 구상했던 가속기 설계, 즉 SPEAR의 설계 작업에 착수했습니다. 자금이 확보되어 실제 건설이 시작된 것은 1970년이었습니다. 그러니까 아이디어를 떠올린 순간부터 가속기가 건설될 때까지는 무려 9년이 걸린 셈입니다. 그 후 실험 준비에 2년, 그리고 실제로 입자를 발견하기까지 다시 2년이 더 걸렸습니다.

왜 제가 그런 일을 할 수 있었느냐고 묻는다면, 두 가지 이유를 들 수 있습니다. 하나는 입자 발견보다 10년 이상 앞서 이미 그 아이디어를 품고 있었다는 것이고, 다른 하나는 이전의 연구 과정에서 겪은 지연, 실망, 자금 확보의 어려움 등 여러 현실적인 경험을 통해 중요한 교훈을 얻었다는 점입니다."

Q SPEAR를 설계하기 전, 1958년에 전자-전자 충돌형 가속기를 만든 뒤 7년 동안 불만족스러운 시기를 보내셨다고 하셨는데요. 그 기간

동안 어떤 일들을 겪으셨는지 들려주실 수 있나요?

A "그 전자-전자 충돌형 가속기를 통해, 더 큰 충돌형 가속기를 만들기 위해 반드시 이해해야 할 현상들을 거의 모두 발견할 수 있었습니다. 당시 실험의 주된 목적은 양자전자역학(量子電子力學, QED)을 검증하는 것이었고, 그 연구에만 7년이 걸렸지요. 비록 그 가속기 자체로는 획기적인 발견을 하지는 못했지만, 이후 가속기를 개발하려는 연구자들에게 많은 기술과 가속기에 관한 정보를 제공해 준 선구적인 장비였다고 생각합니다. 이 일을 하던 중, 전자-양전자 충돌형 가속기의 아이디어를 얻게 되었지요."

Q 실험물리학에서 좋은 연구를 하려면 무엇이 가장 중요하다고 생각하십니까?

A "좋은 아이디어가 필요합니다. 무엇이 중요한지를 스스로 판단할 수 있는 자기만의 관점을 갖는 것이 필요하지요. 그런 관점이 없다면 큰 발견은 불가능하다고 생각합니다."

Q 어릴 적부터 과학에 흥미가 있으셨나요?

A "네, 아마 열 살이나 열한 살쯤부터였을 거예요. 그 무렵 현미경으로 생물을 관찰하면서 생물학에 흥미를 가지기 시작했습니다. 우리 집 지하실에는 화학실험실이 있어서 자연스럽게 화학에도 관심을 갖게 되었지요. MIT의 화학과에도 가끔 들르곤 했습니다. 그게 화학인지 물리학인지 정확히 구분하지는 못했지만, 어쨌든 '과학자가 되고 싶다'는 생각은 분명히 갖고 있었어요. MIT에 입학하면 누구나 화학과 물리학

의 기초 과정을 배우게 되는데, 그때 물리학이 재미있다고 느껴서 결국 물리학을 전공으로 선택하게 되었습니다."

Q 이론이 아니고 실험 분야를 선택하신 이유는 무엇인가요?

A "그건 단순히, 그 일이 매우 재미있었기 때문입니다."

릭터는 눈에 광채를 띄며 말했다.

A "과학의 어느 분야든지 저마다 세밀한 테크닉이 필요합니 다. 이론가라면 수식을 푸는 일이고, 실험가라면 장치를 만들고 검출기를 작동하게 하는 일이지요. 학생 시절, 저는 두 가지 모두를 경험했습니다. MIT 학부 때는 실험 그룹에서 연구를 했고, 대학원에 들어가서는 이론을 연구했습니다. 양쪽을 다 해본 뒤 저는 복잡한 수학을 다루는 것보다는 장치를 만들고 실제로 움직이게 하는 일이 제 적성에 더 잘 맞는다는 걸 알았습니다."

Q 소립자 실험이 점점 거대해지는데 앞으로 이 분야가 어떻게 변화할지 궁금합니다만…….

A "저 역시 그걸 걱정하고 있습니다. 이 분야의 사회학이 변화하고 있어요. 고에너지 물리학의 최전선에서 이뤄지는 실험은 대부분 매우 대규모입니다. 100명이 넘는 인원이 투입되고, 수백만 달러의 자금이 필요하지요. 또한 공동 작업의 성격도 더욱더 강해지고 있습니다."

"그룹 안에서 지적(知的) 리더가 되는 사람의 수는 극소수입니다. 지적인 리더십은 반드시 나이나 지위와 관련된 것은 아닙니다. 좋은 연구 그룹에서는 연장자가 젊은 물리학자에게 리더십을 넘기려고 노력합니다. 그리 좋지 못한 그룹에서는 연장자가 모든 걸 혼자 맡으려 하지요.

연장자가 젊은 연구자들을 지적 리더로 성장할 수 있도록 격려한다면, 그들은 자신들의 아이디어를 실행해 볼 기회를 얻게 되고, 그 결과 성과도 낼 수 있습니다. 그런 성과를 국제회의에서 발표하게 하면 신뢰를 얻게 됩니다. 그렇게 시스템이 잘 돌아가게 되는 것입니다. 여기 SLAC에서도 지금 진행 중인 실험 가운데 하나는 젊은 연구자 네 사람의 아이디어에서 출발한 것입니다."

Q 이전에 '실험 그룹이 커지면, 지도자는 물리학자일 뿐만 아니라 사회학자도 되어야 한다'는 글을 쓰셨는데…….

A "그뿐만 아니라 정신과 의사가 될 필요도 있어요. 그룹이 성공하려면 리더는 구성원들이 겪고 있는 여러 문제에 민감해야 합니다. 또한 구성원들을 단순한 노동력이나 테크니션으로 보지 않고, 실험에 지적으로 참여하고자 하는 그들의 희망을 고려해야 합니다. 좋은 그룹이라면 구성원들이 '우리는 장치만 관리하는 게 아니다. 물리학을 하고 있는 거다'라는 점을 분명히 인식할 수 있도록 만들어 줍니다."

Q 앞으로 어떤 일을 계획하고 계십니까?

A "우선은 연구소 소장으로서의 역할입니다. (웃음) 9월에 소장이 됩니다(인터뷰는 1984년 4월). 지금 제가 설계한 새로운 장치를 만들고 있는데, 그 장치로 새로운 종류의 실험을 할 수 있습니다. 의회가 우리 연

구소에 대한 예산 지출을 동의해 준다면 1986년까지는 완공될 수 있을 겁니다. 그다음에는 더 높은 에너지를 활용해 어떤 실험을 할 수 있을지를 고민할 생각입니다."

이 가속기는 현재 사용 중인 선형 가속기에 새로운 충돌링을 건설하는 것이란다.

Q 에너지는 어느 정도입니까?

A "500억eV와 500억eV로 합쳐서 총 1,000억eV입니다."

Q 어떤 성과를 기대하고 계신가요?

A "이 가속기로 할 수 있는 일 중 하나는 Z°입자에 대한 상세한 조사 연구입니다. 예를 들어 전자기적 상호작용과 약한 상호작용을 통일하는, 현재의 와인버그-살람 이론이 세부적인 측면에서도 정확한지를 확인할 수 있게 될 것입니다. 와인버그-살람 이론이 일반적으로 옳다는 것은 누구나가 다 인정합니다. 그러나 물리학에서의 모든 이론은 결국 '실제로 존재하는 이 대자연'에 대한 근사일 뿐입니다. 우리는 그 근사를 더 정밀하게 만들고자 노력하는 것이지요. 매우 발견하기 힘든 입자들도 상정(想定)되어 있습니다. 아무도 그 입자들의 실제 질량조차 아무도 모르지요. 우리는 아마 그 입자를 발견할 수 있을 것입니다."

Q 그건 어떤 입자입니까?

A "힉스(Higgs) 입자입니다. Z°입자가 붕괴할 때 생성될 가능성이 있

는, 매우 작은 질량을 가진 초대칭성(超對稱性) 입자입니다. Z°입자의 붕괴에서는 약한 상호작용을 하는 입자뿐만 아니라, 강한 상호작용과 관련된 초대칭성 입자도 발견될 수 있을지 모릅니다. 따라서 약한 상호작용, 전자기적 상호작용, 강한 상호작용의 통일 이론에 대해 무언가 발견할 수 있을지도 모릅니다."

Q 힉스 입자는 에너지가 훨씬 더 높은 곳에 존재하는 것이 아닙니까?

릭터는 잠시 생각했다.

A "힉스 입자가 어떤 것인지는 아무도 모릅니다. 이론적으로 힉스 입자의 질량은 100억 67에서 1조eV 또는 그 이상의 범위에 있을 것으로 여겨지고 있습니다. 따라서 우리의 새로운 가속기의 에너지 영역은, 예상되는 힉스 입자의 에너지 범위의 10퍼센트를 커버하고 있습니다. 그러므로 우리가 그것을 발견할 수 있는 가능성은 10퍼센트라고 말할 수 있습니다. 하지만 저는 그 가능성이 그보다 높을 것이라고 생각합니다."

Q 힉스 입자의 질량이 매우 크다면, 실험적으로는 확인할 수 없게 되는 것 아닌가요?

A "질량이 어느 정도인지는 뭐라고 단정할 수 없어요. 만약 힉스 입자의 질량이 1조eV보다 더 크다면, 지금 설명되고 있는 이론들로는 그것을 설명할 수 없게 됩니다. 그렇게 되면 약한 상호작용에 관한 와인

버그-살람 이론이 성립하지 않게 됩니다. 그 밖의 여러 현상들도 비정상적으로 설명되게 됩니다."

Q 쿼크보다 더 아래 계층의 입자(서브 쿼크)가 있다고 생각하십니까?

A "그건 가장 흥미로운 문제인데, 물질에 대한 연구의 역사를 살펴보면, 물질은 양파와 같습니다. 아무리 벗겨도 또 하나의 껍질이 있습니다. 우리는 분자에서 원자, 원자핵과 전자, 양성자와 중성자, 그리고 쿼크에 이르기까지 한 꺼풀씩 껍질을 벗겨 왔습니다. 쿼크가 정말로 기본적인 것인지에 대해서는 아무도 모릅니다.

제게는 쿼크와 동시에 전자도 정말로 기본 입자인가 하는 문제가 매우 흥미로운 주제입니다. 전자는 발견된 이래 줄곧 기본 입자로 존재해 왔습니다. 계속해 내부 구조가 밝혀져 온 원자핵과는 대조적이지요. 하지만 저는 전자와 쿼크를 연결해 주는 무언가가 존재하지 않을까 생각하고 있습니다. 아마도 충분히 높은 에너지 영역에서는 전자와 쿼크를 관계짓는 입자가 발견될 수 있다고 생각합니다. 그런 입자는 쿼크보다 더 아래 계층의 입자이며, 그 수는 훨씬 적을 것입니다."

Q 그런 아이디어는 실험적으로 확인될 수 있는 것일까요?

A "현재 세대의 가속기로는 불가능하고, 더 큰 가속기가 필요합니다. 지금의 가속기로 확인할 수 있는 기회가 있을지도 모르지만 그리 큰 기대는 하지 않습니다. 이 의문에 대답하려면 현재보다 10배에서 100배 더 높은 에너지에 도달해야 합니다. 그 에너지 영역에서도 해답을 얻지 못한다면, 아마 영원히 해답을 얻지 못할지도 모릅니다."

Q 지금의 에너지의 10배나 100배라는 건 인류가 도달할 수 있는 한계입니까?

A "아닙니다. 그것은 아마 예산이 도달할 수 있는 한계일 것입니다. 미국은 40조eV의 가속기 연구를 시작하고 있습니다. 이 가속기의 건설에는 약 30억 달러가 소요됩니다. 우리가 직면한 것은 기술의 한계가 아니라, 재정상의 한계입니다. 따라서 가속의 새로운 기술을 개발하는 데 더욱 힘써야 합니다."

Q 선생님은 전자와 양전자의 충돌형 가속기가 가장 효과적이라고 말씀하셨는데, 더 높은 에너지 영역에서도 그럴까요?

A "그렇습니다. 그것이 유일한 방법일 것입니다. CERN의 LEP라 불리는 저장링은 아마도 가장 높은 에너지의 전자-양전자 저장링이 될 것입니다. 양성자-반양성자형 가속기는 상당히 높은 에너지에 도달할 수 있겠지만, 결국은 전자-양전자형 가속기와 같은 한계에 부딪히게 됩니다."

"'J'라는 간판이 달린 건물이니까 금방 알 수 있을 거예요"라고 팅의 비서가 말했다.

미국의 뉴잉글랜드 지방의 옛 도시 보스턴. 찰스강을 사이에 두고 마주한 곳이 케임브리지이다. 낡은 건물들이 눈에 띄는 하버드 대학교 캠퍼스에 비해 매사추세츠 공과대학교 캠퍼스에는 새로 지은 건물들이 많다.

이층 구조의 그리 크지 않은 건물에 붉은색의 'J'자가 보였다. MIT의 소형 가속기가 설치된 건물이다. 'J'는 팅 일행이 발견한 J입자의 상징이다. 그들이 손수 만들어 붙인 간판은 검소했지만, 한층 더 자랑스럽게 입구 위에 걸려 있었다.

팅의 사무실은 2층에 있었다. 작은 방이었지만 깔끔하게 잘 정돈되어 있었고, 비디오 데크와 카메라 등이 눈에 띄었다. 벽에는 두 소녀의 사진이 걸려 있었다. 모델도 근사했지만, 사진 솜씨도 매우 훌륭했다. 나중에야 알게 된 일이지만 이 사진들은 팅의 작품이었고, 모델은 그의 딸들이었다. 카메라와 비디오에 대한 그의 취미는 제법 오랜 경력을 쌓은 듯했고, 솜씨도 상당한 수준인 것 같았다.

팅은 일본에서 발간되는 과학잡지 『과학 아사히(科學朝日)』를 잘 알고 있었기에, 인터뷰에 매우 호의적으로 응해 주었다. 감색 양복을 단정하게 입은 그는 나이보다 훨씬 젊어 보였다. 그가 J입자를 발견했을 때는 마흔네 살로, 그야말로 소립자 물리학의 '젊은 장군'격이었다.

J입자를 발견한 후, 팅의 그룹은 가슴에 'J'와 '3.1 GeV'라고 써넣은 티셔츠를 만들었다. 그것을 입고 실험 장치 위에서 촬영한 기념사진은 전 세계의 과학잡지에 실렸다. 티셔츠를 입은 팅은 약간 배가 나오기 시작한 모습이었지만, 그룹의 젊은 연구원들 사이에 잘 어우러져 있었다. 지금도 그는 젊은 인상을 그대로 간직하고 있었으며, 한층 더 품격이 갖추어진 모습이었다.

Q 선생님은 열두 살까지 학교 교육을 받지 않고, 할머님이 양육하셨다고 들었습니다. 어떤 교육을 받으셨습니까?

A "저는 1936년에 미국의 미시간주에서 태어났습니다. 그때 부모님은 학생이셨지요. 이후 제2차 세계대전이 발발하면서 저는 중국으로 돌아갔습니다. 1937년부터 1945년까지는 대부분을 난민 생활로 보내며, 거의 충칭(重慶)에서 지냈습니다. 아버지는 수학 교수, 어머니는 심리학 교수였기에 두 분 모두 저를 돌볼 시간이 없었지요. 그래서 저는 늘 할머니와 함께 지내며 중국의 역사적인 이야기를 듣곤 했습니다."

Q 그렇다면 교육은 어떤 형태로 시작되셨습니까?

A "1945년부터 1948년까지, 중국에서는 공산혁명이 있었습니다. 우리는 다시 이리저리 떠도는 난민이 되었지요. 1948년에 타이완(臺灣)으로 건너가 교육을 받게 되었습니다. 처음에는 초등학교와 중학교, 그다음은 고등학교 과정이었습니다. 당시 타이완의 교육 수준은 매우 좋았습니다. 선생님들은 대부분 군대에서 돌아온 분들이라 매우 엄격하셨지요."

Q 그 무렵, 수학과 물리가 특기였습니까?

A "저는 물리와 화학에, 그리고 역사에도 흥미를 갖고 있었습니다. 중국, 일본, 유럽 등 다양한 역사에 폭넓은 관심이 있었지요. 그러나 역사에서는 진실을 확인하기 어렵다는 것을 깨달았습니다. 특히 중국 역사에서는 왕조나 체제가 바뀔 때마다 가장 먼저 과거의 역사를 고쳐 버리기 때문입니다. 그래서 과학을 공부하는 것이 낫다고 생각하게 되었습니다."

Q 두 번째로 미국에 온 건 언제였습니까?

A "1956년 9월입니다. 미시간 대학교에 입학해 처음 1년은 엔지니어링을 공부했습니다. 엔지니어링 학부장님이 제 부모님의 친구였기 때문이지요. 저는 무일푼이었기 때문에 그분 댁에 신세를 졌습니다. 1년 동안 기계공학을 공부했지만, 전자공학이나 기계에 대한 지식이 부족했고, 점점 이론물리학에 흥미를 갖게 되었습니다. 저는 비교적 일찍 졸업했으며, 아시아에서 온 대부분의 학생들처럼 이론에 끌리게 되었습니다. 그 무렵 전자 스핀을 발견한 조지 울렌벡(George Eugene Uhlenbeck)과 이야기를 나눌 기회도 있었습니다."

"울렌벡은 매우 유명한 이론물리학자였지만, 다시 태어난다면 실험물리학자가 되겠다고 말씀하셨어요. 제가 '왜요?' 하고 묻자, 그는 이론물리학자로서 중요한 공헌을 할 수 있는 사람은 극히 소수에 불과하지만, 실험물리학자는 웬만한 사람도 충분히 공헌할 수 있기 때문이라고 하셨지요. (웃음) 그 말이 제가 이론에서 실험물리학으로 전향하게 된 주된 이유입니다. 하지만 저처럼 그런 경력을 가진 사람이 실험물리학을 새로 공부한다는 건 매우 어려운 일이었어요. 전자에 대해서는 거의 아는 게 없었으니까요. 그러나 흥미만 있으면 아주 빠르게 익힐 수가 있다는 것도 알게 되었지요."

Q 이론에서 실험으로 전환하신 건 언제쯤이었습니까?

A "1959년, 미시간 대학교를 졸업하고 대학원에 들어갈 때였습니다."

Q 피프킨(F. Pipkin)이 양자전자역학이 깨지고 있다고 시사했을 때,

선생님은 1966년의 학회에서 그렇지 않다는 논문을 발표하셨습니다. 그 발표가 매우 완벽했기 때문에 모두가 곧바로 믿었다고 하는데요…….

A "박사학위를 받은 후, 1년 동안 CERN에서 지내며 코코니(G. Coconi)와 함께 일했습니다. 그곳에서 만난 사람들은 모두 훌륭했고, 물리학이 제가 미시간에서 생각하던 수준의 것이 아니라는 사실을 깨달았습니다. 그 후 컬럼비아 대학교로 자리를 옮겼습니다.

당시 컬럼비아 대학교 물리학과에는 라비(I. I. Rabi), 우젠슝(Chien-Shiung Wu, 吳健雄), 리정다오(Tsung Dao Lee, 李政道) 등이 있었고, 노벨 수상자도 많은 대단한 곳이었습니다. 저는 그들로부터 물리학자에게 가장 중요한 것은 주제를 잘 선택하는 일, 즉 토픽(topic)의 선정이라는 것을 배웠습니다. 브로드스키(S. Brodsky), 잭 스타인버거(Jack Schteinburger) 등과 함께 이론 연구를 하며 양자전자역학 계산을 수행했습니다. 그 과정에서 저는 이론이 매우 우아하고 아름답다는 것을 알았습니다.

그러던 중 양자전자역학이 깨지고 있다고 주장하는 피프킨의 실험을 알게 되었고, 이를 매우 신중하게 검토한 결과 그 실험은 반복해 볼 가치가 있다고 판단했습니다. 피프킨의 실험은 2년 동안 아무도 확인하지 않은 채로 남아 있었어요. 마침 제가 실험을 시작할 무렵 코넬 대학교의 싱크로트론에서 피프킨의 실험을 지지하는 결과가 나왔습니다."

"이 실험을 하려면 전자 가속기가 필요했습니다. 그래서 저는 전자

가속기가 있는 하버드 대학교로 갔습니다. 그러나 하버드에서는 '자네는 컬럼비아에서는 환영을 받았겠지만, 젊은 조교수인 데다 지지해 주는 사람도 없으니 앞으로 4~5년은 더 기다려야 할 걸세'라며 거절당했습니다.

마침 그때 CERN에서 함께했던 친구들이 서독으로 돌아가 함부르크에 있는 DESY(Deutsches Elektronen-Synchrotron, 독일 전자 싱크로트론 연구소)라는 이름으로 알려진 70억eV의 전자 가속기를 만들었던 것이지요. 그들이 실험 협력을 약속해 주었고, 저는 6개월 동안에 실험 준비를 하면서 피프킨의 실험에 오류가 있을 가능성에 대해 신중히 점검했습니다.

1966년 여름에는 오류의 근원이 무엇인지 분명히 밝혀내고, 그 오류를 어떻게 피할 수 있을지를 결론 내렸습니다. 그것이야말로 실험을 올바르게 수행하는 데 가장 중요한 일이었기 때문입니다. 그 결과 정확하게 실험을 할 수가 있었습니다."

Q 그때 리언 레더먼(Leon Lederman)과 내기를 하셨다면서요…….

A "네, 리언 레더먼은 3년 안에는 못 해낼 거라고 말했어요. 저는 몇 달이면 가능하다고 했죠. 그 결과 제가 20달러를 땄습니다."

Q 브루크헤이븐 국립연구소에서 J입자를 발견한 장치를 만들었을 때, 어떤 아이디어를 갖고 계셨습니까?

A "피프킨의 오류를 바로잡은 실험은 저뿐 아니라 DESY에게도 큰 행운이었습니다. 사람들은 DESY가 매우 중요한 연구소라는 사실을 인

식하게 되었지요. 저는 DESY에 오랫동안 머무르며, 포톤(photon, 광자)이 원자핵에 충돌했을 때 어떤 일이 일어나는지를 연구했습니다.

포톤은 전하를 갖지 않기 때문에 쉽게 핵으로 들어갈 수 있습니다. 이런 종류의 연구를 통해 포톤이 매우 짧은 시간 안에, 자신과 유사한 입자로 변화한다는 것을 알게 되었습니다. 양자역학에서는 이 입자를 정의하는 여러 성질이 포톤과 같습니다. 이건 벡터 중간자라고 불리는 포톤의 무리입니다.

당시 캘리포니아 대학의 로스앤젤레스 캠퍼스(UCLA)의 J. J. 사쿠라이(櫂井純)가 이러한 이론을 제시한 바 있습니다. 때로는 빛이 양성자의 질량과 맞먹을 만큼 매우 큰 질량을 갖기도 하지요. 그러나 그 입자는 수십억 분의 1초, 아니 그보다도 더 짧은 아주 짧은 수명밖에 갖고 있지 않습니다."

"저는 몇 해 동안이나 포톤과 무거운 포톤, 즉 벡터 중간자의 문제를 연구해 왔습니다. 포톤이 벡터 중간자로 바뀔 확률이 매우 작기 때문에, 이 실험은 대단히 어렵습니다. 100만분의 1의 확률로 나타나는 현상을 1퍼센트의 실험 오차 안에서 측정하려면, 1억분의 1의 정밀도를 가진 검출기가 필요합니다. 몇 년 뒤, 우리는 다른 연구자가 갖지 못한 테크닉을 개발해 냈습니다."

"그리고 저는 무거운 포톤, 즉 벡터 중간자가 왜 모두 약 10억eV로, 양성자와 비슷한 질량을 갖는가에 대해 의문을 가졌습니다. 어째서 이 우주에는 더 무거운 포톤이 존재하지 않을까? 질량이 0인 포톤이 왜 하필이면 10억eV의 입자로만 바뀌는 걸까?

보다 무거운 포톤을 찾기 위해서는 더 높은 에너지를 가진 가속기가 필요합니다. 처음에 제가 가고 싶다고 생각했던 곳은 가장 고에너지 가속기를 보유한 페르미 국립연구소였습니다. 그러나 우리의 실험 제안은 '우선 해야 할 다른 실험이 있다'는 이유로 채택되지 않았습니다. 그래서 우리는 브루크헤이븐으로 향하게 되었습니다. 브루크헤이븐 국립연구소의 로(F. Loh) 소장은 이 실험이 매우 중요하다고 판단하고, 우선적으로 인정해 주었습니다."

"실험을 한다면 극히 신중히, 정확하고 명확하게 해야만 합니다. 제가 실험을 신청하자, 다른 신청자들이 모두 반대했습니다. 그 이유는 이론물리학자들이 그러한 무거운 포톤의 존재를 전혀 예측하고 있지 않았기 때문에 실험 자체가 무의미하다는 것이었습니다. 이론을 이해하는 데 있어 그런 입자는 필요하지 않다는 입장이었지요. 또한 이 실험은 매우 어렵기 때문에 아무도 이런 종류의 실험을 시도한 적이 없었습니다. 실제로 레더먼이 시도한 적이 있었지만 결과를 얻는 데는 실패했습니다."

Q 그 어려움이란 전자와 양전자의 쌍을 검출하는 데에 있습니까?

A "그렇습니다. 기본적으로 세 가지 어려움이 있었습니다. 전자-양전자 쌍이 생성될 확률이 매우 낮기 때문에 강력한 빔이 필요합니다. 1초 동안에 10조에서 12조 개에 이르는 포톤 빔이 요구됩니다. 둘째, 매우 높은 분해 능력이 필요합니다. 1,000분의 1이라는 그 누구도 실현하지

못했던 수준의 분해능 말입니다. 셋째, 전자-양전자 쌍을 수많은 파이(π) 중간자와 케이(K) 중간자로부터 분해해서 검출해야만 합니다."

"실험물리학자는 제가 그 실험을 해낼 수 있으리라고는 생각하지 않았고, 이론물리학자는 그런 입자는 존재하지 않는다고 믿었습니다. 자금을 대줄 사람들조차도 너무 많은 비용이 든다고 생각했지요. 뭔가 새로운 일을 시도하려고 하면, 언제나 많은 저항에 부딪히기 마련입니다. 하지만 제가 피프킨의 실험에서 성공을 거두었기 때문에 결국에는 모두가 저를 지지해 주었습니다. 확실히 매우 어려운 실험이었어요. 함부르크에서 몇 년 동안 쌓은 경험이 있었기에 우리는 이 실험을 실현할 수 있었습니다."

Q J입자와 같은 것의 존재는 예상되고 있었으나, 발견은 우연이었다는 것이었을까요?

A "아닙니다. 제 생각은 이렇습니다. 자연은 왜 양성자와 비슷한 질량을 가진 벡터 중간자를 세 개밖에 허용하지 않는가, 그 점이 이상하다고 느꼈습니다. 제 느낌으로는 그런 입자가 더 있어야 했습니다. 이는 예측이라기보다는 직관에 가까웠습니다."

Q 31억eV인 곳에서 피크가 나타났을 때는 어떤 상황이었습니까?

A "이 실험은 처음에 40억~50억eV에서 시작했습니다. 한 달 동안 아무것도 발견되지 않았지요. 이것은 실험이 잘 되어가고 있다는 것과, 사실은 아무것도 없다는 이 두 가지 사실을 시사하고 있었습니다. 결과가 매우 깨끗했기 때문입니다. 중간자나 다른 입자를 전자로 착각하고

있지 않다는 것이 확실했습니다. 그래서 에너지를 25억~35억eV로 내렸더니 갑자기 예리한 피크가 나타났습니다. 굉장히 빠르게 얻은 결과였습니다."

Q 그때는 모두 놀라셨겠군요?

A "그럼요. 아무도 그런 일이 일어나리라고는 생각조차 하지 않았으니까요."

Q 선생님은 실험을 계획하거나 결과를 해석할 때 매우 신중하게 접근하시는데, 그 신중함은 어디서 길러진 것입니까?

A "그건 대답하기 매우 힘들군요. 저는 과학의 역사를 주의 깊게 공부해 왔습니다. 패러데이(M. Faraday)처럼 위대한 실험과학자는 실험을 대단히 신중하게 진행했습니다. 그는 무엇을 해야 할지를 결정하는 데에도 뛰어난 직관을 발휘했지요.

오류로 이르는 길은 수없이 많지만, 정답으로 가는 길은 단 하나뿐입니다. 그래서 제 실험은 단지 데이터를 수집하는 데 그치지 않고, 오류가 어디서부터 생기느냐, 그 근원이 무엇인가를 끝까지 추궁하는 데에 거의 모든 시간을 소비합니다."

Q J입자 발견 당시에도 확인에 시간이 걸려서 바이스코프의 퇴임식에 맞추지 못했다고 하던데…….

A "그랬습니다. 그러나 그때 양성자로부터의 전자쌍이 매우 많이 생성된다는 이상한 현상이 발견되었습니다. 바이스코프의 퇴임식에서 발표하지 않기로 결정한 이유도 바로 그 현상을 설명해야 했기 때문입니

다. 그런데 결국 우리는 그 현상을 설명하지 못했고, 나중에 페르미 연구소에서 그것을 해석해 냈습니다."

바이스코프는 팅을 MIT 교수 자리에 앉혀 준 인물로, 팅에게는 큰 은인이다. 팅은 실험 그룹 안에서 전제군주처럼 행동한다는 말을 들을 정도로 권위적인 면이 있다. 그럼에도 연구 성과가 뛰어나기 때문에 누구도 쉽게 문제를 제기하지 못한다고 한다. 하지만 그런 팅도 바이스코프에게만은 아주 공손하고 고분고분하게 행동한다고 알려져 있다. 그는 바이스코프에게 최대급의 경의를 표하고 있다.

Q J입자라는 이름의 유래는, 통설로는 선생님의 중국 이름 한자 'J' 에서 따온 것이라고들 합니다. 진실은 어떻습니까?

A "저는 몇 해 동안이나 사쿠라이(J. Sakurai)의 이론을 연구해 왔습니다. 그의 이론에서는 포톤과 벡터 중간자가 커런트(current)로 표현됩니다. 그걸 보고 저는 매우 놀랐어요. 그는 굉장한 이론물리학자라고 생각했습니다. J입자라는 이름은 제 이름에서 따온 것이 아니라, 전자 커런트를 나타내는 기호 J_μ에서 유래한 것입니다."

Q 그렇다면 선생님 이름의 한 글자에서 따왔다는 말은 누가 한 건가요?

A "아주 유명한 이론물리학자가 지어낸 이야기입니다. 일본이나 중국에서는 많은 사람이 그 말을 그대로 믿고 있지요. 문제는 사쿠라이 박사가 이미 사망했기 때문에 더욱 상황이 난처해졌다는 점입니다. 그

분이 살아 있었다면, 제가 그와 토론했던 내용을 바탕으로 그에게 물어 보면 금방 알 수 있을 터인데 말입니다."

(Q) 선생님은 J입자를 발견한 장치를 만들 당시, 이론을 그다지 신뢰하지 않았기 때문에 실험팀의 방침대로 진행하기로 했다는 취지의 글을 쓰신 것으로 알고 있습니다. 한편 이론물리학자들은 흔히, 우리는 실험을 믿지 않는다고 반대의 말을 합니다.

A "그렇습니다. 그러나 제 실험 결과에 대해 반대한 사람은 아무도 없었습니다. 고에너지 물리학 분야에서는 경쟁이 매우 치열합니다. 거액의 돈이 들고, 실험의 기회가 적은 데다 또 국제적인 경쟁이기도 하니까요. 최초의 발견자가 되지 못하면 의미가 없습니다. 수많은 사람이 실험에 참여하지만, 최초가 될 수 있는 사람은 단 한 명뿐입니다. 이런 이유에서 좋지 못한 연구가 나오기도 합니다. 하지만 전 세계 어떤 이론물리학자에게 물어봐도, 제가 수행한 그 실험에 이의를 제기할 사람은 없을 것입니다."

(Q) 선생님의 실험에 이의를 제기할 사람이 없다는 점은 잘 알겠습니다. 하지만 실험물리학자와 이론물리학자 사이의 갭은 피할 수 없는 것 아닐까요?

A "아니요. 물리학은 기본적으로 실험과학입니다. 어떤 이론이건 실험으로 확인되지 않으면 그 이론은 틀린 것입니다. 그러나 한편, 실험물리학도 그것만으로는 존재할 수 없습니다. 이론은 실험 결과를 설명해 주고, 새로운 현상을 예측해 줍니다. 한 걸음 한 걸음씩 조화를 이루

며 함께 나아가야 합니다. 제 생각으로는 실험에는 두 종류가 있습니다. 하나는 다른 사람의 이론을 확인하는 실험으로 제가 초기에 했던 방식입니다. 또 하나는 직관을 따르며 이론과는 독립적으로 수행하는 실험입니다. 둘 다 물리학에 꼭 필요한 것이지요."

단호한 어조이다. 실험물리학자로서의 자신감이 역력히 드러난다.

(Q) 현재는 이론이 대상으로 하는 에너지 영역이 매우 높아지면서 실험 비용이 극도로 증가하고 있습니다만…….

(A) "그렇습니다. 매우 불행한 일입니다. 지금 제가 CERN에서 수행하고 있는 실험의 비용은 약 1억 달러입니다. 350명의 박사학위를 가진 연구자들과 약 1,000명의 기술자들이 함께 일하고 있습니다. 현재 가속기를 건설하는 데에 수십억 달러가 듭니다. 이는 국가의 총생산액과 비교해도 엄청난 규모의 지출입니다. 앞으로 30~40년 안에 에너지를 효율적으로 높일 수 있는 새로운 기술이 개발되지 않는다면 이 분야는 끝장날지도 모릅니다."

(Q) 지금의 가속 방법으로는 한계가 보인다는 말씀이신가요?

(A) "현재 계획되고 있는 가속기는 지름이 80km에 달합니다. 비용은 수십억 달러에 이르고, 건설에는 적어도 10년이 걸립니다. 이는 20조 eV 규모의 양성자-반양성자 충돌형 가속기입니다. 아마도 20세기 최대 규모의 가속기가 될 것이라 생각됩니다."

릭터도 언급했듯이, 이 가속기는 미국이 계획하고 있는 SSC(Superconducting Super Collider)를 말한다. '디저트론(Desertron)'이라는 별명이 붙은, 엄청나게 큰 가속기이다. 완공 예정 시점은 일단 1994년으로 잡혀 있지만, 설치 장소조차 아직 확정되지 않았고, 계획 역시 구체화되지 않은 상태이다.

Q 현재의 기술로는 실험물리학이 벽에 부딪히게 될 가능성이 높다는 말씀이군요?

A "근본적으로 새로운 기술이 개발되지 않는다면, 우리가 지금과 같은 방식으로 이해하고 있는 실험물리학은 다음 세기 초에는 사실상 끝나게 될 것입니다."

Q 그런 근본적으로 새로운 가속 기술의 가능성은 전망이 보이나요?

A "문제는 두 가지입니다. 하나는 초전도 기술입니다. 초전도자석에서 비약적인 진보가 이루어진다면, 실험 비용이 크게 줄어들 수 있습니다. 또 하나는 가속 방법의 문제입니다. 더 높은 에너지를 얻기 위해서는, 훨씬 더 강력한 전기장을 만들어야 합니다. 현재는 레이저를 활용한 방법이 검토되고 있습니다. 하지만 이런 기술들은 매우 어려운 일이기 때문에 지금 단계에서는 뭐라고 말할 시기가 아닙니다."

Q 현재는 어떤 실험을 계획하고 계십니까?

"하나는 DESY에서 새로운 쿼크를 찾는 실험입니다. 이는 과거에 J입자를 찾아냈던 것과 같은 방식의 실험입니다. DESY에는 세계에서 가장 높은 에너지를 가진 전자-양전자 충돌형 가속기가 있습니다. 에너지는 220억+220억eV에 달합니다.

또 다른 하나는 CERN에서 계획 중인 LEP(렙) 가속기를 이용한 실험입니다. LEP은 지름이 8.5km이고 전자와 양전자를 1,000억eV로 가속할 수 있습니다. 우리는 새로운 검출기를 만들어 3개의 입자를 찾는 실험을 준비하고 있습니다. 그중 하나는 새로운 쿼크입니다. 또 하나는 Z°입자가 몇 개인가를 밝히는 것입니다. Z°는 최근에 CERN에서 발견된 입자로, 약한 힘과 전자기력을 결합시키는 역할을 한다고 여겨지고 있습니다. 현재 이론에서는 Z°입자는 단 하나뿐이라고 보지만, 실험물리학자의 입장에서는 반드시 하나일 것이라고는 생각하기 어렵습니다.

이를테면, 유가와 히데키(湯川秀樹)가 처음 중간자를 예측해 하나의 입자가 발견되었을때, 대부분의 물리학자들은 이제 모든 것이 다 이해되었다고 생각했습니다. 그러나 오늘날에는 여러 종류의 π중간자가 발견되고 있지요. 마찬가지로 Z°입자도 하나뿐일 가능성은 낮다고 봅니다. 세 번째로는 입자가 왜 질량을 가지는가, 그 본질적인 질문에 대한 생각입니다. 왜 양성자도, 전자도, K중간자도 각기 질량을 가지고 있으며, 왜 그 질량이 서로 다른지, 그 질량의 기원은 무엇인지……."

Q 바로 근원적인 문제이군요.

인터뷰 도중에 팅의 따님이 우연히 연구실을 방문했다. 사진처럼 예쁘고, 또래보다 훨씬 성숙해 보였다. 대학 휴가를 이용해 여행을 떠나기 전, 아버지에게 티켓을 받으러 온 것이었다. 기념으로 부녀의 모습을 카메라에 담았다. 팅은 내가 컬러 필름을 사용하는지 물었고, 내가 "주광형(晝光型)의 컬러 포지티브입니다"라고 대답하자, 그는 "그렇다면 형광등을 끄지 않으면 색이 깨끗하게 나오지 않는다"고 지적하면서, 형광등을 끄고 창문에서 들어오는 빛과 스트로보를 함께 쓰라고 조언해 주었다. 과연 카메라 마니아이기도 했다.

듣고 싶었던 이야기는 대충 다 들었기에 인터뷰를 끝내겠다고 알렸더니, 그는 점심을 준비해 두었으니 함께하자고 권했다. 점심은 생선회덮밥이었고, 근처 일본 요릿집에서 주문한 것이라고 했다. 다랑어, 흰살 생선, 연어가 발포스티로폼 용기에 담겨 있었다. 흰살 생선은 넙치같기도 했지만 확실치 않아 물어보았더니, 그도 정확히는 모른다고 했다. 빵과 함께 곁들여 먹은 보스턴의 생선회는 무척 맛이 좋았다.

팅의 배려가 고마웠다. 같은 동양계라는 이유에서 친근감을 느꼈던 것인지는 확언할 수 없지만, 나는 그렇게 느꼈다. 그리고 'J'라는 간판 아래서 그와 작별했다.

퍼즐에 열중하던 끝에

- 1957년, 패리티 비보존에 관한 연구 -

양전닝
(楊振寧, Chen Ning Yang)

- 1922년 9월 22일, 중국 안후이성(安徽省, Anhwi Sheng)에서 출생
- 1942년 국립 시난(西南)연합 대학교 졸업
- 1948년 미국 시카고 대학교에서 박사학위 취득,
  동 대학에서 강사로 활동
- 1949년 프린스턴 고등연구소 연구원
- 1955년 프린스턴 고등연구소 교수
- 1964년 미국 국적 취득
- 1966년 뉴욕 주립 대학교 교수

인간의 신체는 겉보기에는 좌우대칭처럼 보이지만, 자세히 관찰하면 오른쪽과 왼쪽이 완전히 같지는 않다는 것을 알 수가 있다. 예를 들어 대부분의 사람은 심장이 왼쪽에 치우쳐 있다. 그런데 거울에 비친 모습을 보면, 심장이 마치 오른쪽에 있는 것처럼 보일 것이다.

생명체를 구성하는 분자도 마찬가지다. DNA 분자는 오른쪽으로 감겨 있는 이중나선 구조(二重螺旋構造)를 가지고 있지만, 거울에 비추면 왼쪽으로 감겨 있는 것처럼 보인다. 당(糖)과 같은 분자도 마찬가지로 편광된 빛을 오른쪽으로 회전시키는 '우선성(右旋性)'과 왼쪽으로 회전시키는 '좌선성(左旋性)'이라는 두 가지 형태가 존재한다. 이러한 입체 구조가 서로 거울상(鏡像)의 관계에 있을 경우, 거울에 비친 상은 원래 분자의 거울상 이성질체가 된다.

그런데 소립자와 같은 기본 입자의 경우에는 이러한 좌우의 구별이 성립하지 않는 것처럼 보이는 것이 자연스러운 생각이었다. 양자역학이 등장하면서 입자의 공간적 대칭성에 관한 문제는 파동함수(波動函數)에 포함된 좌표값을 반전시켰을 때 그 함수값이 부호를 바꾸는지 여부로 이해할 수 있게 되었다. 이러한 성질을 바로 소립자의 패리티(parity)라고 부른다.

몇몇 소립자가 반응을 했을 때, 전체 파동함수의 부호가 변화하면 패리티는 기(奇, -)가 되고, 변화하지 않으면 우(偶, +)로 정의된다.

복수의 소립자가 관여하는 계(系)의 패리티는 각 입자의 패리티를 곱한 값으로 정의된다. 또한 패리티는 소립자의 반응에 의해 변화하지 않는다. 즉, 우와 좌 사이에는 대칭성이 성립한다고 오랫동안 믿어져 왔다. 자연계는 우와 좌를 구별하지 않는다는 이 원칙은, 물리학에서 흔히 '패리티의 보존법칙'이라 불린다.

그런데 1950년대 중반, 이른바 '세타·타우(θ-τ)퍼즐'이라 불리는 문제가 제기되었다. 세타(θ) 중간자는 약한 상호작용에 의해 2개의 파이(π) 중간자로 붕괴되고, 타우(τ) 중간자는 약한 상호작용에 의해 3개의 파이 중간자로 붕괴된다. π중간자는 패리티가 -이므로, θ중간자의 패리티는 +이고 τ중간자의 패리티는 -가 된다.

그런데 두 입자는 질량도 같고, 스핀도 동일했다. θ중간자와 τ중간자는 패리티만 서로 다른 두 종류의 입자인 걸까? 아니면 두 입자는 실제는 하나의 입자이고, 붕괴가 일어날 때 패리티가 보존되지 않는 걸까? 이것이 θ-τ퍼즐이다.

두 가지 가능성 중에서 대부분의 물리학자는 패리티가 보존되지 않는다는 생각을 받아들이지 않았다. 그러나 1956년, 약한 상호작용에서는 패리티가 보존되지 않을 수도 있다는 가능성을 제기하고, 그것을 어떻게 실험으로 확인할 수 있을지를 제안한 논문이 등장했다. 저자는 중국에서 미국으로 유학 온 젊은 이론물리학자 양전닝(Chen Ning Yang, 楊振寧)과 리정다오(Tsung Dao Lee, 李政道)였다.

그들의 가설을 확인하는 실험은 즉각 컬럼비아 대학교의 우젠슝(Chien-Shiung Wu, 吳健雄) 박사에 의해 실시되었다. 우 박사는 코발트60의 베타(β) 붕괴를 조사했다. 실험에서 코발트60은 절대 영도에 가까운 온도까지 냉각되어 열운동이 억제되었다. 이 상태에서 강한 자기장을 걸어주면 코발트 원자핵이 가지는 자기력의 방향이 일정한 방향을 향한다. 이때 원자핵은 마치 자석처럼 행동하며, 자기 축을 따라 베타선(전자)이 특정한 방향으로 방출되는 상태가 된다.

패리티가 보존된다면 전자는 양쪽 방향으로 균일하게 방출되어야 한다. 그러나 패리티가 보존되지 않는 경우, 한쪽 방향으로 전자가 더 많이 방출되는 비대칭적 분포가 나타날 것이다. 실험 결과는 명확히 약한 상호작용에서는 패리티가 보존되지 않는다는 사실을 보여주었다.

스위스 태생으로 미국에 건너온 대물리학자 볼프강 파울리(Wolfgang Pauli)는 우젠슝 박사의 실험을 앞두고 "자연의 신(神)이 약한 왼손잡이일 리는 없다고 나는 믿고 싶다"라고 편지에 썼다(M. Gardner, 『자연계에 있어서의 좌와 우』). 그러나 자연의 신은 파울리를 비롯한 많은 물리학자의 믿음을 배신했다. 약한 상호작용에서의 패리티 비보존(非保存)의 발견은, 물리학의 근본 개념인 '대칭성'의 중요성을 다시 인식하게 하는 계기가 되었다. 동시에 자연이 본질적으로 좌우를 구별한다는 사실은 일반 대중에게도 큰 충격을 주었고, 폭넓은 관심을 불러일으켰다.

양전닝과 리정다오는 1957년에 노벨 물리학상을 수상했다. 그들의 논문이 발표된 바로 다음 해였고, 우젠슝 박사의 실험 결과가 발표된 것도 그해 초였다. 정말로 전격적인 수상이었다.

뉴욕 맨해튼, 정오를 조금 지난 시각이다. 8번가와 45번가가 만나는 모퉁이에서는 좀처럼 택시를 잡을 수 없었다. 여기는 동쪽으로 한

블록만 가면 7번가와 브로드웨이가 교차하는 타임스 스퀘어가 나온다. 번화가의 한복판이라 통행인도 많고, 평소에는 차량 통행이 끊이지 않는 곳이다. 그런데 웬일인지, 지금은 차가 거의 보이지 않는다. 가끔 택시 한 대가 나타나기도 하지만, 어김없이 앞쪽에서 누군가가 손을 번쩍 들어 세우고는 타 버린다. 택시 한 대 잡는 일이 이토록 어려울 줄이야. 평소 같았으면 상상조차 하기 힘든 일이다.

양전닝과는 록펠러 대학교에서 만나기로 약속했다. 뉴욕 근교의 스토니 블록에 있는 뉴욕 주립 대학교에서 연구 중인 그가, 마침 시내에 나올 일이 있어 잠시 시간을 낼 수 있다고 했다.

가까스로 택시를 잡았다. 8번가를 따라 북쪽으로 올라가다가 65번가에서 오른쪽으로 꺾어, 센트럴파크를 가로질러 이스트강 근처의 요크가(街)로 나갔다. 결국 20분쯤 늦어서야 록펠러 대학교로 도착해 급히 안으로 들어섰다.

때마침 양전닝이 복도로 나오는 순간, 마주치게 되었다. 지각한 것을 사과하자 그는 상냥하게 받아주었다. 우리는 제본된 잡지 등이 놓인, 세미나용으로 보이는 방에서 인터뷰를 진행했다. 그는 감색 상의에 감색 털조끼, 흰 와이셔츠에 연지색 넥타이를 매고 있었다. 겉옷과 조끼는 다소 낡아 보였지만, 검소한 옷차림에는 도리어 호감이 갔다. 내가 늦었음에도 불구하고 그는 한 시간 넘게 인터뷰에 시간을 내주었다. 온화한 표정과 친절한 태도는 깊은 인상을 남겼다.

Q 어릴 적부터 수학과 물리를 좋아하셨습니까?

A "아마 여섯 살 무렵부터 수학을 좋아했고, 또 제법 잘했습니다. 이런 경향은 초등학교부터 대학까지 줄곧 이어졌지요. 열다섯 살 때, 중국에서는 새로운 교육제도가 시행되었습니다. 고등학교를 졸업하지 않아도 대학 입학시험을 치를 수 있게 된 것이지요. 전쟁 때문에 많은 학생들이 이리저리 옮겨 다녀야 했고, 그래서 정규 고등학교 과정을 마치기 어려웠던 시절입니다. 그 덕분에 저는 1년을 월반해 대학에 들어갈 수 있었습니다. 당시 화학을 좋아했기 때문에 화학을 전공하려고 했어요. 하지만 입시 준비를 하면서 물리책을 읽다가 흥미를 느꼈고, 그 때부터 물리학에 더 마음이 끌렸습니다. 합격한 뒤 바로 전공을 물리로 바꾸었습니다. 저는 물리와 수학 양쪽 모두에 흥미가 있었기에, 어쩌면 수학을 선택했을지도 모릅니다. 그런데 왜 물리로 정했느냐고요? 실은 저희 아버지가 수학자셨는데, 자식에게는 좀 더 실용적인 길을 걷기를 바라셨거든요."

Q 수학에 대한 재능은 아버님에게서 물려받은 걸까요?

A "글쎄요, 분명히 아버지의 영향을 많이 받았습니다. 어릴 적부터 가르쳐 주셨어요. 소수(素數)란 무엇인지, 소수를 어떻게 증명하는지 같은 것들을요. 하지만 그것은 일부분이고 영향을 받은 것은 그런 지식보다는 집안의 분위기였습니다. 아버지는 공부를 하고 계셨고, 저는 그 곁에서 책을 들여다보곤 했습니다. 책 대부분이 영어여서 읽을 수는 없었지만 그림을 보며 흥미를 느꼈지요. 이를테면 슈파이저(Avigdor

Speiser)의 『유한군론(有限群論)』이라는 유명한 책을 찾아낸 적이 있습니다. 독일어로 되어 있어 읽을 수는 없었지만, 그림이 무척 예뻤습니다. 그래서 이유도 모른 채 군론에 매력을 느끼게 되었던 겁니다. 군론은 대칭성과 밀접히 관계된 분야인데, 나중에 제가 주로 연구하게 된 주제이기도 했습니다."

Q 혼자서 미국으로 오셨을 때 어떤 연줄이라도 있었는지요? 또 어떻게 할 것이라는 전망이 서 있었습니까?

A "연줄이라고 할 만한 건 없었지만, 제가 다니던 중국 대학의 선배 몇 분이 미국에 와 있었습니다. 당시 저는 중국에서 프린스턴 대학교 대학원에 입학원서를 내놓은 상태였어요. 그러나 실제로 제가 가장 원했던 것은 페르미의 대학원생 제자가 되는 일이었습니다. 저는 세 명의 물리학자를 깊이 존경하고 있었습니다. 아인슈타인(A. Einstein), 디랙(P. Dirac), 페르미(E. Fermi)였지요. 아인슈타인은 제자를 받지 않았고, 디랙은 영국에 있었습니다. 제가 직접 사사하고 싶었던 인물이 페르미였습니다. 그런데 당시에는 그가 어디에 있는지도 몰랐습니다. 그래서 일단 프린스턴에 입학원서를 낸 거예요. 미국에 도착해서야 페르미가 시카고 대학교에 있다는 사실을 알게 되었고, 1946년 1월에 시카고 대학교의 학생이 되었습니다."

Q 미국에 오신 이유는, 당시 중국이 물질적으로 궁핍해서가 아니라, 순전히 페르미의 학생이 되고 싶어서였군요?

A "그렇습니다. 실제로 당시 중국의 대학원생이 미국에 유학하기 위

한 여러 장학 제도가 있었고, 저도 그중 하나에 응시했지요. 1944년에 20명의 여러 분야의 사람들과 함께 자격을 얻었는데, 여권과 비자를 받는 데만 1년이나 걸렸고, 결국 1945년에야 선발된 이들과 함께 미국에 올 수 있었습니다."

"일본은 1900년경부터 근대과학을 시작했고, 20세기 초에는 이미 우수한 과학자가 있었습니다. 이를테면 니시나 요시오(仁科芳雄) 같은 인물은 1920년대에 유럽으로 유학을 떠나 중요한 물리학자가 되었지요. 중국의 과학 발전은 그보다 다소 늦었지만, 젊은 대학원생을 유학시키는 제도는 비교적 일찍 확립되었습니다. 저희 아버지도 그러셨고, 그보다 앞선 세대의 유학생들이 미국 등지에서 공부한 뒤 중국으로 돌아와 후학을 가르쳤습니다. 1946년까지 여러 분야에서 중국에서 미국으로 건너간 유학생이 수백 명에 이르렀을 것입니다."

Q 그때 장학금은 얼마나 받으셨습니까?

A "한 달에 125달러였습니다. 이 외에도 수업료는 별도로 지급되었기 때문에, 당시로서는 충분한 금액이었지요. 당시 가치로 환산하면 한 달에 1,200달러 이상은 되었을 겁니다."

Q 선생님은 시카고 대학교에서 앨리슨(S. K. Allison) 교수 밑에서 실험 연구를 하신 뒤, 텔러(Edward Teller)에게서 이론을 연구하셨더군요.

A "네, 저는 실험이 서툴러서 이론으로 바꾸었습니다."

Q '와장창 했다 하면 양이 있다'는 유명한 말이 있더군요. (웃음) 실험 물리학자로는 적성이 맞지 않으셨던가요?

A "사실 저는 실험에 대해 잘 몰랐기 때문에 실험물리학자가 되고 싶었습니다. 그러나 앨리슨 교수 밑에서 1년 8개월 동안 일하면서 제가 이론에는 소질이 있지만, 실험에는 그렇지 않다는 점이 점점 분명해졌지요. 하지만 그 시기의 경험을 통해 실험물리학이란 어떤 것인지 직접 체감할 수 있었기에, 저에게는 매우 귀중한 시간이었습니다."

"실험물리학자가 무엇을 걱정하고 어떻게 계획하며, 어떤 가치 판단을 내리는지를 직접 경험할 수 있었습니다. 물리학은 물론 대답이 하나로 귀착되는 분야입니다. 그러나 실험과 이론에서는 가치 판단의 기준이 다릅니다. 이를 요리에 비유하자면, 실험물리학자는 요리를 만드는 요리사와 같고, 이론물리학자는 그 요리를 평가하는 사람에 가깝습니다. 요리사는 현실적인 조건에 직면해야 합니다. 어떤 재료를 사용할 수 있는지, 오븐 온도는 어느 정도가 적절한지 등을 걱정해야 합니다. 그러나 음식을 먹는 사람은 그런 조건에는 관심이 없습니다. 둘 사이에는 차이가 있습니다. 실험을 경험해 보지 않았다면, 나중에 새로운 요리를 생각했을 때처럼, 실험자가 실제로 그걸 만들 수 있는가 없는가를 생각해 볼 수가 없었을 것입니다. 제가 실험물리학자가 되지는 않았지만, 그 경험은 제게 매우 큰 도움이 되었습니다. 오히려 실험가가 되지 않은 것이 큰 행운이었습니다."

Q 미국에서 리정다오를 처음 만났을 때 어떤 인상을 받으셨습니까?

A "제가 그를 처음 만났을 때는 저는 스물세 살이었고, 그는 저보다 네 살 아래인 매우 뛰어난 청년이었습니다. 일도 아주 잘했고, 우리는

곧 친한 친구가 되었지요. 1962년까지 오랫동안 공동 연구를 계속했습니다."

Q 어디서 처음 만나셨습니까?

A "제가 대학원 석사과정에 재학 중이었거나, 혹은 수료할 무렵 중국에서 만났을 겁니다. 그가 그때 학생으로 들어왔지요. 하지만 당시에는 서로 존재는 알았더라도, 직접 교류는 없었습니다. 본격적으로 알게 된 건 1946년에 그가 시카고 대학교에 왔을 때였습니다. 그는 미시간 대학교로 유학을 왔었는데, 시카고 대학교가 더 낫다고 판단해서 옮겨왔지요."

약한 상호작용에서 패리티 비보존의 아이디어가 떠오른 것은 1956년 4월 말이나 5월 초 무렵이었다고 한다. 당시 양전닝은 프린스턴 고등연구소에 적을 두고 있었고, 리정다오는 컬럼비아 대학교에 있었는데, 두 사람은 2주에 한 번 정도 정기적으로 만나고 있었다. 1956년 봄 어느 날, 양전닝은 브룩헤이븐 연구소를 다녀오는 길에 직접 차를 몰고 맨해튼에 있는 컬럼비아 대학교로 향했다.

양전닝은 대학에서 리정다오를 태운 뒤 근처에서 주차할 곳을 찾지 못해 결국 브로드웨이와 125번가가 만나는 모퉁이까지 가서야 겨우 주차를 할 수 있었다. 마침 점심시간이었지만 근처 식당은 모두 문을 연 데가 없었다. 하는 수 없이 두 사람은 먼저 카페에 들어가 θ-τ퍼즐에 대해 토론했다. 카페에서 한동안 이야기를 나눈 뒤, 중화요리점에서 점심을 먹었다. 양의 기억에 따르면 텐진(天津)식 요리점, 리의 기억으로는 상하이(上海)식 요리점이었지만, 두 사람 모두 그 자리에서 나눈 토론이 결정적 전환점이 되었음을 기억하고 있다. 바로 그 자리에서 강한 상호작용에서는 패리티가 보존되지만, 약한 상호작용에서는 보존되지 않을 수도 있다는 아이디어가 떠올랐던 것이다(양전닝, 『논문선집: Selected Papers 1945~1980 with Commentary』에 의함).

Q 아이디어가 떠오른 순간에 대해 이야기해 주시지요.

A "그 무렵 θ-τ 퍼즐에서는 몇 가지 실험 결과가 혼란을 일으키고 있었습니다. 모든 이론가가 답을 찾으려고 활발히 토론했지만, 좀처럼 해결의 실마리를 찾을 수 없었습니다. 점심 자리에서 대화를 나누던 중, 그때까지의 모든 논의가 핵심을 짚지 못하고 있다는 걸 알아챘지요.

그동안은 대개 패리티는 어디서나 보존되거나, 어디서나 깨진다고 가정해 왔지만, 우리가 떠올린 생각은 달랐습니다. 약한 상호작용에서는 패리티가 깨질 수 있고, 강한 상호작용에서는 보존된다는 가정을 세워본 것이지요. 강한 상호작용과 약한 상호작용을 구별해야 한다는 생각이 바로 그때 떠올랐습니다."

"아이디어가 떠오를 수 있었던 건, 바로 '편극(偏極)'이라는 개념에 생각이 미쳤기 때문입니다. 편극은 물리학에서 자주 쓰이는 용어이지만, 이 문제의 분석에서는 그 이전까지 단 한 번도 적용된 적이 없었습니다. 이 개념을 도입하자 강한 상호작용과 약한 상호작용이 자연히 갈라지게 됩니다. 그날 이전까지는 누구나 수레바퀴처럼 같은 자리를 맴돌고 있었지만, 그날 이후부터는 문제의 초점이 분명해졌습니다. 이건 창조적인 활동에서 언제나 마찬가집니다. 문제가 무엇인지 명확하지 않은 동안에는 같은 곳을 맴돌기만 하며, 여러 가지에 부딪히기는 해도 구체화되질 않습니다. 그러나 일단 열쇠가 되는 아이디어가 생기면 어떻게 응축되어 가는지를 알게 됩니다."

Q 약한 상호작용에서는 패리티가 보존되지 않는다는 확신을 가진 것은 언제입니까? 그 즉시였습니까?

A "아닙니다. 이 아이디어가 중요하다는 건 명백했기 때문에 약 6주 동안 논문을 조사해 보았습니다. 하지만 그것이 θ-τ 퍼즐의 해답이라고 믿고 있었느냐고 묻는다면, 그렇지는 않았습니다. 다만 중요한 문제이기에 반드시 검증되어야 한다고는 생각하고 있었지요. 모순이 있으면 반드시 옳은 해답이 있을 것입니다. 그러나 그것이 그 해답이라고 단정할 수는 없었습니다. 확신을 가지게 된 건 1956년 말에서 1957년 초, 컬럼비아 대학교와 국립표준연구소에서의 실험이 끝난 후였습니다. 그 실험은 결정적었고, 실제로 약한 상호작용에서 패리티가 보존되지 않는다는 사실을 명백히 보여주었습니다."

Q 명확한 실험이었지요.

A "그렇습니다. 그 실험은 우리를 위해 진행된 것이었습니다. 우리의 논문이 가장 중요한 질문에 답을 제시한, 훌륭한 논문이라고 믿고 있었지만…… 저는 그 해답이 썩 마음에 들지 않았습니다. 왜냐하면 우리

의 답은 대칭성을 감소시켜 버리기 때문입니다. 누구나 대칭성을 선호하는 건 자연스러운 일입니다. 그래서 저는 그 해답이 실험으로 검증될 필요는 있다고 보았지만, 그것이 반드시 옳은 해답은 아닐 수도 있다고 생각했습니다."

Q 당시의 물리학자는 대칭성을 믿고 있었는데도, 어째서 당신들은 그걸 의심할 수 있었습니까?

A "그건 우리가 퍼즐을 갖고 있었기 때문입니다. θ-τ 퍼즐에는 해답이 있었을 것입니다. 우리가 제시한 해답은 여러 가능성 중 하나였을 뿐, 특별히 마음에 든 답은 아니었습니다. 그런데도 이 점만 이해한다면, 실험적 관점, 즉 좋은 전통적인 물리학의 관점에서 보았을 때, 이것은 반드시 시험해 보아야 할 문제였습니다. 그러니 우리는 특별히 강요받은 것은 아니었습니다."

"물리학에서 무언가를 믿는다고 한다면, 그것은 이론적인 논의에 의해서만이 아니라, 확실한 실험적인 증거에 의해서도 믿고 싶어지는 것입니다. 이를테면 19세기의 확립된 열역학의 제1법칙과 제2법칙은 이론적으로 매우 아름답지요. 그러나 어떤 이론이라도 실험적인 근거가 없다면 진실로 받아들일 수는 없습니다. 우리는 대칭성을 믿었지만, 패리티가 보존되지 않다는 것은 실험에 의해 드러난 진실이었습니다. 좋은 전통적 물리학은 실험과학이며, 어떠한 신념도 실험적으로 검증되지 않으면 무의미합니다."

Q 현재는 이론에서 다루는 에너지가 너무 높아져서, 가속기를 써서

인공적으로 만들어 낼 수 있는 에너지로는 이를 따라가지 못하고 있는 건 아닐까요?

A "1957년의 패리티 보존 실험에서는 그런 높은 에너지가 필요하지 않았습니다. 물론 오늘날에는, 더 강력한 가속기가 만들어져야만 비로소 검증 가능한 이론도 존재합니다. 그러나 물리학에서 탁월한 이론이 되기 위해서는 반드시 실험적 검증이 필요합니다. 누군가의 상상에 불과한 이론은 위험할 수 있습니다.

이를테면 W입자와 Z입자(위크보손)는 1967년부터 그 존재가 예측되어 왔습니다. 1970년대에는 이 입자들이 존재할 것이라고 믿을 만한 여러 실험 결과도 있었지만, 여전히 명백한 진실은 아니었습니다. 그렇기 때문에 이들 입자의 존재를 입증한 1983년의 CERN의 실험은 매우 중요한 사건이었습니다. 이 입자들은 에너지가 충분히 높아지기 전까지는 검증할 수 없었지만, 다행히도 당시에는 가속기의 에너지가 그 수준에 도달했기 때문에 실험적으로 확인할 수 있었습니다. 현재는 이론적으로 예측된 많은 경우에서, 요구되는 에너지 수준이 지나치게 높아 아직 실험적으로 검증되지 못하고 있습니다. 하지만 언젠가 기술이 발전해 충분한 에너지를 얻을 수 있게 되면, 이런 예측들 역시 검증될 수 있을 것입니다."

Q 네 가지의 힘을 통일하는 이론(超統一理論)이…….

그때까지 나의 질문을 참을성 있게 듣고 있던 양이 말을 도중에 가로막았다.

A "아직 그런 이론은 없습니다. 지금까지는 세 가지 힘을 통일하는 대통일 이론(大統一理論, GUT)만 존재할 뿐입니다."

Q 그러나 인류는 네 가지 힘을 통일하는 이론을 목표로 하고 있지 않나요?

A "물론 우리는 네 가지 힘을 통일하는 이론을 만들고 싶다고 생각하고 있습니다. 그러나 좋은 아이디어가 없어요. 중력을 포함한 통일은 매우 어렵기 때문입니다."

Q 네 가지 힘을 통일하는 이론은 불가능한 것인가요?

A "그건 시간문제라고 생각합니다. 이 질문에 대해서는 세 가지 견해가 있을 수 있습니다. 첫째는, 인간의 한정된 뇌 용량으로는 초통일 이론을 이해할 수 없을 것이라는 견해입니다. 둘째는, 이해는 가능하지만 매우 오랜 시간이 걸린다는 것이고, 셋째는, 곧바로 이해할 수 있다는 견해입니다. 첫 번째 견해는 가장 비관적이고, 세 번째는 가장 낙관적이라고 할 수 있습니다. 저는 가장 낙관적인 견해는 받아들이기 어렵다고 생각합니다."

"만약 두 번째 견해가 옳다면 우리는 매우 오랜 시간이 걸릴 것입니다. 우리가 모르는 어떤 근본적으로 새로운 아이디어가 있을 것입니다. 그것이 무엇인지는 저도 모릅니다. 이를테면 중력의 양자화(量子化)는 여러 곤란에 직면해 있습니다. 발산(發散)의 문제와 재규격화(再規格化,

renormalization)의 문제가 있습니다. 재규격화의 방식은 아직 완전히 해결되지 않았습니다. 또한 대칭성이 증가하고 있으며, 그 증가는 분명히 지금도 계속되고 있습니다."

"우리 세대의 이론물리학 발전은, 어떤 의미에서는 대칭성이 계속 증가해 온 일이었습니다. 제가 대학원생이던 시절만 해도, 대칭성의 중요성은 오늘날처럼 널리 인식되지는 않았습니다. 당시에는 대칭성이란 단지 도움이 되는 아이디어 정도로 여겨졌지요. 그러나 1950년대에는 아마도 일부는 패리티 연구의 영향도 있었겠지만, 대칭성의 중요성이 더욱 명백해졌습니다. 1970년대에는 게이지장(gauge 場) 이론의 대두로 인해, 대칭성은 가장 근원적인 아이디어가 되었습니다. 오늘날에 이르러 대칭성은 단지 도움이 되는 아이디어일 뿐만 아니라, 이론물리학의 구조 자체 속에 깊이 통합되어 있습니다."

"제 견해로는 최소한의 대칭성조차도 우리는 아직 충분히 이해하지 못하고 있습니다. '대칭성에 대한 이해가 30년 전보다 진보했느냐'고 묻는다면, 어느 물리학자이든 '진보했다'고 대답할 것입니다. 저 역시 그렇게 생각하지만, 이 변화는 아직 끝나지 않았다고 봅니다. 대칭성의 개념은 앞으로 더욱 중요한 역할을 하게 될 것입니다. 그러나 그것이 어떤 방식이 될지는 지금 말할 수 없습니다. 중력을 통일하는 데 따르는 어려움은, 장(場)의 대칭성을 우리가 아직 완전히 이해하지 못하고 있다는 점과 깊은 관련이 있다고 생각합니다. 재규격화와 대칭성은 서로 밀접하게 연결되어 있습니다. 이제부터 중요한 일들이 나오겠지요.

스무 살 정도의 젊은 세대가 이론물리학의 새로운 변화를 이끌어 낼 아이디어를 찾고 있습니다. 비관적인 의견과 낙관적인 의견은 모두 극단적이라고 생각하며, 저는 그 중간쯤 되는 의견을 택합니다. 그러나 당장 눈에 띄는 진보는 없을 것입니다. 30년, 어쩌면 40년은 걸릴지도 모릅니다."

패리티 비보존의 발견은 양의 큰 업적의 하나로, 그가 현대물리학에 기여한 공헌은 매우 많다. 그중에서도 1949년에 밀스(R. Mills)와의 공저로 발표한 게이지 이론 논문은 특히 주목할 만하다. 발표 당시에는 그것이 결정적으로 중요한 결과라고는 간주되지 않았으나, 이후 힘의 통일이론 연구가 진전되면서 그 아이디어가 이론의 골격이 되었다. 현재는 세 가지 힘의 통일이론이 모두 게이지 이론에 바탕을 두고 만들어져 있다. 물리학자 중에는 양을 가리켜 철학자이기도 하다고 평하는 사람도 있다.

Q 당신은 1949년에 밀스와 게이지 이론에 관한 중요한 논문을 쓰셨습니다.

A "게이지 이론은 일본에서는 '가타카나'로 표기하나요?"

Q 네.

A "중국에서는 어떻게 쓰는지 아십니까? 이 개념은 물론 중국에는 없었기 때문에 번역이 필요합니다. 중국에서는 가타카나가 없기 때문에

이렇게 쓰지요."

그는 한자로 "規范場"이라고 썼다.

A "'場'은 '장'이고 '規范'이 '게이지'입니다."

Q 알기 쉽군요. 그럼 앞으로도 물리학의 이론은 게이지 이론을 바탕으로 계속 진전될까요?

A "그건 의심할 바 없습니다. 모두가 그렇게 믿고 있습니다. 하지만 그것만으로는 충분하지 않습니다. 뭔가 다른 것이 더 필요합니다."

Q 당신은 비교적 젊은 나이에 노벨상을 수상하셨습니다. 만약 수상하지 않았다면 인생이 바뀌었을 거라고 생각하십니까?

A "아니요. 그렇게는 생각하지 않습니다. 저의 경우, 노벨상 수상 이전에도 이미 물리학자로서 널리 알려져 있었습니다. 수상 후에 더욱 유명해지긴 했지만, 그건 일반 대중에게만 해당되는 일입니다. 게다가 저는 연구소에서 이미 좋은 연구를 맡고 있었기 때문에 상을 받았다고 해서 더 좋아졌다고는 말할 수 없습니다. 물리학에서나 사생활에서도 저에게는 상이 끼친 영향이 매우 적다고 생각합니다."

Q 팅(S. Ting)을 만났을 때, 그는 이론물리학자가 모든 일을 예언하는 것은 아니며, 실험을 통해서만 비로소 알 수 있는 사실도 있다고 말했습니다. 우리가 보기에는 물리학이란 이론가가 아이디어를 생각하고, 실험가가 그것을 증명하는 과학인 것처럼 보입니다. 이런 관점은 잘못

된 것일까요?

A "그건 매우 중요한 질문입니다. 제 생각에는 이렇게 말씀드릴 수 있을 것 같습니다. 오늘날의 소립자 물리학에서는 어떤 사실은 실험을 통해 먼저 밝혀지고, 또 어떤 것은 이론이 앞서 제기되기도 합니다. 양쪽 모두 중요한 정보를 가져다줍니다. 100년 전이나 200년 전의 물리학에서도 마찬가지였고, 오늘날의 생물학도 다르지 않습니다. 과학의 핵심적인 아이디어는 이론에서 비롯되기도 하고, 실험에서 비롯되기도 합니다. 어떤 시기에는 이론이 더 많은 아이디어를 낳고, 또 다른 시기에는 실험이 새로운 아이디어를 더 많이 이끌어 내기도 하지요. 과학은 본질적으로 복잡한 상호작용 속에서 발전해 나가는 것입니다."

"20세기에는 중요한 정보가 실험을 통해 방대하게 쏟아졌습니다. 러더퍼드(D. Rutherford)의 원자 실험이 대표적인 예입니다. 과거에도 원자의 구조를 추정하려는 많은 실험이 있었지만 모두 틀린 것이었습니다. 그러나 러더퍼드의 제자들이 수행한 금박에서의 알파(α) 입자 산란 실험 결과는 놀라운 것이었고, 20세기 물리학에서 매우 중요한 사건으로 기록됩니다. 이 실험을 통해 러더퍼드는 원자가 작은 구조를 가지고 있으며, 전자(電子)가 그 주위를 돌고 있음을 밝혀냈습니다. 이는 실험을 통해 놀라운 사실이 드러난 대표적인 예입니다. 최근의 예로는 팅 등이 발견한 J-Ψ입자를 들 수 있습니다."

"한편, 이론으로부터 비롯된 중요한 발견도 있습니다. θ-τ퍼즐도 그랬고, W입자와 Z입자의 발견도 마찬가지입니다. 저는 실험과 이론,

어느 쪽도 중요한 정보를 낳는다고 생각합니다. 그러나 20세기를 돌이켜보면 이론에서 출발한 발견이 점점 많아졌다고 할 수 있겠지요. 그 이유는 실험이 점점 더 어려워지고 있기 때문입니다. 이론이 지배적으로 되어 오는 경향이 있는데 저는 이것이 바람직하지 않다고 생각합니다. 우려스러운 상황이지만, 그것을 어떻게 바꿔야 할지는 솔직히 잘 모르겠습니다. 실험에는 막대한 비용이 들기 때문에, 앞으로도 이런 경향이 더 심해질 것입니다. 이론이 지나치게 지배적인 위치에 놓이게 되는 건 걱정스러운 일이며, 해당 분야의 건전한 발전을 위해서도 바람직하지 않습니다. 로코코(rococo) 미술이 지나치게 정교하고 장식적인 방향으로 극단적인 진보를 하다가 결국 오래 지속되지 못했습니다. 팅은 실험물리학자이기에, 실험의 중요성을 더욱 강조했을 것입니다."

여기서 인터뷰를 마치기로 하고 나는 사진을 찍기 시작했다. 두세 번 셔터를 누르던 중, 문득 빠뜨렸던 질문 하나가 떠올랐다.

Q 물리학 연구에서 동양적인 문화적 배경이 어떤 영향을 끼친다고 보십니까?

A "그것도 중요한 문제입니다. 사실 저도 그 점에 대해 생각해 본 적이 있습니다. 하지만 연구 자체에서는 그렇게 중요한 요소는 아니라고 생각합니다. 중국이나 일본의 물리학자가, 미국이나 독일의 물리학자와 전혀 다른 방식으로 사고한다고 말하기는 힘듭니다. 큰 차이는 없다

고 생각합니다. 다만, 과학을 대하는 태도에는 문화적 차이가 분명히 존재합니다. 동양 문화의 특징 중 하나는 일종의 '혼돈(混沌)' 속에서도 질서를 찾아내려는 성향입니다. 사람들은 참을성이 강하고, 다른 사람이 무엇을 했는지를 먼저 이해하려고 합니다.

반면 서양 문화는 아이들에게 일찍부터 독립심을 강조하고, '나는 당신을 믿지 않기 때문에 내가 직접 하겠다'는 식의 접근을 하기도 하지요. 어느 쪽이 좋다고 잘라 말할 수는 없습니다. 동양적인 배경에서 자란 학생은 자신이 하고 싶은 것을 뚜렷이 주장하는 미국 학생과는 다릅니다. 저를 포함해 중국이나 일본의 물리학자들은 대체로 조용하고, 먼저 남의 말에 귀를 기울이려 합니다. 그러나 제 패리티의 연구에는 동양적인 배경은 없었습니다."

경계 영역에서 비약

- 1973년, 고체에서의 터널효과 연구 -

에사키 레오나
(江崎玲於奈, Leo Esaki)

- 1925년 3월 12일, 일본 오사카 출생.
  도시샤(同志社)중학, 구제(舊制) 제3고등학교를 거쳐
- 1947년 도쿄(東京) 대학교 이학부 물리학과 졸업.
  가와니시(川西) 기계[후의 고베(神戸)공업] 입사
- 1956년 도쿄통신기계공업(후의 SONY) 주임 연구원
- 1959년 이학박사 학위 취득
- 1960년 미국 IBM 워싱턴 중앙연구소 연구원
- 1967년 IBM 특별 연구원
- 1974년 일본 문화훈장 수상

1947년에 대학을 졸업한 에사키 레오나(江崎玲於奈)는 바로 민간회사에 취직했다. 제2차 세계대전이 끝난 지 2년 후의 일이었다. 그는 이렇게 회고한다.

"물리학과 공학의 결합, 그런 방향으로 나아가고 싶다고 생각하고 있었다. 물론 나 자신이 먹고살 수 있을 만한 직업을 찾아야 했지만, 내가 하는 일을 통해 일본이라는 나라도 살아갈 수 있게, 조금이라도 공헌할 수도 있지 않을까 하고 생각했었다.(출처: 일본 물리학회 엮음, 『일본의 물리학사 상권』, 『일본의 과학정신 3-인공자연의 디자인』)"

노벨상을 받게 된 고체 내 터널 효과의 발견은 그가 SONY에 재직 중이던 1957년에 이루어진 것이다. 이 연구는 공학적으로는 터널 다이오드의 발명이라고 불리게 된다.

노벨상의 과학 분야 세 부문(물리학, 화학, 생리의학) 수상자 대부분은 박사학위를 받은 뒤, 대학이나 연구소 등에서 연구 활동을 이어온 사람들이다. 즉 아카데미즘의 중심에 있는 연구자들이 주를 이룬다. 주커만(H. Zuckerman)은 그의 저서 『과학 엘리트』에서 미국의 노벨상 수상자 대부분이 유명 대학에 소속되어 있으며, 특히 노벨상 수상자와 같은 저명한 스승 아래서 많이 배출되는 경우가 많다고 분석하고 있다.

그런데 에사키는 민간회사에서 연구를 계속해 왔으며, 수상 당시에는 박사학위조차 없었다. 그의 노벨상 수상은 아카데미즘의 중심이 아닌 곳에서도 노벨상급의 연구가 가능하다는 것을 시사하고 있다.

'터널효과'라는 용어는 에사키의 노벨상 수상을 계기로 많은 사람들에게 알려지게 되었다. 한마디로 말하면 전자(電子)는 고전역학에서는 마이너스 전하(負電荷)를 가진 입자로 간주되지만, 양자역학(量子力學)에서는 파동적 성질을 가지며, 그 전자의 파동으로서의 성질이 만들어 내는 현상 중 하나가 터널효과이다.

고전역학에서는 전자의 운동에너지가 마이너스가 되는 영역에서는 전자가 존재할 수 없다. 이런 영역을 에너지 장벽이라 부른다. 그러나 전자가 파동의 성질을 갖는다면 에너지 장벽을 뚫고 침투해 반대편으로 통과할 수도 있다. 이 현상을 터널효과라고 부르며, 양자역학 이론에 따라 1920년대에 이미 예측되 바 있다.

냉금속(冷金屬)에서의 전자복사(電子輻射)나 알파(α) 붕괴 등의 터널효과에 의한 설명은 1920년대 말에는 이미 나와 있었다. 그러나 고체 내에서의 터널효과에 대한 실험적 검증은 이론과 실험의 불일치가 반복되었을 뿐, 1950년대까지 결정적인 성과가 없었다.

에사키는 고주파용 트랜지스터 개발 작업 중, 1957년 반도체를 이용해 고체 속 터널효과를 실험적으로 검증하는 데 성공했다.

p형 반도체란 결정 구조 속에 정공(正孔, hole)이 생기고, n형 반도체에서는 자유전자가 생긴다. p-n형 반도체에서는 p영역에 플러스 전압을 가하면 전류가 흐르기 쉬우며, n영역에 마이너스 전압을 가하면 전류가 흐르기 어려운 성질이 있다. 이처럼 한 방향으로만 전류가 흐르기

쉬운 성질을 정류작용이라고 하며, p영역에 플러스 전압을 걸어주는 것을 순방향(順方向 또는 正方向)이라 부른다. 일반적인 p-n접합 반도체에서는 순방향 전압이 높아질수록 전류도 많이 흐르게 된다.

p형과 n형 반도체를 만들 때는 보통 게르마늄 등의 결정에 미량의 불순물을 첨가하게 된다. 그런데 에사키는 불순물을 많이 넣은 게르마늄 p-n접합 반도체를 이용해, 역방향에서도 전류가 흐르는 다이오드를 만들어 냈다. 터널효과는 온도 변화에 영향을 받지 않는 현상이므로, 전류의 온도 의존성을 통해 그것이 터널전류인지 아닌지를 판별할 수 있다. 에사키가 만든 다이오드의 역방향 전류는 온도에 의존하지 않았으며, 이는 해당 전류가 터널전류임을 나타내는 증거였다.

또 순방향 전압이 낮은 곳에서 전류가 감소하는 현상도 발견되었다. 즉 마이너스의 저항이 발생한 것이다. 이는 순방향에서도 터널전류가 흐르고 있었음을 의미한다. 이러한 실험을 통해 고체 안에서의 터널효과가 명확하게 검증되었다. 이 새로운 소자는 터널 다이오드 또는 에사키 다이오드라고 불린다.

에사키의 발견은 고체물리학에 새로운 분야를 개척해 냈다. 한편 미국의 이바르 예베르(Ivar Giaever)는 초전도 현상에서의 터널효과를 연구했고, 영국의 브라이언 데이비드 조지프슨(Brian David Josephson)은 두 초전도체 사이를 흐르는 터널전류의 이론적 연구를 수행했다. 조지프슨의 이론을 토대로 만들어진 조지프슨 소자는 고속 연산소자(演算素子)로 주목받고 있다. 에사키, 예베르, 조지프슨 세 사람은 1973년 노벨 물리학상을 공동 수상했다.

에사키는 1960년에 IBM사로 옮겨 미국으로 건너갔다. 현재 그는 이 회사의 왓슨 연구소에 소속되어 있는 동시에, 일본 IBM의 임원으로서 일본을 자주 방문할 기회도 있다. 이번 인터뷰는 도쿄 롯폰기(六本木)에 위치한 일본 IBM 본사 21층, 그의 사무실에서 진행되었다.

외출에서 돌아온 그가 나를 방으로 맞아들였다. 방은 꽤 널찍했고, 입구 가까이에는 응접 세트가 놓여 있었으며, 그 옆 선반에는 그의 저서가 여러 권씩 가지런히 꽂혀 있었다. 짙은 감색 상의에 흰 와이셔츠, 줄무늬 넥타이를 매고 있던 그는 이야기가 시작되자 상의를 벗었다.

Q 가와니시(川西) 기계[훗날 고베(神戸)공업]에 계실 때부터 터널효과에 흥미를 가지고 계셨습니까?

A "터널효과는 양자역학과 함께 등장한 개념으로, 물리학자라면 누구나 흥미를 갖는 현상입니다. 입자가 마이너스의 에너지를 가지는 영역, 이를 에너지 장벽이라고도 하는데, 파동성을 지닌 입자는 그 장벽을 침투할 수 있다는 예언이 있었습니다. 유명한 예로는 강전기장(强電氣場)에서 냉금속 표면으로부터의 전자복사를 랠프 H. 파울러(Ralph H. Fowler)와 노드하임(Lothar Nordheim)이 터널효과로 훌륭히 설명한 사례가 있고, 가모(George Gamow), 거니(R. W. Gurney), 콘던(E. U. Condon) 등이 터널효과에 의한 알파(α) 붕괴 이론입니다. 당시 저는 가와니시 기계에서 진공관 관련 연구를 하고 있었기 때문에 전자복사에는 관심이

있었다고 말할 수 있을 것입니다."

"터널효과에서 또 하나의 흥미로운 점은, 1930년대에 들어서면서 터널효과로 여러 현상을 설명하려는 시도가 이어졌다는 사실일 것입니다. 예를 들면 터널효과에 의한 정류이론과 유전체(誘電體)의 절연파괴에 대한 설명이 있었습니다. 그러나 이들 이론은 모두 틀린 것들이었습니다. 저의 터널 다이오드가 나오기 전까지는, 터널효과에서 전류가 흐르는 다이오드는 없었습니다.

제너(C. Zener)가 말한 자연 파괴 현상도 자세히 조사해 보면, 실제로는 전자 홀 사태(沙汰)현상이 지배적이었습니다. 트랜지스터가 등장하면서 쇼클리(William Bradford Shockley) 등의 벨 연구소 연구진이 깨끗한 게르마늄 p-n접합 반도체를 만들자, 이것이야말로 제너의 터널메커니즘에 의해 절연파괴가 일어난 것이라 여겨져 제너 다이오드라는 이름까지 붙여졌습니다. 그러나 이것도 틀린 것이었습니다. 이처럼 1930년대부터 1950년대까지 실험과 이론의 불일치가 연속된 것도 저에게 터널효과에 대한 흥미를 불러일으킨 계기가 되었는지도 모릅니다."

Q 터널효과가 늘 머릿속에 있었다고 하셨는데, 그것이 어떤 과정을 거쳐 터널 다이오드로 이어졌습니까?

A "학자에게는 좋은 일을 하고 싶다는 욕구가 있습니다. 반도체를 연구할 때에도, 저는 언제나 본질적인 문제와 주변적인 문제를 구분하려 했습니다. 학자라면 누구나 본질적인 무언가를 찾아내려고 합니다. 1956년에 제가 SONY에 입사하면서 여러 가지 p-n접합을 만들 수 있

는 환경에 갖춰졌고, 그제야 저는 오랫동안 막연하게만 품고 있던 터널효과를 실험으로 명확히 확인하는 일을 하고 싶다는 강한 의지가 생겼습니다."

Q SONY에서 연구를 시작할 때, 박사 논문으로 삼을 만한 주제를 꼭 해야겠다고 생각하셨다고 들었습니다. 그 시점에서 이미 터널효과의 검증을 연구 주제로 확신하고 계셨습니까?

A "그렇습니다. 1957년 초쯤이었습니다. 그래서 어떻게든 꼭 해 보려고 생각한 것입니다."

Q 불순물을 많이 넣어서 역내전압(逆耐電壓)을 낮추면 터널효과를 검증할 수 있을 것이라는 아이디어를 갖고 계셨군요.

A "네, 불순물을 많이 넣으면 p-n접합의 에너지 장벽 폭이 얇아집니다. 터널전류가 지배적으로 작용하는 상황이 만들어집니다. 이 아이디어는 저만의 독창적인 생각이라기보다는, 이론적으로 누구나 착상할 수 있는 개념입니다."

"제가 하는 일에는 학제적(學際的, 많은 전공분야의 협동적 연구방식)인 요소가 있습니다. 도대체 불순물을 많이 넣으면 하면 좋은 p-n접합은 만들어지지 않습니다. 순도를 올리는 편이 깨끗한 접합과 소자를 만드는 데 유리하다는 것은 당연한 일입니다. 불순물을 많이 넣었는데도 불구하고 p-n접합의 순수한 특성을 지닌 소자를 만들어 냈습니다. 바로 이 점이 매우 중요한 의미를 갖습니다. 불순물을 많이 넣더라도 이상적인 p-n접합을 만드는 것은 가능합니다. 물론 그것을 실제로 만들어 내

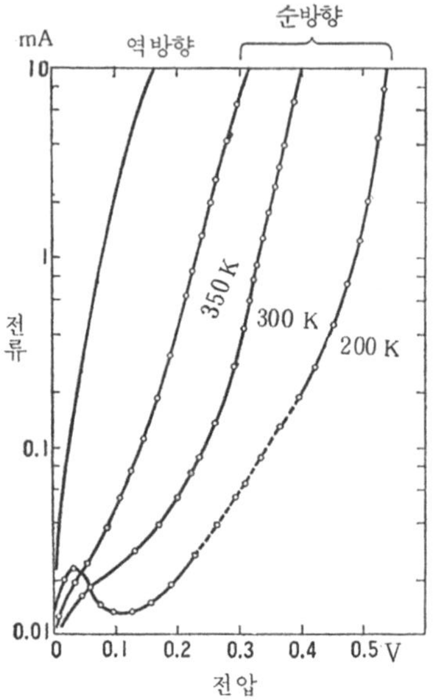

터널 다이오드의 전압-전류 특성. 역방향에서는 온도의 영향을 거의 받지 않는다. 반면 순방향에서는 약 200K의 저온에서 저전압 영역에 음성저항을 가리키는 피크가 보인다.

기까지는 무척 고생을 했습니다. 그 과정에서는 SONY의 다른 연구자들의 협력이 매우 컸습니다."

"전자의 사태 현상이 일어나기 위해서는 어떤 값의 문턱전압값이 필요합니다. 예를 들어 게르마늄이라면 대충 1V 정도의 전압입니다. 그 이상이 아니면 사태 현상이 일어나질 않습니다. 그런데 저는 1V 이하 전압에서도 상당한 양의 전류가 흐르는 소자를 만들어 냈고, 그 결과 이것이 터널효과에 의한 것임을 확신하게 되었습니다."

"처음에 발견한 것은 백워드 다이오드(backword diode)라고 불리는 소자였습니다. 이 다이오드는 역방향에서 전류가 많이 흐르는 특성을 가지고 있었고, 이는 분명히 터널효과가 일어나고 있다고 판단된 첫 사례였습니다. 이처럼 최초의 계획이 정확히 들어맞은 셈입니다. 보통의 다이오드에서도 장벽은 존재하지만, 전류는 전자가 그 장벽을 뛰어넘어서 흐르게 됩니다.

전자들은 특정한 에너지 분포를 가지고 있어, 그중 에너지가 높은 전자만이 장벽을 뛰어넘을 수 있습니다. 이것이 보통의 정류 작용을 설명하는 메커니즘입니다. 열적(熱的)으로 장벽을 뛰어넘는 경우에는, 온도에 따른 특성이 매우 큽니다. 그러나 만약 이것이 터널효과에 의한 것이라면, 에너지 보존법칙이 성립하므로 전자가 에너지를 상실하지 않습니다. 이것은 곧 온도 의존성이 비교적 적다는 것을 뜻합니다. 그 현상이 터널효과인지 아닌지를 시험해 볼 수 있는 간단한 방법입니다."

"역방향에서 터널효과가 잘 관찰될 거라고 생각되는 소자의 온도에 따른 특성 변화를 측정해 보았더니, 이번에는 순방향에서 음성저항(陰性抵抗)이 나타나는 것을 발견했습니다. 지금까지 터널효과라고 여겨졌던 현상은, 역방향으로 높은 전압을 걸었기 때문에 발생한 전류 현상이었습니다. 그런데 실험을 통해 순방향에서도 약간의 음성저항과 이상 현상이 나타나는 것을 보고, 순방향에서도 터널효과가 존재한다는 것을 알아차리게 된 것입니다. 이 사실을 바탕으로 불순물의 농도를 더 높이고, 장벽의 폭을 더 얇게 만들어 좀 더 이상적인 접합을 만들었더니, 실온에서도 순방향에서 음성저항 특성이 나타났습니다. 음성저항 현상은 하나의 발견이라고 해도 될 것입니다."

"공학계 사람들은 '에사키는 터널 다이오드를 발명했다'고 말하고, 과학계의 사람들은 '에사키는 터널 다이오드를 발견했다'고 말합니다. 아전인수처럼 들릴 수도 있겠지만, 제 생각에 터널 다이오드는 매우 학제적(學際的)인 성격을 지닌 것으로, 과학과 공학의 정확한 접점에 놓여 있다고 봅니다."

Q 당시 실습을 하던 한 학생은 터널 다이오드의 실험 결과를 보고 「회사 사람(에사키)은 오류를 범하고 있다」는 리포트를 썼다고 합니다.

A "그때, 저는 터널효과에 대해 확신이 있었습니다. 그 학생이 인상 깊었던 이유는 두 가지였습니다. 첫째 그는 교과서에 쓰여 있는 것이 전부 옳고, 그 밖의 것은 모두 틀렸다고 믿고 있었습니다. 그런 사고방식이라면 터널 다이오드 같은 새로운 것은 탄생할 수 없었을 것입니다. 둘째, 그는 회사에 와서 제가 그의 상사인데도 불구하고, 상사가 틀렸다고 말할 수 있는 배짱이 있었습니다. 아부하지 않는 자세는 매우 훌륭하다고 생각했습니다."

Q 교과서적인 접근만으로는 터널 다이오드와 같은 연구를 진행하기 어렵다는 말씀이시군요.

A "과학자나 기술자에게 발명이나 발견은 삶의 보람이지만, 그 핵심은 얼마나 참신한가에 달려 있습니다. 일본인이라고 해서 새로운 것에 흥미가 없다고는 할 수 없습니다. 대체로 정보화 사회를 선호하니까요.

정보란 새롭지 않으면 의미가 없습니다. 정보화 사회란 전 세계에서 다양한 정보를 수집하고, 그것을 활용하는 사회입니다. 하지만 곰곰이 생각해 보면 비록 새로운 정보라 하더라도, 그것은 그 정보를 접하는 개인이나 기업에게만 새로운 것일 뿐입니다. 결국 본질적으로 새로운 정보란 존재하지 않습니다. 교과서에 나오는 정보든, 아무리 새로운 정보라 해도 본질적으로는 새로운 것이 아닙니다."

"본질적으로 새로운 정보는 자기 자신을 의지합니다. 여기서 '자기(自己)'라는 개념이 중요해집니다. 예를 들어 반도체 속의 터널효과를 밝히고자 했을 때에도 그 바탕에는 자신의 반도체 물리학에 대한 가치판단 비슷한 것이 있었을 것이라 생각합니다. 가치판단은 남이 하라고 해서 하는 것이 아니라 자신만의 사고방식에서 비롯되어야 합니다. 그래서 저는 과학자에게 중요한 것은 '모른다(未知)'고 인정하는 태도라고 생각합니다. 그다음에는 '개(個)'라는 개념, 즉 개인의 독립성이 등장한다고 봅니다. 일류 과학자란 독립적인 가치관, 뛰어난 감식력, 그리고 우수한 심미적 감각을 지닌 사람이라고 생각합니다."

이야기는 차츰 교육론과 일본과 서구의 차이로 옮겨갔다. 미국에서 오랫동안 생활한 그는 일본과 미국의 문화적 차이, 창조성 등에 대해 많은 저서를 남겼다.

A "현재 일본에서는 학생들의 폭력 사건, 비행 사건, 입시 위주의 체

제, 획일화된 교육, 가정 내 예의범절 교육, 그리고 사회 규범에 대한 문제들이 제기되며 논란이 확산되고 있습니다. 이로 인해 자주적이고 독립적인 개인을 길러낼 것인가, 아니면 집단 속에서 가능하는 인간을 양성할 것인가 하는 교육적 방향에 대한 문제가 대두되고 있습니다. 그런데 저는 이러한 근본적인 문제에 대해 오히려 큰 논쟁이 일어나지 않는다는 점이 인상적이었습니다. 만약 목표가 규율을 잘 지키고 진지하며 얌전하고, 집단 속에서 제 역할을 수행하는 인간을 기르는 데 있다면, 그런 교육방침 속에서 창조성을 기대한다는 것은 다소 모순적인 일 아닐까요?"

"그 점을 일본인들은 어떻게 결정할까요? 일본과 사회를 위한 교육을 할 것인지, 아니면 개인을 위한 교육을 할 것인지에 차이가 있습니다. 제 생각에는 개인을 위한 교육을 통해 훌륭한 개인이 배출되면, 그 결과로 일본 사회에도 자연스럽게 이바지하게 된다고 봅니다. 현재 제기되고 있는 여러 문제들은 집단적인 인간을 만드는 교육의 결과에서 비롯된 것이 아닐까 생각합니다. 일본의 교육이 '집단적 인간을 만든다'고 명확히 말하고 있지는 않지만, 미국의 교육은 아이들이 부모나 사회에 의존하고 있는 존재임을 인정하고, 그들을 독립된 인간으로 길러낸다는 점에서 매우 분명한 방향성을 가지고 있습니다. 반면 일본 교육은 아이가 의존적인 존재라는 것을 전제로 하되, 아이를 어른의 사회, 즉 틀 속에 넣는 과정에 가깝다고 생각됩니다."

"일본에는 '개(個)'라는 개념이 이기주의의 확산으로 이어질 수 있다고 보는 사고방식이 있습니다. 반면 미국에서는 이를 '디시플린(discipline)'이라고 부릅니다. 디시플린은 일본어로 흔히 번역되는 '훈련'이나 '버릇 들이기'와는 다소 뉘앙스가 다릅니다. 일본에서는 '개'를 만드는 일이 방종으로 받아들여지기 쉽습니다. '인디비주얼리즘(individualism)'이나 '개인주의'는 그 뉘앙스가 서로 확연히 다르다고 생각합니다. 미국에서는 개인을 존중하는 동시에, 디시플린을 통해 자제력이나 자기 반성의 사고방식을 확립하게 됩니다. 결국 개인이라는 바탕위에 예의범절을 가르치는 것과 외부에서 주어진 규범을 바탕으로 예의범절을 가르치는 것 사이에는 뚜렷한 차이가 있는 것이 아닐까요?"

Q 개인을 바탕으로 삼지 않으면, 창조적인 인간은 자라지 않는다는 말씀이시군요.

A "일본에서는 다른 곳에서 이루어진 일이라도, 그것이 새롭다고 판단되면, 그 자체를 새로운 것으로 받아들이고, 그것을 바탕으로 무언가를 하려는 경향이 있습니다. 일본에는 새로운 것을 받아들이고 발전시키는 능력은 많지만, 무언가를 근본부터 창조해 내는 능력은 부족하다고 할 수 있습니다. 일본 사회에서는 어느 정도 자기 자신을 억제하고, 외부의 지시에 순응하는 인간이 되어야 한다는 분위기가 존재합니다. 제가 말하는 '개인 인간'과 '집단 인간'의 차이는 자신의 내면에서 나오는 지시를 따를 것인지, 외부에서 오는 지시를 따를 것인지에 있습니다. 내면의 지시를 따르지 않는 사람은 결코 창조적인 일을 할 수 없습니다. 그런데도 이런 근본적인 문제는 일본 교육에서 의외로 거의 언급

되지 않고 있다는 생각이 듭니다."

Q 그런 말씀을 기회가 있을 때마다 해오신 것으로 알고 있습니다만…….

A "하지만 아무도 좀처럼 귀 기울여 주지 않더군요. (웃음)"

Q 도시샤(同志社) 중학이나 옛날의 제3고교 시절부터 '개(個)'라는 개념이나 창조성과 관련된 자질이 길러졌던 건가요?

A "그리스도교와 같은 사상은 '개'를 인식하게 하는 데 영향을 주었을 거라고 생각합니다. 『성서』에 나오는 '찾아라, 그리하면 주어질 것이다. 구하라, 그리하면 얻을 것이다. 문을 두드려라, 그리하면 열릴 것이다'라는 구절에는 강한 개인주의적 사상이 담겨 있습니다. 이는 모두가 집단으로 문을 밀어붙이라는 의미가 아니라, 각자가 스스로 문을 두드리라는 뜻이기 때문입니다. 도시샤 중학에서 그리스도교를 접한 경험과 구제(舊制) 제3고교에서의 배움을 통해 저는 '개'라는 개념을 자연스럽게 체득하게 되었던 것 같습니다."

"전쟁의 경험도 어느 정도 영향을 끼쳤을지 모릅니다. 인간은 언제 죽을지 모른다는 상황에 처하면, '나는 누구인가', '자기란 무엇인가'라는 질문을 자연스럽게 하게 됩니다. 과학 사상을 거슬러 올라가다 보면 결국 고대 그리스에 닿게 되는데, 그리스인들은 매우 개성적인 인간들이 아니었을까요? 지금 생각해 봐도 그들 중에는 정말 많은 훌륭한 학자들이 있었습니다. 그런데 지구의 크기를 처음으로 계산한 사람이 누구인지 아십니까?"

(Q) 에라토스테네스였던가요?

(A) "그렇습니다. 그는 알렉산드리아와 시에네의 거리를 측정해 태양의 각도를 구하고, 16퍼센트 정도의 정밀도로 지구의 크기를 측정했습니다. 그런 사고방식은 정말로 놀라운 착상이자, 개인의 창조성을 보여주는 대표적인 예라고 할 수 있습니다. 히파르코스(Hipparchos)는 월식 현상을 바탕으로, 달과 지구 사이의 거리를 상당히 정밀하게 측정했죠. 에라토스테네스(Eratosthenes)는 지리학자였으므로 좋은 지도를 만들기 위해 그러한 계산을 시도했을 것입니다. 하지만 지구나 달의 거리를 측정해서 실질적으로 무슨 이득이 있느냐고 묻는다면, 그저 자연을 안다는 것 외에는 아무것도 없는 셈입니다."

(Q) 박사학위를 받기 전에 민간 기업 안에서 노벨상에 해당할 만한 값어치 있는 일을 했다는 것은, 수상자 중에서는 이례적인 사례라고 볼 수 있겠네요.

(A) "비교적 드문 예라고 할 수 있겠지요. 역사를 거슬러 올라가 보면, 공학 분야에서는 무선전신을 발명한 마르코니(G. Marconi) 같은 인물도 수상했고, 컬러 사진을 발명한 사람도 노벨상을 받은 바 있습니다. 최근에는 트랜지스터를 발명한 쇼클리(W. Shockley), 바딘(J. Bardeen), 브라탄(W. H. Brattain) 등이 수상했기 때문에 전혀 예가 없다고는 할 수 없겠지만, 전반적으로 말하면 역시 아카데미즘의 중심에서 큰일을 한 사람들이 수상한 경우가 많았던 것 같습니다."

(Q) 큰 연구를 하기 위해 꼭 많은 연구자가 주변에 있어야 하는 것은

아니라는 점을 시사하는 말씀처럼 들립니다.

A "한 가지 분명히 말할 수 있는 것은 SONY에 결정(結晶)을 제조하는 기술이 있었다는 점이 매우 중요한 역할을 했다는 사실입니다. 물론 과학이 새로운 기술을 선도하는 경우도 있지만, 기술이 새로운 과학을 선도하는 경우도 많습니다. 예를 들어 컴퓨터를 사용할 수 있게 되면서 과학이 크게 진보한 것도 그 한 예이지요. 과학과 기술은 서로 매우 다른 것이지만, 제 경우는 과학과 기술의 경계선 위에 있었던 셈입니다."

"그러나 무엇이 본질적인가를 식별하는 감식력을 갖는 것이 우선 중요합니다. 일본의 기초연구를 진보시키기 위해서는, 물론 저 자신도 노력하고 싶다고 생각하지만, 단순히 돈과 인력을 투입하는 것만으로는 부족합니다. 물론 자금은 필요조건이지만 충분한 조건은 아닙니다. 결국 중요한 것은, 무엇이 중요한지를 인식할 수 있을 정도의 창조성을 지닌 개인이 존재하느냐의 여부가, 그 나라의 기초연구를 이끌어 가는 데 핵심적인 요소가 아닐까요?"

2 노벨 화학상

- 피터 미첼 (1978년)
- 후쿠이 겐이치 (1981년)
- 라이너스 폴링 (1954년-화학상, 1962년-평화상)
- 프레더릭 생어 (1958년, 1980년)
- 존 켄드루와 맥스 퍼루츠 (1962년)

노벨 물리학·화학상 금메달 뒷면

외톨박이의 반란

– 1978년, 생체막에서의 에너지 변환 연구 –

피터 미첼
(Peter D. Mitchell)

- 1920년 9월 29일, 영국 서리주 미첨에서 출생
- 1943년 케임브리지 대학교 지저스 칼리지(Jesus College) 졸업
- 1950년 박사학위 취득. 케임브리지 대학교 조수로 근무
- 1955년 에든버러 대학교 동물학부 화학생물부문 주임
- 1961년 동 대학 강사
- 1963년 퇴직
- 1964년 그린 연구소 설립, 연구부장으로 재직

영국 국영철도의 특급열차는 목장이 이어지는 풍경 속을 달리고 있었다. 곧 미첼(P. D. Mitchell)이 사는 보드민에 도착할 예정이었다. 시계는 오후 5시 20분을 가리키고 있었다. 오늘은 일요일. 미첼을 만나기로 약속한 날은 내일 월요일이지만, 공교롭게도 영국의 국경일이다. 그는 지금 여행 중인데 오늘 안으로 돌아올 예정이다. 나로서는 그를 만날 수 있는 기회가 내일 하루뿐이었다. 국경일임을 알면서도 인터뷰를 요청했던 나의 부득이한 사정을 그는 기꺼이 받아들여 주었다.

런던의 패딩턴 역을 출발한 시간은 오후 12시 45분이었다. 브리튼 섬 남서단을 향해 달려, 플리머스(Plymouth)에 도착했을 때는 저녁 무렵이었다. 이곳은 메이플라워호(Mayflower)가 미국으로의 최초 이민자들을 태우고 출항했던, 역사적으로 유명한 항구도시이다. 런던에서 플리머스까지는 360km. 보드민까지는 여기서도 40분 이상을 더 가야 한다. 5월의 영국은 저녁 무렵이라 해도 아직 낮처럼 환하다. 열차는 해안선을 달리고 있었다. 하구에 놓인 철교를 건너며 왼쪽으로 커브를 틀자 플리머스 항구의 전경이 눈앞에 펼쳐졌다. 멀리 영국 해군의 함선으로 보이는 군함들이 눈에 띄었고, 현재의 플리머스가 영국 굴지의 군항이라는 사실을 실감할 수 있었다.

보드민 파크웨이 역에 도착했다. 정말이지 별난 곳이다. 주변을 둘러보아도 건물 하나 보이지 않는다. 작은 역사에는 대합실조차 없었다. 간간이 "메~" 하고 송아지 우는 소리만 들려올 뿐이다. 보드민에는 동네다운 동네조차도 없는 걸까?

개찰구가 따로 없는 역사를 나오자, 바로 옆에 택시 회사로 연결되는 직통전화가 설치되어 있었다. '그렇군, 이걸로 택시를 부르면 되겠구나.' 얼마 후 택시 한 대가 도착했다. 15분쯤 달려가자 작은 동네가 나타났고, 그곳이 바로 보드민이었다. 한때는 보드민 파크웨이 역과 마을을 잇는 작은 철도 노선이 있었지만, 지금은 이미 철거된 상태라고 했다.

이튿날 아침, 미첼이 직접 차를 몰고 호텔로 마중을 나왔다. 차량은 일본제 랜드로버 스타일이었다. 그는 스웨터에 청바지를 입고, 발에는 샌들을 신은 편안한 차림이었으며, 귀에는 작은 피어싱이 눈에 띄었다. 많은 이들이 품고 있을지도 모를 위엄 있는 대과학자의 이미지와는 동떨어진 매우 캐주얼하고 자유로운 모습이었다. 노벨상을 수상하던 당시 흑백 사진 속의 검고 풍성했던 머리카락은 이제 하얗게 물들어 있었다.

차 안에서 그는 연구소가 위치한 골짜기 이름이 '그린'이기 때문에 그곳을 '그린 연구소'라고 명명했다는 이야기를 들려주었다. '그린'은 본래 켈트어로 '골짜기'를 의미하는 말이라고 했다. 그렇기 때문에 '그린 밸리'라는 표현은 '역전 앞'처럼 의미가 중복된 이상한 말이 된다고 지적했다. 또한 보드민이 위치한 콘월(Conwall)주의 이름도 언급했는데, '콘월'은 로마어로 '뿔'을 뜻한다고 한다. 이는 브리튼 섬 남서단이 뿔처럼 튀어나온 지형에서 유래한 명칭이라고 설명했다.

이런 이야기를 나누는 동안, 그의 청각에 큰 불편이 있다는 사실을 알게 되었다. 그는 오른쪽 귀가 거의 들리지 않았고, 왼쪽 귀에는 보청기를 끼고 있었다. 오른쪽 귀는 과거에 감염증을 앓은 적이 있었는데, 당시 담당 의사가 귀에 대한 전문 지식이 부족했던 탓에 결국 청력을 잃게 되었다고 했다.

연구소는 마을과 역 사이의 골짜기를 따라 내려간 뒤, 다시 비탈을 조금 올라간 지점에 자리하고 있었다. 사방이 목장과 숲으로 둘러싸인 그곳은 사색하기에 더없이 좋은 장소였다. 건물은 규모가 컸고, 그리스 신전을 연상시키는 요소가 가미된, 세심하게 설계된 건축물이었다.

미첼은 1963년 에든버러 대학교를 떠난 뒤, 혼자 힘으로 이 연구소를 창설해 모일(J. M. Moyle) 여사 등과 함께 연구를 이어왔다. 비록 '연구소'라는 이름을 갖고 있지만, 자택을 겸하고 있을 뿐 아니라, 연구진은 그를 포함해 단 네 명뿐이어서 사적(私的) 연구기관의 성격이 짙다. 특히 생화학처럼 실험을 중시하는 과학 분야에서 이처럼 소규모이면서 독립적인 형태로 연구를 지속하는 경우는 매우 드물다.

미첼은 흔히 '반골(反骨)적인 인물'로 불린다. 그는 영국의 외딴 시골, 제대로 된 연구 설비조차 없는 환경에서 세계적인 권위자들과 홀로 맞서 싸웠고, 마침내 자신의 이론을 인정받아 승리를 거두었다. 그 결실로 1978년 노벨 화학상을 수상하게 된 것이다. 이는 수많은 권위자들이 갈망하던 상을 외톨이 과학자인 그가 차지한 사건이었다. 거대화되어 가는 과학의 세계에서 그는 마치 르네상스 시대의 과학자를 떠올리게 하는 존재였다. 오늘날처럼 협업과 대형 연구가 중심이 된 시대에, 이런 방식으로 노벨상을 받는 인물이 나온다는 것은 실로 믿기 어려운 일이다.

그린 연구소는 미첼이 노벨상을 수상하기 직전, 극심한 재정난에 시달리며 존립 자체가 위태로운 처지에 있었다. 노벨상 수상은 재정적인 측면에서도 큰 도움을 가져다주었다.

그가 노벨상을 수상하게 된 연구 주제는 「생체막에서의 에너지 변환에 관한 연구」였다. 생명체는 호흡을 통해 먹이로부터 에너지를 얻는다. 호흡의 마지막 단계에서는 먹이에 포함된 수소가 공기 중에서 흡수한 산소와 결합해 물이 생성되며, 이 과정에서 상당한 양의 에너지가 방출된다.

생명에 이용할 수 있는 에너지는 아데노신 3인산(ATP)이라는 형태로 저장된다. ATP는 생체 내에서 에너지의 통화(通貨)라고 불린다. 이는 ATP만 있으면 생체 내 어디에서든 곧바로 에너지를 사용할 수 있기 때문이다. 어디를 가든 돈만 있으면 물건을 살 수 있는 것과 같은 셈이다. ATP는 ADP(아데노신 2인산)이라는 물질에 인산을 하나 더 첨가해 생성된다. 이 ATP가 생성되는 과정은 호흡의 마지막 단계에서 이루어지며, 이를 산화적 인산화(酸化的燐酸化)라고 부른다. 산화적 인산화는 세포 속의 작은 기관인 미토콘드리아에서 일어나며, 이 미토콘드리아는 흔히 세포의 에너지 생산공장이라고 불린다. 식물의 경우 엽록체(chloroplast)에서 이루어지는 광합성(光合成) 과정 중에도 산화적 인산화가 이루어진다.

산소 호흡의 최종 과정에는 전자전달계(電子傳達系)라고 불리는 것이 있다. 이는 대사 경로에서 생성된 기질(基質)로부터 보조효소 NAD, 보조효소Q, 그리고 몇 가지 사이토크롬(cytochrome) 등에 전자가 차례로 전달되면서 산화·환원 반응이 일어나는 과정이다. 이 전자전달의 마지막 단계에서는 수소와 산소가 결합해 물이 생성된다. 이러한 일련의 산화·환원 전위(電位) 차이로 인해 에너지가 방출된다. 이때 ADP와 인산이 결합해 ATP가 합성되는 과정을 산화적 인산화라고 한다. ATP의 합성은 전자전달계의 산화·환원 전위 차이가 큰 지점에서 이루어지는 것으로 여겨진다. 비유하자면, 높은 곳에서 물을 흘려보내 낙차가 큰 곳에서 수력 발전을 일으키는 것과 같은 원리이다.

그렇다면 ATP는 도대체 어떻게 만들어지는 걸까? 1950년대부터 산화적 인산화의 메커니즘을 둘러싸고, '화학설(化學說)'이 제창되어 왔다. 이 이론은 ATP가 생성될 때 전자전달계로부터 고에너지를 지닌 중간체가 형성된다고 본다. 이 중간체를 바탕으로 인산과 결합한 고에너지 화합물이 생성되며, 그 화합물이 ADP와 반응해 인산을 ADP에 결합시킴으로써 ATP가 생성된다고 설명한다.

이것에 대해 미첼은 전혀 다른 발상에서 출발한 '화학삼투압설(化學滲透壓說)'을 제안했다. 이 이론은 중간체의 존재를 부정하고, 생체막을 경계로 형성되는 수소이온 농도 기울기가 ATP를 생성하는 추진력이라고 본다.

화학삼투압설은 ATP의 합성기구를 다음과 같이 생각한다. 전자전

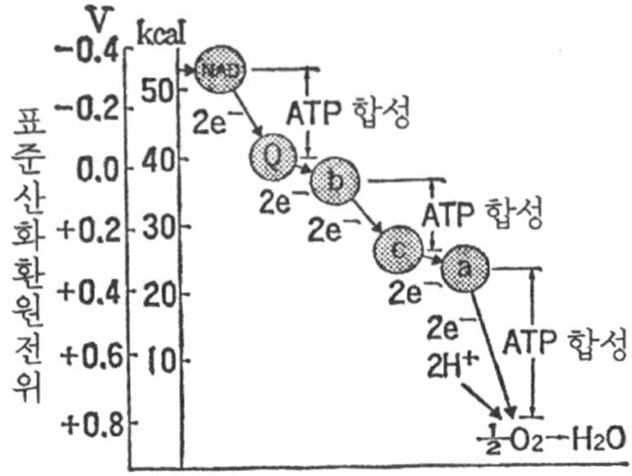

전자전달계에서의 산화·환원 전위의 변화. NAD, Q는 보조효소. b, c, a는 사이토크롬의 형식.

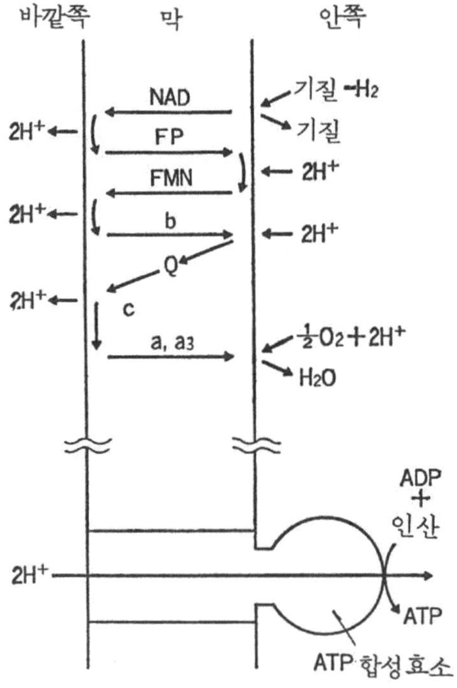

화학삼투압설에 의한 ATP 합성의 메커니즘. 위쪽은 전자전달에 수반하여 수소이온이 막의 바깥쪽으로 퍼내는 과정을, 아래쪽은 그 에너지로 ATP가 합성되는 과정을 나타낸다. FMN은 보조효소, FP는 플라빈 단백질을 의미한다.

달과정에 수반하여 수소이온이 막(미토콘드리아의 내막)의 안쪽에서 바깥쪽으로 퍼내어진다. 이로 인해 막 바깥쪽의 수소이온 농도가 높아지고, 막 양쪽 사이에는 농도 기울기가 형성된다. 이 수소이온 농도의 기울기가 에너지 원천이 되어, 수소이온이 ATP 합성효소를 통과해 다시 막의 안쪽으로 들어올 때, 그 에너지를 이용해 ATP와 인산이 결합해 ATP가 합성된다고 본다.

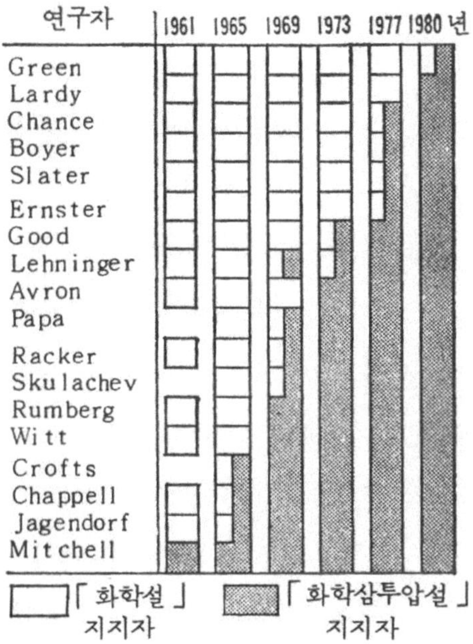

화학삼투압설 지지자의 추이

처음에는 아무도 화학삼투압설에 대해 전혀 관심을 보이지 않았다. 그러나 시간이 흐르면서 이 이론은 점차 기존의 화학설과 동등한 위치에서 다루어지기 시작했다. 미첼은 이 변화의 흐름을, 화학삼투압설이 학계 내에서 받아들여지는 과정을 그래프로 그려놓았다. 그 그래프를 보면, 이 이론이 연구자들 사이에 점차적으로 "침투"해 간 과정을 분명히 알 수 있다. 외톨이 과학자의 반란은 결국 세계적인 권위자들을 무너뜨렸고, 그 결과는 노벨상 수상이라는 형태로 증명되었다.

나는 미첼의 사무실에서 그의 이야기를 들었다. 내 말이 잘 들리지 않는 듯, 그는 자주 보청기의 볼륨을 조절하고 있었고, 그때마다 이따금 "낑…낑…" 하는 증폭음이 들려왔다.

(Q) 박사 논문은 페니실린의 작용 메커니즘에 관한 모델 연구였습니다. 그로부터 어떤 과정을 거쳐 생체에너지학 (Bioenergetics) 분야로 옮겨가시게 되었나요?

A "그 질문에 간단히 대답하기는 매우 어렵습니다. 그 이유 중 하나는, 제가 지금까지 생체에너지학 분야에서 일하고 있다고 의식하며 연구를 한 적이 없기 때문입니다. 단지 생화학의 한 분야가 에너지와 관련된 과정을 포함하고 있었고, 그 결과 생체에너지학이라고 불리게 된 것입니다. 제가 그 분야에 관여하게 된 이유는, 아마도 인의 대사를 연구하고 있었기 때문이라고 생각합니다. 페니실린 문제를 연구하는 과정에서 핵산 합성 과정에 장애가 생긴다는 사실을 알게 되었고, 핵산의 대사에는 인의 흡수가 수반된다는 점을 주목하게 되었습니다. 페니실린의 효과를 조사하던 중, 제가 사용하던 포도상구균에서 세포막을 통해 무기인(無機燐)이 급속히 교환되는 현상을 발견했습니다. 이 현상은 단순한 물리적 과정이 아니라 효소에 의해 매개되는 과정처럼 여겨졌습니다."

"저는 학생 시절부터 줄곧 생체막에서의 물질 수송 문제에 깊은 흥미를 가져왔습니다. 당시 관찰된 인의 급속한 흡수 현상은, 인이 핵산으로 흡수되는 과정을 가능하게 해주었지요. 용액 속의 인이 세포의 원형질막을 통해 흡수되는데, 이 과정은 매우 특이적으로 저해되기 때문에, 효소적인 과정이라고 생각되었어요. 예상하지 못한 일이었습니다. 아마도 이것이 제가 생체에너지학 분야에 발을 들이게 된 계기였다고 생각합니다."

"이 질문에 직접 답하기 위해서는 제가 케임브리지 대학교 생화학 교실에 재학 중이던 학생 시절부터 이야기를 시작해야 할 것 같습니다. 그 시절 제게는 매우 풍요로운 인간관계와 훌륭한 연구 환경이 있었습니다. 케임브리지의 생화학 교실은 전통적으로 가용성(可溶性) 효소를 중심으로 연구하고 있었으며, 연구 방향도 그렇게 설정되어 있었습니다. 하지만 저는 초기부터 생체막 연구의 개척자인 다니엘리(J. Danielli) 교수에게 사사했습니다. 다니엘리 교수는 케임브리지 생화학 교실의 고전적인 가용성 효소 연구가 이미 시대에 뒤처졌다고 판단했고, 이제 생화학은 이제 물질 수송 문제를 중심으로 다루어야 한다는 신념을 가지고 있었습니다. 그는 철저히 독자적인 관점을 지닌 인물이었으며, 교실 내 고전적인 생화학적 시각에 대해 비판적인 입장을 취하고 있었습니다.

그에 반해 저는 학생으로서 고전적인 생화학 연구에 익숙했고, 그 연구의 깊이와 정통성을 매우 가치 있게 여기며 좋아했습니다. 그러면서도 다니엘리 교수의 물질 수송에 대한 연구도 마찬가지로 흥미롭고 의미 있는 시도로 느껴졌습니다. 두 연구 흐름이 서로 융합되거나 하나로 합쳐질 기미는 없었지만, 저는 양쪽 모두를 소중히 여기고 존중했습니다. 당시 생화학 교실에서 그리 멀지 않은 곳에 있는 몰티노 기생충학 연구소에는 데이비드 킬린(David Keillin) 교수가 있었습니다. 그는 사이토크롬계를 재발견한 인물로, 정말로 굉장한 분이었습니다."

"킬린은 기생충을 연구하던 중 우연한 계기로 사이토크롬계에 관계하게 되었지요. 그 발견은 흔히 그렇듯이 우연에 의해서였습니다. 과거 맥먼(C. MacMunn)이라는 사람이 수행했던 연구가 있었지만, 당시에는 아무에게도 인정받지 못한 채로 잊혀져 있었습니다. 그 후 킬린이 다시 발견하고 본격적으로 연구하게 된 것입니다."

"킬린과 저 사이에 어떤 관계가 있었느냐고 묻는다면, 그 이유는 두 가지로 설명할 수 있을 것 같습니다. 하나는 제가 비교적 독립적인 학생이었다는 점입니다. 권위 있는 사람들의 말이라 해도 충분히 증명되지 않았다고 생각하면, 제 방식대로 다시 생각해 보기를 좋아했지요. 그러다 보니 자연스럽게 권위자들과 마찰이 생기기도 했습니다. 그런 저를 킬린은 젊은 학생임에도 늘 이해해 주고 친절하게 대해주었습니다. 그래서 저는 킬린을 아주 훌륭한 사람이며 위대한 과학자라고 생각하게 되었지요."

"또 하나는, 사이토크롬계가 고전적인 효소학의 연구나 다니엘리와 같은 연구 방향과도 딱 들어맞지 않는 것처럼 보였기 때문입니다. 이 계는 부분적으로는 대사 과정과 관련되고, 또 부분적으로는 세포막에서의 물질 수송 문제와 연결되어 있었습니다. 저는 이러한 서로 다른 관점이 하나로 통합될 수 있는지를 이해하고 싶었습니다. 페니실린을 연구하게 된 것도 일종의 우연이었습니다. 매우 유용하고 가치 있는 일이라는 걸 나중에서야 알게 되는 따위의 일이란 언제나 우연히 생기는 것입니다."

Q 선생님은 숱한 과학자들 중에서도 킬린을 특별히 존경한다는 글을 쓰셨더군요.

A "네, 그렇습니다. 제가 킬린을 존경하는 이유 중 하나는, 그가 권위자의 말을 별로 마음에 두고 있지 않았다는 점입니다. 그래서 그는 인생에서도, 과학의 세계에서도 아직 성공하지 못한 저 같은 젊은 학생에게도 관대했고, 시간을 아끼지 않고 많이 내주셨습니다. 그러면서도 동시에 대학 안의 유명한 사람들과도 충분히 토론할 준비가 되어 있었지요. 이런 사람은 매우 드뭅니다."

Q 화학삼투압설은 어떤 상황에서 착상된 것입니까?

A "하나의 물질이 다른 물질로 전환되는 화학적 전환, 이것은 한 군데서 일어난다고 생각할 수 있습니다. 이러한 변화가 어떻게 물질의 이동과 연결되는지를 이해하고자 했던 것입니다. 1958년 저는 모일과 함께 '효소에서의 그룹 트랜스로케이션(group trans location)'이라는 개념을 고안했고, 이를 바탕으로 두 편의 짧은 논문을 발표했습니다. 이는 화학적 전환과 케미컬 그룹(분자 속에서 한 뭉치가 되어서 이동하는 부분)의 이동이 동시에 하나의 과정으로서 일어나는 것이라는 내용이었습니다. 이 개념이 이후 산화적 인산화 과정에서 화학삼투압설의 핵심으로 자

리 잡게 된 것입니다."

미첼과 모일의 공동 연구는 케임브리지 시절부터 1983년까지, 무려 35년간이나 이어졌다.

A "당신의 질문에 간략하게 대답하기는 정말 어렵습니다. 정확히 대답하려면 며칠은 걸릴지도 몰라요. 지금 시간이 얼마나 있으신지 먼저 알아봐야 할 것 같네요. 아니면 며칠 동안 이곳에 머무르셔야 할지도 모르겠군요. (웃음) 오늘 오후까지 머무를 수 있겠어요? 그렇다면 점심을 대접하겠습니다. 몇 시 차로 돌아가실 예정이신가요?"

그의 이야기는 역사적 사실을 비롯해 매우 정확했다. 그래서 시간이 오래 걸릴 수밖에 없었다. 그는 그런 방식으로 말하는 사람인 듯했다. 그러나 동시에, 정말로 며칠이고 기꺼이 이야기를 나눠줄 준비가 되어 있는 사람처럼 보였다.

Q 열차 시간표가 있습니까?

그가 시간표를 찾아 주었다. 오후 1시 30분 이후에는 오후 5시 43분 기차밖에 없었다. 그 열차는 런던에 오후 9시 53분에 도착한다. 하지만 나는 내일 아침 케임브리지로 가야 했다. 그 열차로는 너무 늦다.

결국은 1시 30분 기차를 탈 수밖에 없었다. 가능한 한 인터뷰를 계속하기로 마음먹었다.

Q 선생님이 화학삼투압설을 내놓았을 때, 대부분의 과학자들은 모두 고에너지 중간체의 존재를 전제로 하고 있었습니다. 그런데 어떻게 그런 고에너지 중간체에 의존하지 않는 이론을 만들어 낼 수 있었던 걸까요?

A "그것에는 두 가지 중요한 이유가 있었다고 생각합니다. 제가 만든 건 비록 이론이긴 했지만, 매우 잘 정리되고 명확하게 정의된 것이었습니다. 생체막에서의 수송과정이 산화적 인산화가 관련이 있을지도 모른다고 처음 제안한 사람은 제가 아닙니다. 그 아이디어는 1950년경, 데이비스(R. L Davies)와 오그스턴(A. G. Ogston)이 처음으로 제시했습니다. 물론 나중에 그것이 정확하지 않다는 것이 밝혀졌지만, 당시 그들은 위산 분비가 직접적으로 산화 중점 환원에 의해 일어난다고 생각했지요. 그렇게 본다면 인산화 또는 그 과정과 관련되어 있을 것이라고 판단한 것입니다. 결과적으로 두 단계의 산화·환원 과정이 존재한다고 본 셈이죠. 첫 번째 과정은 단순히 수소를 수송하고, 두 번째 과정에서는 인산화가 일어난다고 본 것입니다. 오그스턴과 그의 동료들은 이러한 개념을 처음 제안한 사람들이었습니다. 그러니 제 생각이 완전히 새로운 것은 아니었습니다. 저는 제가 그것을 발견했다고 생각한 적은 한 번도 없습니다. 다만 제가 제안한 이론은 매우 명확하게 정리된 형태였

기 때문에, 많은 사람들이 그것을 무시할 수 없었을 뿐입니다."

"수송이 인산화와 관련이 있을지도 모른다고 진지하게 생각하게 된 데에는 두 가지 이유가 있습니다. 첫 번째 이유는 순수한 과학적 동기에서 비롯된 것입니다. 당시 뛰어난 생화학자들이 고에너지 중간체를 찾고 있었지만, 제가 이해하는 바로는 그 중간체가 존재한다는 명확한 근거는 전혀 없었습니다."

Q 과연, 선생님은 고에너지 중간체의 존재를 무턱대고 믿지는 않으셨군요.

A "증거가 충분하지 않았어요. 제 견해로는 현재도 사이토크롬 산화효소나 프로톤 펌프(막 바깥으로 수소이온을 퍼내는 메커니즘)라고 하는 증거 역시 전적으로 불충분하다고 봅니다. 이런 의견은 지금도 여전히 소수 의견에 속하지만, 그 당시에도 저는 소수파였습니다. 불안정한 중간체의 존재를 증명해야 할 과학적 이유는 그때도 지금도 마땅히 없다고 생각했습니다. 또 하나 중요한 이유는, 당시 대부분의 생화학자들이 생체막을 통한 수송 과정을 대사와는 매우 다른 것으로 보고 있었다는 점입니다. 하지만 저는 '산화적 인산화가 수송 현상의 일종이라면 얼마나 멋진 일일까'라는 생각을 했습니다. 만약 그 가설이 사실이라면 수송 과정 자체가 훌륭한 생화학적 주제가 되는 것이니까요. 그것이 바로 제가 이 이론을 제안하게 된 이유였습니다."

산화적 인산화의 메커니즘을 해명하는 것은 매우 중요한 과제로, 많은 생화학자들이 이 문제에 몰두하고 있었다. 만약 이 질문에 대한 정답을 밝혀낼 수 있다면 노벨상 수상은 거의 확실하다고 여겨질 정도였다. 몇몇 저명한 생화학자의 연구실에서는 고에너지 중간체를 찾아내려고 많은 대학원생과 박사 과정의 연구자를 동원해, 동물로부터 대량의 미토콘드리아를 추출하고 실험을 계속하고 있었다. 인력, 설비, 자금 면에서 본다면 미첼은 그들과는 비교도 안 될 정도로 열악한 조건에 놓여 있었고, 도저히 경쟁이 될 것 같지 않았다.

미첼의 안내로 연구소를 둘러보았다. 실험기구는 모두 손수 만든 것들이었다. 그는 저온실을 가리키며 "푸줏간에서 쓰던 냉장고입니다"라고 말했다. 그렇게 푸줏간 냉장고, 원심분리기, pH미터 등 간단한 장비만으로 이 연구소는 출발했던 것이다.

Q 고에너지 중간체의 존재를 믿었던 연구자들 가운데는, 쟁쟁한 권위자들이 모두 포함되어 있었습니다. 이를테면 슬레이터(E. C. Slater), 찬스(B. Chance), 보이어(P. D. Boyer), 레닌저(A. L. Lehninger), 라커(E. Racker), 그린(D. E. Green) 등 많았습니다. 그런 상황에서 스스로 외톨이라고 느끼지는 않으셨습니까?

A "그건 물론 잘 알고 있었어요. 그러나 제가 생각하고 있던 것이 진실일지도 모른다고 믿었기에, 제 생각을 바꿔야 한다는 필요성은 전혀 느끼지 않았습니다. 대개의 사람이 한 가지 일을 생각하고 있을 때, 자기만이 다른 것을 생각했다고 합시다. 그 생각이 틀렸을 가능성을 염두

에 두게 되지요. 저 역시 그럴 수 있다고 생각했습니다. 그렇지만 설령 제 생각이 틀린 것으로 드러난다고 해도, 저는 그것을 두려워하지 않았습니다."

"제가 킬린을 존경하는 이유는, 그가 아이디어의 가치를 판단할 때 권위자의 지지 여부가 아니라, 아이디어 그 자체의 핵심을 중요하게 여겼기 때문입니다. 진실을 추구하는 데 충실하고자 한다면, 그 아이디어를 지지하는 사람이 극히 소수이거나, 권위자가 아니라고 해서 신경 쓸 필요는 없습니다. 아이디어란 어린아이처럼 스스로 성장해 가는 것입니다. 전혀 권위가 없는 사람이 내놓은 것이라도, 그 아이디어가 좋다면 결국 중요한 것으로 받아들여지게 됩니다. 이것이 제가 늘 생각해 온 것이고, 지금도 소수파로서 여전히 그렇게 믿고 있는 부분입니다.

사실 그 당시에도 제 생각이 틀린 방향으로 나아가고 있을지도 모른다는 건 잘 알고 있었어요. (웃음) 운이 좋아서 결과적으로 옳았던 것뿐입니다. 노벨 화학상이라면 진정한 수상 자격이 있는 사람은 생거(F. Sanger)입니다. 그는 1958년과 1977년에 두 번이나 수상했고, 언제나 명확한 목표를 가지고 연구했지요. 저 같은 사람은 어쩌다 보니 잘못 상을 받은 것일지도 모릅니다. (웃음)"

Q 무척 겸손해하시는데, 선생님이 하신 일은 매우 위대한 것이라고 생각합니다. 혹시 의식적으로 소수파가 되려고 하신 건가요?

A "아니요, 아닙니다. 아마 그 이유 중 하나는, 제가 사용한 방법이 생물학에서는 전혀 일반인 것이 아니었고, 오히려 물리학에서 흔히 쓰

이는 방법이었기 때문일 것입니다. 제가 하려 했던 방법은, 어떤 의문에 대해 가능한 해답을 정식화하는 일이었습니다. 거기서부터 가설을 세우고 실험을 통해 그 가설을 확인하는 것이지요. 이런 방식은 흔히 다른 연구자들의 견해와 어긋나게 마련입니다. 왜냐하면 이 방법은 기존 지식으로는 해결할 수 없다는 사실을 드러내기 때문입니다. 그래서 결국 기존과는 다른 견해를 정식화하지 않으면 안 될 때가 왔다고 느끼게 됩니다. 이것이 제가 소수파가 된 이유의 하나일 것입니다."

"생체에너지학은 중요한 방법이라고 생각하지만, 저는 생체에너지학의 분야에서 벗어나고 싶다는 생각을 하고 있습니다. 생체에너지학에서는 에너지를 마치 회사의 대차대조표에 있는 숫자처럼 다룹니다. 시스템에 들어오는 수입액은 시스템의 일반적인 활동 수준에 대한 어떤 정보를 제공해 주지만, 실제로 무엇이 생산되고 있는지에 대한 정보는 제공해 주지 못합니다. 이와 마찬가지로 생체에너지에서 말하는 에너지는 이동한 거리에 작용한 힘을 곱해서 얻어집니다.

저는 지금 생화학적 과정의 메커니즘 자체에 더 직접적인 흥미를 갖고 있습니다. 힘과 거리를 한데 뭉치지 않기로 하는 것입니다. 이 둘은 공간에서 방향을 가지고 있습니다. 일단 곱셈을 해 버리면 방향과 공간이 사라지고 에너지만으로 되어 버립니다. 제가 흔히 다른 연구자와 전적으로 다른 점은, 개념적으로 방향을 바꾸고 싶다고 생각하고 있기 때문입니다. 대부분의 연구자들은 어떤 실험이 진보를 가져다줄지 곰곰이 생각해 보지도 않고 실험을 시작합니다. 하지만 저는 어떤 사태에 대해서는 전혀 다른 관점을 취하는 것이 도움이 될 수 있다고 자주 생각합니다. 그런 다음에야 비로소 '지금 어떤 실험이 적절한가'라는 질문을 던지게 되는 것이지요."

Q 선생님의 생각은 칼 포퍼(Karl R. Popper, 빈 출생의 영국 철학자)의 기준과 잘 일치하는 듯 보이는데요…….

A "전적으로 그렇습니다. 1956년에 이곳에서 함께 일하던 한 학생이 어느 날 갑자기 이런 말을 했습니다. '선생님은 포퍼를 완전히 소화하고 계시군요.' 저는 물론 포퍼라는 이름은 알고 있었지만, 그가 정확히 어떤 일을 했는지는 선뜻 떠올릴 수 없었습니다. 그래서 포퍼의 저작을 다시 읽기 시작했고, 곧 제가 그때까지는 '포퍼의 인용자'에 불과했다는 걸 알았습니다. 그때부터 저는 포퍼가 옳았다는 걸 강하게 느끼게 되었지요. 그의 과학 발전에 대한 사고방식은 매우 심오하고도 정확하며 매우 유용하다고 생각합니다. 저는 거의 포퍼와 같은 관점에 서게 되었고, 그의 생각은 제게 매우 자연스러운 것이었습니다. 물론 그 생각에 독립적으로 도달한 것이긴 했지만요…….

저는 독일의 철학자 찰스 케이 오그던(Charles Kay Ogden)과 리처즈(I. A. Richards)의 『의미의 의미』(The meaning of meaning)라는 책을 읽고 있었습니다. 그 책은 확실히 1926년에 출판되었고, 포퍼의 견해와 아주 비슷한 세 가지 세계가 묘사되어 있습니다. 저는 포퍼에게 편지를 보내 오그던과 리처즈의 책과 어떤 관계가 있는지 물어보았지요."

여기서 미첼은 자신의 논문이 별도로 인쇄된 것을 꺼내 보였다. 그 안에는 오그던과 리처즈의 세 가지 세계에 대한 그림이 그려져 있었다.

A "이들의 관계는 제가 포퍼에게 배운 것이지만, 그의 원래 아이디어가 아니라, 훨씬 전에 독일 철학자들이 이미 지적했던 내용입니다. 여기서 매우 의미심장한 것은 심벌과 현실 세계 사이에는 직접적인 관계가 없고, 의식이 그것을 매개한다는 사실입니다. 그래서 제가 포퍼의 견해를 따르고 있다고 말씀하실 수 있겠지만, 그 답은 '아니요'입니다. (웃음) 저는 킬린의 견해를 계승한 것이며, 그건 제게 자연스러운 일이었습니다."

"뭔가 어려운 일을 생각하는 것은 매우 흥분되게 만듭니다. 지식은 훌륭한 인간의 삶을 위한 것이기 때문이지요. 개개인은 다른 사람들의 어깨 위에 서 있습니다. 과학은 냉철한 이성적 활동이 아니라, 훌륭한 인간적이고 사회적인 활동입니다. 그러므로 지나치게 독창성을 주장하는 것은 잘못된 일입니다. 하지만 그것을 주장하고 이성적으로 증명하려는 것은 허용된다고 생각합니다. 지식은 튼튼한 기반 위에 서야 하지만, 만약 그 기반이 잘못되었다고 판단되면, 우리는 다른 기반으로 옮겨갈 수 있습니다."

Q 지금까지 '나의 원래 아이디어는 아니다'라고 여러 번 말씀하셨는데, 사실 저는 선생님이 원래 아이디어를 많이 가지고 있다고 생각하는데요…….

A "저는 사람이 사물에 대한 새로운 관찰 방법을 진보시키려고 힘쓰지 않았다는 점을 굳이 주장하려 했던 것은 아닙니다. 그 관찰 방법이란 좀 더 예술적이며, 마음과 밀착되어 있고, 즐거움이 많은 것입니다. 과학의 가장 큰 즐거움은 아마 그런 인간성의 훌륭한 사용 방법이라고 생각합니다. 그것에 의해 모델은 보다 현실에 접근하고, 이해가 깊어져 갑니다. 그러나 아무도 생각하지 못한 영역에 대해 무엇인가를 공헌한다는 일은 상상할 수 없습니다. 저는 그런 종류의 아이디어가 있다고는 생각하지 않습니다."

미첼은 아인슈타인(A. Einstein)이 상대성이론을 생각했을 때도, 아인슈타인 자신은 혁명적인 이론이 아니라는 입장을 고수하려 했다고 설명했다. 또한 최소한의 변화를 추구하는 것이 젊은 연구자가 유념해야 할 사항이라고 말했다.

Q 화학삼투압설은, 제게는 생물학에 뭔가 물리학에서 사용되는 '장(場)'과 같은 개념을 도입한 것처럼 느껴집니다. 전기장이나 자기장 같은 것 말입니다. 이것이 아마 선생님 이론의 핵심인 듯한 생각이 듭니다.

A "그래요. 찬성입니다. 화학삼투압설이 시도한 것은 화학반응의 개념과 수송 개념의 통합이었습니다. 여기서 목표는 화학을 수송의 장(場)으로 도입하는 것이었습니다. 이는 수송을 화학적으로 설명할 수 없다고 생각하는 화학자들에게는 놀라운 일이 될 수 있습니다. 수송

에서는 공간적인 설명이 필요합니다. 모든 것은 공간을 이동합니다. 반면 화학 이론에서는 단순히 화학반응을 추적할 뿐, 공간을 이동하는 개념은 필요하지 않습니다. 예를 들어 시험관에 붉은 용액이 있고, 그것이 파란색으로 변할 뿐입니다. 이것이 화학적 전환에 대한 일반적인 태도입니다."

"화학삼투압설에서 화학반응은 화학적 구성 요소들이 공간 속에서 재배열되는 과정으로 이해됩니다. 당신은 이 반응이 장이나 힘과 관련이 있다고 언급했지만, 앞으로는 에너지보다는 힘에 의한 공간적 변위로 이해할 필요가 있습니다. 이것은 생물학에서 매우 흥미롭고 중요한 점이라고 생각합니다. 왜냐하면 누구나 궁극적으로 생물 개체가 부분들로부터 어떻게 완성되는지를 이해하고 싶어 하기 때문입니다. 예를 들어 나무는 어떻게 서 있으며, 왜 잎은 바람에 흔들리면서도 쓰러지지 않는가? 동물의 세계는 더 활동적입니다. 화학에서는 활동적인 일이 일어나지 않지만, 수송에서는 일어납니다. 그래서 생물학적 영역에서 일어나는 모든 일을 이해할 수 있는 하나의 개념적 지식이나 틀을 갖고자 하는 것입니다."

Q 정말 멋진 일이군요.

A "우리의 세계는 공간에서 세 개의 차원, 시간에서 하나, 모두 네 개의 차원을 가지고 있습니다. 화학의 세계에 공간의 차원을 도입하는 것입니다."

정오가 지나자, 그는 점심을 대접하겠다며 나를 거실로 안내했다. 부인은 이미 테이블을 정리해 놓고 있었다. 닭찜과 쌀밥, 커다란 쟁반에 샐러드가 준비되어 있었다. 미첼은 백포도주를 꺼냈다.

거실은 한쪽 벽이 선반으로 가득 채워져 있었고, 많은 도자기와 유리병이 장식되어 있었다. 그는 이 건물을 샀을 당시의 거실 모습을 담은 사진을 보여주었다. 사진 속에는 황폐한 곳간처럼 보이는 장면이 담겨 있었다. 자세히 살펴보니, 입구 위치 등은 현재의 거실과 거의 일치했지만, 사진 속 거실은 상상할 수 없을 정도로 쾌적한 공간으로 변해 있었다.

그린연구소를 창설했을 때, 그는 건물의 수리 작업에도 직접 참여했다. 2년 동안 모든 과학 연구를 중단했다. 그는 건축을 취미 중 하나로 삼고 있으며, 생물학 외에도 건축, 인간관계의 과학, 경제학 등 다양한 분야에 관심을 가지고 있었다.

서둘러 점심을 마친 뒤 밖으로 나왔다. 사진을 몇 장 더 찍으려 카메라를 챙기니, 일찌감치 차에 올라탄 그가 빨리 타라고 재촉했다. 시간이 없었다. 차는 빠른 속도로 역을 향해 달렸다. 플랫폼에는 이미 기차가 들어와 있었다. 내가 오르자마자 기차는 출발했다. 안절부절못하며 지켜보고 있었을 미첼에게 나는 힘껏 손을 흔들었다.

광범위한 이론을 찾아서

- 1981년, 화학반응 과정에 대한 이론적 연구 -

후쿠이 겐이치
(福井謙一, Kenichi Fukui)

- 1918년 10월 4일, 일본 나라현에서 출생. 구제(舊制) 오사카 고등학교를 거쳐
- 1941년 교토(京都) 제국대학을 졸업
- 1943년 동 대학 강사로 임용
- 1945년 조교수로 승진
- 1951년 교수로 임명
- 1981년 일본 문화훈장 수상
- 1982년 교토 공예섬유대학 학장으로 취임

노벨상 수상자는 매년 10월 중순경에 발표된다. 시차 관계로 일본에는 외신이 밤에 들어온다. 일본인이 수상할 가능성이 있을 때, 각 보도기관은 미리 취재 준비를 갖추고 있다. 그러나 1981년 화학상 수상자가 발표되었을 때, 보도진이 허둥지둥 교토 시내에 있는 후쿠이(福井謙一)의 자택으로 달려가야 했다. 그의 수상은 일본 내에서 거의 하마평(下馬評)에도 오르지 않았다.

그러나 수상 연구로 인정받은 화학반응 이론은 넓은 범위를 다룰 수 있는 보편적인 이론으로, 화학에서의 근본적인 원리를 설명한다. 이 연구는 지극히 독창적이라는 평가를 받고 있다.

화학결합에는 이온결합과 공유(共有)결합 등의 종류가 있다. 이온결합은 양전하와 음전하를 띤 원자 또는 분자(이온)가 전기적인 힘에 의해 결합을 형성하는 것이다. 공유결합은 어떤 원자나 분자의 전자가 다른 원자 또는 분자로 퍼져 들어가면서 전자가 서로 공유되어 결합을 이루는 방식이다.

1930년대까지는 분자 내 전하가 부분적으로 치우쳐 있을 경우, 양의 부분과 음의 부분이 서로 접근해 그 지점에서 화학결합이 형성된다는 사고방식이 등장했다. 원자는 원자핵 주위를 전자가 돌고 있으며, 화학결합을 형성하는 것은 바로 이 전자이다. 분자 내 전하의 치우침은 곧 전자의 분포가 치우쳐 있음을 의미한다. 이러한 관점을 바탕으로 한 이론은 (유기)전자설[(有機)電子說]이라 불리게 되었다.

그런데 방향족 탄화수소라고 불리는 물질의 반응에서는 전자설만으

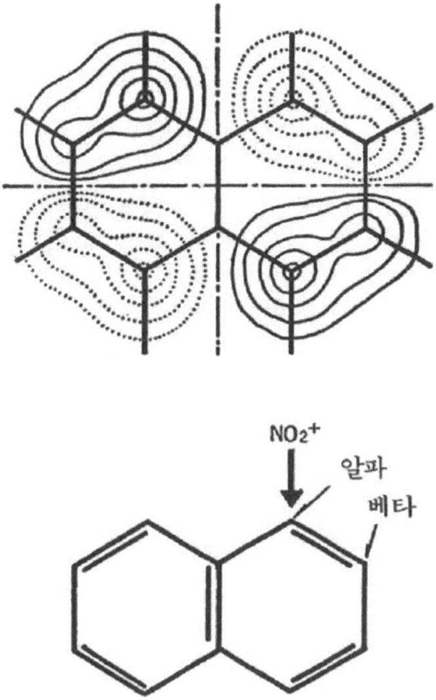

나프탈렌의 니트로기 치환 반응. 알파 위치에서 선택적으로 일어난다. 우리는 나프탈렌의 HOMO에서 전자밀도가 높은 부분과 실제 반응이 일어나는 위치가 일치함을 알 수 있다.

로는 설명되지 않는 현상이 나타난다. 방향족 탄화수소란 벤젠, 나프탈렌, 아트라센 등과 같이 벤젠고리를 포함한 탄화수소를 말한다.

이를테면 벤젠고리 두 개가 결합한 형태인 나프탈렌을 나이트로화(化)하는 반응에서는 니트로기(基)와 치환될 수 있는 수소 원자가 8개 있다. 분자의 대칭성을 고려하면 수소가 결합된 위치에 따라 구분되는 경

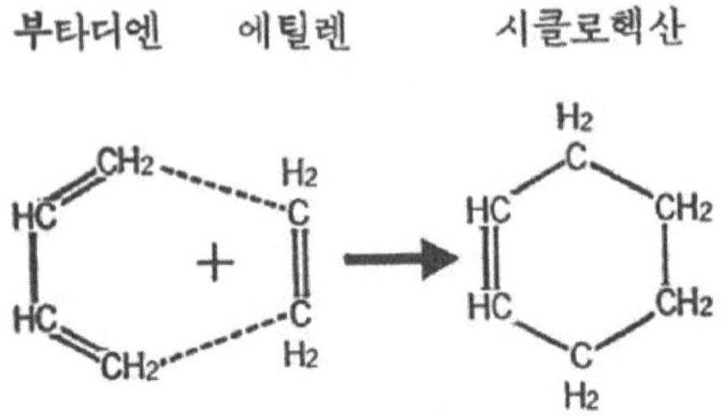

딜스-알더 반응의 원형인 부타디엔과 에틸렌의 반응

우는 두 군데뿐이며, 각각의 탄소를 α, β로 나타낸다. 나프탈렌은 탄소와 수소만으로 이루어진 대칭적인 분자이므로 전자의 분포에는 치우침이 없다. 전자설의 관점에서 보면 어느 수소가 니트로기로 치환되어도 괜찮은 것이다. 그런데 실제 반응이 일어나는 위치는 거의 대부분 알파(α)의 자리였다.

후쿠이는 전자설처럼 전자를 전체적인 전하로만 파악하는 것이 아니라 전자의 오비탈(궤도)에 주목했다. 전자의 오비탈은 에너지에 따라서 구분되며, 그 에너지는 연속적이지 않고 띄엄띄엄한 값을 가진다. 나프탈렌의 결합을 형성하는 것은 파이(π)전자인데, 그는 그중에서도 에너지가 가장 높은 오비탈을 차지하고 있는 전자의 분포를 계산했다. 그러자 α 위치의 전자밀도가 β의 위치보다 높다는 것을 발견했다. 이 반응(친전자 치환반응, 親電子置換反應)에서는 에너지가 가장 높은 오비탈에 위치한 전자가 화합결합 형성에 특별한 역할을 한다는 것이 밝혀졌다.

방향족 탄화수소에서의 친전자 치환반응 몇 가지를 조사해 본즉, 이 규칙이 모두 적용되었다. 이것이야말로 후쿠이 이론의 시초로, 1952년의 일이었다.

또 다른 형식의 반응(친핵자 치환반응, 親核子置換反應)에서는 전자가 들어가 있지 않은 오비탈, 즉 에너지가 가장 낮은 오비탈이 특별한 역할을 한다는 사실이 밝혀졌다.

전자가 차지하고 있는 오비탈 가운데 에너지가 가장 높은 것은 HOMO(호모, 最高被占오비탈)이며, 전자가 비어 있는 오비탈 가운데 에너지가 가장 낮은 것은 나중에 LUMO(루모, 最低空오비탈)라고 불리게 되었다. 이 두 오비탈은 프런티어(frontier) 오비탈이라고 불리며, 화학결합에서는 HOMO와 LUMO가 특별한 역할을 한다는 것이 후쿠이의 프런티어 오비탈 이론(frontier orbital theory)이다.

후쿠이 이론은 더욱 발전하여 1964년에는 딜스-알더(Diels-Alder) 반응과 같이 분자가 고리를 형성하는 반응까지 설명할 수 있게 되었다. 치환반응은 반응이 일어나는 위치가 한 군데인데 반해, 딜스-알더 반응은 두 군데에서 일어난다. 이러한 반응이 왜 원활하게 일어나는지에 대해서는 기존의 이론으로는 설명할 수 없었다. 그러나 발전된 후쿠이 이론은 그 이유를 프런티어 오비탈의 대칭성으로부터 설명했다.

후쿠이 이론은 널리 알려지지 않았으나, 1965년 미국의 우드워드(R. B. Woodward)와 호프만(R. Hoffmann)이 딜스-알더 반응 등을 설명하기 위해 입체선택성(立體選擇性)에 대한 '우드워드-호프만 법칙' 또는 '오비탈 대칭성의 보존법칙'이라고 불리는 이론을 발표하면서 주목받기 시작했다. 후쿠이 이론은 HOMO와 LUMO의 상호작용을 고려함으로써 우드워드-호프만 법칙과 같은 선택법칙을 제시할 수 있었다. 우드워드와 호프만이 그의 연구를 인용하면서 후쿠이의 업적이 널리 알려지게 된 것이다.

또 1970년에는 화학반응이 어떤 경로를 거치는지를 이론적으로 규명하는, 이른바 화학반응 경로 이론에 관한 최초의 논문을 발표했다. 이는 프런티어 오비탈의 상호작용과 화학반응의 경로 이론을 결합하는 연구로 발전하고 있다. 이러한 연구는 화학반응의 본질을 이해하고, 이론적으로 반응을 설계해 새로운 분자를 만들어 내는 연구로 이어지고 있다.

후쿠이는 1982년 교토 대학에서 정년퇴임한 뒤, 교토 공예섬유대학의 학장으로 부임했다. 인터뷰는 이 대학의 학장실에서 이루어졌다. 학장이 된 이후에는 별도의 연구실을 갖고 있지 않지만, 자택에서 계산 작업을 하는 등 여전히 연구를 계속하고 있다.

짙은 감색 양복에 보라색 줄무늬 넥타이 차림의 그는, 역시 학장실의 주인다운 단정한 차림새였지만, 지나친 꾸밈 없이 친근한 인상을 주는 사람이었다. 인터뷰를 마친 후 자택을 방문할 기회가 있었는데, 그가 일본 전통 의상으로 갈아입었을 때는 한층 더 인상적이었다.

Q 화학을 전공하게 되신 건, 아버님께서 교토 제국대학의 기다(喜田源

逸) 교수님과 상의하신 게 계기가 되었다고 들었습니다.

A "제가 고등학교 3학년이었을 때, 아버지께서 먼 친척뻘이 되는 기다 선생님 댁을 찾아가 제 진로 문제를 상의하셨어요. 제가 수학을 좋아한다고 말씀드렸더니, 선생님은 어떻게 생각하셨는지는 모르겠지만, '수학을 좋아한다면 앞으로 화학을 전공할 때 유리할 테니까, 교토에 있는 응용화학 교실에 지원해 보는 건 어떻겠느냐'고 권하셨습니다. 당시에는 화학이라는 학문이 대체로 수학을 싫어하는 사람이 택하는 과목으로 여겨졌습니다. 그런데 매우 고명하신 선생님께서 그런 말씀을 하신 걸 보니, 수학이 화학의 장래와도 관련이 있고, 앞으로는 수학을 좋아하는 사람도 화학 분야에서 충분히 일할 수 있는 시대가 올 것이라는 전망에서 하신 말씀이 아닌가 하는 생각이 들었습니다. 그렇다면 꽤 흥미롭겠다는 생각이 들어, 거의 순간적으로 결정했습니다."

"그렇게 되기까지에는 수많은 과정을 거쳐야 했습니다. 중학교 시절에는 『파브르 곤충기』를, 고등학교 때는 푸앵카레(Jules Henri Poincaré)의 책들을 읽으며, 응용적인 것보다는 주지주의, 다시 말해 과학을 위한 과학이라는 이상을 동경하는 경향이 있었습니다. 특히 파브르(Jean Henri Fabre)는 곤충 관찰을 통해 주지주의를 실현한 인물이라고 생각하는데, 그는 훌륭한 화학자이기도 했습니다. 그런 점도 제가 화학을 선택하게 된 하나의 계기가 되었던 것 같습니다. 물론 이것은 나중에야 깨달은 사실입니다."

Q 수학은 어릴 적부터 좋아하셨지만, 화학에는 처음부터 흥미가 있

으셨던 건 아니었군요.

A "한 번도 없었습니다. 특히 고등학교 시절에는 화학을 아주 싫어했고, 수학이나 물리학 쪽이 훨씬 더 재미있다고 느꼈습니다. 대학에 들어가서도 응용화학 공부에는 그리 열중하지 않았고 주로 기초적인 공부만 했습니다. 저에게 결정적인 영향을 주신 분은 기다 선생님이었습니다. 저는 자주 선생님 댁으로 찾아갔지요. 선생님께서는 말씀이 많으신 편은 아니었지만, '응용을 잘하려면 기초를 단단히 다져야 한다'는 말씀을 늘 하셨습니다. 그 말씀을 제 나름대로 해석해 지금 학생인 동안에는 기초를 탄탄히 다져야겠다고 생각했고, 화학의 기초란 물리학과 수학일 것이라고 여겨 역학 같은 과목에 특히 힘을 쏟았습니다."

"졸업하고 11~12년쯤 지나자, 제가 배운 것을 실제로 활용할 수 있는 세상이 되었습니다. 그때까지는 자연계에 존재하는 물질을 분석하고, 새로운 물질을 발견하며, 그 구조를 결정하고 합성하는 것이 화학 전반의 한 가지 방식이었습니다. 그런데 화학을 둘러싼 객관적인 환경이 변화하기 시작했습니다. 예를 들어 물리적 측정 장비가 진보하는 한편, 컴퓨터 기술도 크게 향상되었습니다. 이 두 가지가 결합되자, 분석이나 구조결정이 예전과는 비교할 수 없을 수월해졌습니다. 또한 화학의 또 다른 방향인 이론적 접근, 즉 여러 현상을 이론적으로 사고하고, 복잡한 성질들을 잘 정리하고 통합하여 그 본질을 파악하려는 시도도 함께 진보해 왔습니다. 그런 시대가 되자, 제가 학생 시절부터 공부해 온 것들이 큰 도움이 되었습니다."

(Q) 대학원 시절에는 이론화학 쪽으로 연구 방향을 옮기셨던 건가요?

A "1941년에 공업화학과를 졸업하고 구제(舊制) 대학원에 들어가, 새로 생긴 연료화학을 전공했습니다. 연료화학과 대학원의 지도 교수는 고다마(兒玉信次郞) 선생님이셨습니다. 고다마 선생님은 연료화학과가 창설될 당시 스미토모(住友) 화학에서 초빙되어 기다 선생님을 도와 연구와 교육을 함께 맡고 계셨지요. 그런데 대학원에 들어가자마자 단기 복무로 군에 징집되어, 도쿄에 있는 육군 연료연구소로 가게 되었습니다. 2년 뒤인 1943년에 강사로 임용되었고, 이후에는 도쿄의 육군 연구소에 근무하면서 동시에 대학에서도 강의를 맡은 형태로 두 곳을 오가며 일했습니다."

"저는 군 연구소에서도 기초적인 연구를 맡아 진행했습니다. 그것은 탄소와 수소로 이루어진 화합물인 탄화수소의 기본 구조를 촉매를 사용해 바꾸는 일이었습니다. 곧은 사슬 형태의 구조를 가지가 달린 '분지형' 구조로 바꾸는 것이었지요. 이처럼 가지가 달린 구조에서 만들어진 연료는 옥탄가가 높아, 항공기 연료로서 매우 우수한 성능을 발휘합니다. 해당 연구는 2년 6개월 만에 성공을 거두었습니다. 탄화수소에 대한 이 연구 경험은 훗날 프런티어 오비탈 이론을 발견하는 데에도 결정적인 계기가 되었습니다."

"화학에서는 100종이 채 되지 않는 원소의 조합만으로 수백만 종에 이르는 화합물이 알려져 있으며, 그 수는 지금도 계속 늘어나고 있습니다. 더욱이 이들 화합물이 서로 결합해 화학반응을 일으킵니다. 그

반응의 종류는 실로 헤아릴 수 없을 만큼 방대합니다. 이처럼 복잡하고 다양한 화학반응을 잘 정리하고, 그 안에서 일정한 규칙성을 발견하려는 시도는 화학자라면 누구나 추구하는 목표였습니다.

이러한 작업을 훌륭하게 수행한 인물이 바로, 1947년 노벨 화학상을 수상한 영국의 로버트 로빈슨(R. Robinson)입니다. 그가 노벨상을 수상한 연구 분야는 알칼로이드에 대한 것이었지만, 이른바 '영국 학파'로 불리는 로빈슨의 연구 그룹은 '유기전자설'이라는 탁월한 이론 체계를 정립해 냈습니다. 이 유기전자설은 유기화합물의 성질과 반응을 체계적으로 설명하고 정리할 수 있는 매우 유용한 이론으로, 화학은 이로 인해 말로 다 표현할 수 없을 정도로 큰 혜택을 입었습니다. 이 이론 체계는 1930~1940년대, 곧 제가 대학을 졸업하던 무렵까지 거의 완성되었으며, 이후에는 이를 바탕으로 다양한 화학반응으로 확장하고 응용해 나가려는 시기가 본격적으로 시작된 것입니다."

"그런데 탄화수소는 전자설의 관점에서 보면 매우 다루기 힘든 대상이었습니다. 탄화수소는 양전하나 음전하의 뚜렷한 분포가 없고, 전자 밀도가 전체적으로 균일하기 때문입니다. 전자가 집중되거나 여분으로 저장될 수 있는 특별한 위치도 존재하지 않습니다. 저는 이러한 점에 주목하지 않을 수 없었습니다. 사실 연료화학교실의 주된 목적은 석유화학이었고, 석유의 주성분은 탄화수소였습니다. 더구나 저는 그때까지 탄화수소를 대상으로 오랜 시간 실험하며 많은 시행착오를 겪어 왔기에 그 성질에 대해서는 누구보다 잘 알고 있었습니다. 전자설은 매우 유효한 이론이지만, 탄화수소의 반응성까지 설명할 수 있도록 확장할 수는 없을까, 그런 생각이 자연스럽게 떠올랐던 것입니다. '착상했다'기보다는, 연료화학교실에 몸담고 있었기에 자연스레 그런 사고로 이어지게 된 것이라 말하는 편이 더 정확하겠지요."

"당시 존재하던 탄화수소 반응에 대한 이론들에 전적으로 찬성할 수가 없어서 늘 불만이었습니다. 전자설이든 무엇이든, 각각의 이론을 넘어서 보다 넓은 범위에서 보편적으로 성립할 수 있는 일반 이론은 없을까, 그런 생각을 하고 있었습니다. 탄화수소에도 여러 가지 종류가 있는데, 특정한 종류의 탄화수소에만 적용 가능한 이론으로는 만족할 수 없었던 것이지요."

Q 전자를 전체로서 관찰하는 것이 아니라, 오비탈에 착안해야 한다고 생각하셨던 것이군요.

A "그렇습니다. 그것은 전적으로 우연한 착상이었습니다. 그 착상은 자연과학에서는 매우 일반적인 것입니다. 자연과학의 역사를 보면, 이를테면 분자를 원자로 분할하고, 원자를 다시 원자핵과 전자로 분할하는 식으로, 거시적인 것에서부터 미시적인 것까지 모두 분할을 통해 발전해 왔다고 할 수 있습니다. 현대에 이르러서는 단지 분할하는 데 그치지 않고, 그 분할을 통해 본래의 자연을 재현해 내야만 합니다. 저는 이 과정을 '재통합'이라고 부르고 있습니다."

"전체 전자밀도의 총합만으로는 설명이 잘 되지 않기 때문에, 그렇다면 이를 분할해서 접근하는 것은 자연스러운 추세라고 말할 수 있습니다. 당시에는 유기전자설이 눈부신 성공을 거두고 있었기 때문에, 그 이론에 의문을 제기하는 사람은 거의 없었을 것이라고 생각합니다. 저는 전자설이 그것 나름대로 매우 높은 가치를 지닌 이론이라고 보았습니다. 하지만 공유결합은 전자가 상대 분자 쪽으로 퍼져 들어가지 않으면 성립되지 않습니다. 이온결합의 경우에는 두 분자가 단순히 가까이 오기만 해도 결합이 가능하지만, 공유결합은 단순히 가까워진다고 해서 안정화되는 것이 아닙니다. 가까이 다가감으로써 안정화되어 생성되는 화합물도 있으며, 그것이 바로 분자화합물이라 불리는 것입니다. 저는 분자화합물이 형성되는 원인과 일반적인 화학반응의 메커니즘은 동일하게 볼 수 없다는 막연한 생각을 가지고 있었습니다. 아마도 그러한 인식이 전자설적인 사고방식으로 탄화수소의 반응을 설명하려 했던 모든 이론에 대해 불만스럽게 생각했던 원인이라고 생각합니다."

Q 모두가 유기전자설로 충분히 설명할 수 있다고 믿던 상황에서, 어째서 그 이론을 의심할 수 있었던 걸까요?

A "그건 아마도 제가 탄화수소 때문에 많은 어려움을 겪었기 때문일 것입니다. 또 하나의 이유는 유기전자설을 만들어 낸 화학자들이 양자역학에 그다지 밝지 않았던 반면, 저는 학생 시절부터 양자역학을 공부해 왔기 때문이었을 것입니다. 이를테면 공유결합의 성립에 관해서는 유기전자설을 주장하던 화학자들보다 제가 더 깊이 생각해 보았다고 할 수 있겠지요."

"단순히 양전기와 음전기가 서로 끌어당긴다는 것만으로는 충분히 설명이 되지 않는다는 생각에서 분할을 시작한 것입니다. 이 경우 오비탈로 나누는 것이 가장 자연스러웠습니다. 제 머릿속에는 하나의 아날로지(analogy)가 떠오르고 있었습니다. 원자와 원자가 결합해 분자를 만들 때, 그 원자가 가지고 있는 전자가 모두 동등하게 관여하는 것은 아닙니다. 에너지 높은 전자, 즉 원자가전자(原子價電子)가 결정적으로 관여합니다. 바로 그 지점에서 분할이 이루어지는 것이지요. 에너지가 낮아 원자핵에 결합되어 있는 전자들과, 에너지가 높아 바깥쪽을 자유롭게 움직이는 전자들 사이에 분할이 이루어지며, 이 바깥쪽 전자가 공유결합의 성립에 기여합니다. 이는 매우 자연스러운 일입니다. 에너지가 높은 바깥쪽 전자이기 때문에야말로, 다른 원자로 옮겨가거나 퍼져 들어갈 수 있는 것입니다. 이러한 전자가 공유결합의 성립 원인이라는 것은 당시에도 누구나 알고 있던 사실이었습니다."

Q 최외각(最外殼)전자가 결합을 만드는 것이라고 우리는 배우고 있지요.

A "네, 저도 단순하게 그 개념을 분자 간의 결합에도 적용해 본 것에 지나지 않았습니다. 그런 이론이 당시까지 존재하지 않았다는 사실이 오히려 저에게는 이상하게 느껴졌습니다. 어떤 이론이나 주장이 이미 존재하는지 여부는, 실제로 논문을 제출하고 여러 반응을 살피보지 않으면 좀처럼 알 수 없는 것입니다. 아무리 사소한 내용이라도 이미 발표된 논문이 있다면 선취권을 잃게 됩니다. 그것이 가장 걱정스러웠습니다."

Q 최외각전자는 HOMO를 의미하는 것이겠군요. 그리고 LUMO도 있습니다. HOMO를 착상하게 되면 HOMO와 LUMO 사이의 상호작용까지 생각이 미쳤던 건가요?

A "그 부분에는 좀 시간이 걸렸습니다. 나프탈렌의 경우, 당시 잘 알려져 있던 반응은 전자를 받아들이기 쉬운, 즉 양전하를 띤 시약과의 반응이었습니다. 이때는 상대가 전자를 받아들이기 때문에 당연히 나프탈렌의 HOMO가 중요한 역할을 하게 됩니다. 그래서 1951년 무렵에는 HOMO만을 염두에 두고 있었습니다. 그러나 1952년에 논문을 발표한 뒤, 1953년 도쿄에서 열린 국제 이론물리학회 중 하코네에서 개최된 원자·분자 물리학 심포지엄에서 처음으로 LUMO에 대해 발표할 기회가 있었습니다. 당시에는 아직 HOMO와 LUMO라는 이름이 붙여지지 않았지만, 이 경우에는 전자를 많이 가진, 즉 음전하를 띤 반응종이 나프탈렌에 작용하는 상황이었기 때문에, 자연스럽게 나프탈렌의 LUMO가 반응에 효과적으로 관여할 것이라고 생각하게 된 것입니다."

Q 친핵적 반응이군요.

A "네, 그렇습니다. 실제로 논문으로 발표된 것은 1954년이었기 때문에, 그사이에 다소 간격 있었습니다."

Q 최초의 논문을 쓰고 있을 당시, 기다 선생님께서 "이걸 발전시켜 나가면 노벨상도 받을 수 있을 거야"라고 말씀하셨다던데요?

A "아닙니다. 그렇게 분명하게 말씀하시진 않았습니다. 1952년에 첫 논문이 나왔을 때, '재미있는 일을 했습니다'라며 선생님께 말씀드린

적이 있습니다. 그때 선생님은 병상에 계셨고, 어렴풋이 그런 말씀을 하신 기억이 나긴 합니다. 하지만 당시에는 병세가 많이 위중하셔서 어쩌면 꿈결처럼 떠오른 생각을 말씀하신 것일지도 모르겠습니다. 선생님은 그해에 세상을 떠나셨습니다."

Q 혹시 스스로 '노벨상 감'이라고 생각해 보신 적은 없으셨나요?

A "그런 생각은 하지 않았어요. 그때는 아직 너무 젊었으니까요."

Q 그렇지만 그 이론은 일반적인 법칙으로 발전할 수 있는 가능성을 지니고 있었던 만큼, 언젠가는 널리 알려질 거라고 예상하지 않으셨습니까?"

A "아니요, 거기까지는 예측하지 못했어요. 다만 처음부터 일반성을 염두해 두고 있었기 때문에, 다음 단계에서는 전자설을 포함시켜야 한다고 생각했습니다. 전자설만으로는 설명할 수 없는 화학반응이 있기 때문입니다. 예를 들어 분자가 고리를 만드는 딜스-알더 반응이라든가, 이성질화 반응 같은 것들입니다. 이성질화란 제가 전쟁 중에 연구했던 구조 전환 반응을 말합니다. 그런 반응에서는 전하 이동이 일어나지 않지요."

"우선 전자설을 포함시키는 일은 HOMO와 LUMO 개념까지 확장하면 가능하다는 것을 비교적 일찍 알게 되었습니다. 그러나 전자설로는 설명하기 어려운 반응들까지 포함해 이론적으로 설명할 수 있게 된 것은 1964년에 이르러서였습니다. 1964년에 발표한 논문은 딜스-알더 반응에 대해서만 간단히 해설한 것이었지만, 그런 사고방식은 전자설로는 다루기 어려운 다양한 이성질화 반응들까지 원리적으로 포괄할 수 있는 가능성을 보여주었습니다. 그렇기 때문에 1952년에 발표한 첫 논문에서는 HOMO만이 머릿속에 있었고, 이후 HOMO와 LUMO 개념으로 확장한 논문이 별도로 존재합니다. 저는 1964년의 논문이 제 연구에서 '두 번째 큰 도약'이었다고 생각합니다. 그렇게 이론의 범위가 넓어지자, 제가 별도로 설명하지 않아도 다른 나라의 실험 화학자들이 제 이론을 활용해 주기 사용해 주기 시작했습니다. 그때부터 연구가 순조롭게 진전되었고, 저도 점점 자신감을 가지게 되었습니다."

Q 우드워드와 호프만의 연구도 큰 도움이 되었던 것 같더군요.

A "그렇습니다. 1964년에 발표한 제 논문은 처음엔 거의 주목받지 못했지만, 1965년에 우드워드와 호프만의 논문이 발표되면서 상황이 달라졌습니다. 그들의 논문이 나오자 1964년에 나온 제 논문은 물론이고, 1952년에 쓴 첫 논문까지도 함께 주목받게 되었습니다. 저는 그것이 노벨상 수상에도 상당한 영향을 주었다고 생각합니다."

Q 그 후에는 어떻게 이어졌습니까?

A "제 연구의 궁극적인 목적은 화학반응 이론의 정립이었습니다. 호프만의 연구도, 제 1964년의 연구도 본질적으로는 정성적인 접근에 머물러 있었지요. 그러나 그것만으로는 화학반응 속도를 이론적으로 계산하기에는 한계가 있었습니다. 그래서 어떻게든 정량적인 틀로 확장할 수 있는 방법을 고민하고 있었지요. 때마침 시카고 대학교에서 약 6개월간 강의를 하던 중, 그와 관련된 논문을 집필하게 되었습니다. 그

것이 바로 1970년에 발표된 '화학반응 경로이론'입니다. 이 이론은 화학반응 속도를 이론적으로 계산할 수 있는 기반을 제시한 것입니다."

"우선 화학반응이 어떤 경로를 따라 일어나는지를 정성적인 추정이 아니라, 이론적으로 일의적(一義的)으로 결정하는 것이 목표였습니다. 정성적인 반응 경로에 대해서는 유기화학자들이나, 호프만, 그리고 저희 역시 늘 고민해 오던 부분이었지요. 하지만 정량적으로, 그리고 이론적으로 명확히 하나의 경로를 결정하는 방법은 아주 단순해서 금세 알아냈고, 곧바로 미국화학회의 물리화학 저널에 투고했습니다. 그런 정도의 내용은 이미 누군가 예전에 해놓았을 거라고 생각했는데, 의외로 아무도 다루지 않았던 것 같더군요. 아직도 좀 미심쩍게 생각합니다마는. 10년쯤 더 지나면 확실해지겠지요. (웃음)"

Q 언제나 근본적인 문제부터 짚고 나아간 것은, 처음부터 일반적인 이론을 지향하는 태도를 일관되게 유지해 온 결과일까요?

A "글쎄요. 아주 특수한 문제는 그리 간단하게 풀리지 않습니다. 간단하다는 것은 그만큼 일반성이 크다는 뜻이겠지요. 복잡하고 번잡한 이론은 제 성미에는 맞지 않습니다."

Q 종종 '화학의 비경험화'라는 말씀을 하십니다. 구체적으로는 어떤 형태를 의미하는 걸까요?

A "실험을 하는 사람조차도 자신의 구상을 짤 때, 자신도 모르게 지금까지 화학이 이뤄온 진보의 결과를 머릿속에 떠올리게 됩니다. 본인은 그것을 의식하지 않기 때문에, 자신이 그 혜택을 받고 있다고 느끼

지 못할 수도 있겠지요. 하지만 실제로는 자연스럽게 그 영향을 받고 있는 것입니다. 그러나 자연스럽게 혜택을 입고 있는 것입니다. 그러므로 화학이 어떤 한 방향으로 발전해 왔다는 건 화학 전체에 영향을 끼치고 있다고 생각합니다. 유기화학의 실험은 물론, 생화학에서도 화학의 발전 단계가 이미 무의식 중에 스며들어 있을 것입니다. 지금까지 화학은 자연에 존재하는 물질을 분석하고, 구조를 밝히고, 합성하는 순서로 발전해 왔습니다. 원소의 발견이든, 알칼로이드 같은 천연물의 연구든, 세포 속 단백질이나 핵산에 관한 연구든, 이 모두가 화학 기술의 발전 덕분에 가능해진 것입니다."

"그와 마찬가지로 사물에 대한 사고방식에서도 무의식 중에 새로운 사고방식이 자리 잡고 있습니다. 고등학교 교과서만 보더라도, 우리가 예전에는 알지 못했던 내용들이 이제는 당연한 듯 실려 있지요. 그만큼 사고의 틀이 달라졌다는 뜻입니다. 비경험화라는 것은 어디까지나 하나의 경향을 가리키는 말에 지나지 않지만, 그 영향은 나타나고 있습니다. 예를 들어 생물학 분야에서도 '오비탈'이라는 사고방식으로 여러 가지 생화학의 현상을 설명하고 있습니다. 예를 들어 생물학 분야에서도 '오비탈'이라는 개념을 통해 여러 생화학적 현상을 설명하고 있습니다. 분자의 상호작용을 이론적으로 이해하려고 한다면, 오비탈 개념을 피할 수 없지요. 만약 생화학을 연구하는 사람들이 오비탈 개념을 사용하고 있다면, 그것은 이미 '비경험화'의 흐름을 따라가고 있다는 의미입니다. 다만 본인이 그것을 자각하고 있느냐, 그렇지 않느냐의 차이일 뿐입니다."

"전자설 시대의 전자밀도와 오비탈은 어떻게 다르냐고 묻는다면, 전자밀도는 전체 전자의 분포를 나타내는 것이고, 오비탈은 그것을 분할한 개념이라는 점에서 차이가 있습니다. 전자밀도와 오비탈은 단순히 분할의 관계뿐만 아니라 비경험화라는 흐름을 따르는 진보이기도 합니다. 전자밀도는 X선 회절이나 전자선 회절 등으로 직접 측정이 가능하기 때문에, 경험과 밀접하게 연결된 개념입니다. 그런데 오비탈은 우리의 경험과는 거리가 있는 추상적 개념이지요. 바로 이 점에서 '비경험화'가 일어나는 것입니다. 경험과 멀리 떨어진 개념을 유추하거나 설계, 해석 등에 사용하는 일, 그렇게 하지 않으면 안 되는 상황이 되어 가고 있는 것이 비경험화의 흐름입니다. 우리는 그것을 알아채지 못하고 있지만 세상은 점점 그 방향으로 변화해 오고 있는 것입니다."

"고등학교의 교과서에 오비탈이라는 개념이 등장한다는 사실 자체가, 화학이 이미 비경험화의 노선을 따라 발전하고 있다는 증거입니다. 오비탈은 알기 힘든 개념이지만 그것을 쓰지 않을 수 없습니다. 인간에게는 그런 개념이 낯설고 어딘가 위화감을 줄 수도 있지만, 어쩔 수 없습니다. 이제는 오비탈 없이 화학을 구성하는 것이 사실상 불가능해졌기 때문입니다."

Q 앞으로 화학은 어떻게 발전해 나가리라고 보십니까?

A "앞으로의 화학은 첨단적인 부분, 즉 매우 중요한 문제들이 우리의 경험에서 점점 더 멀어진 분야로까지 확장되어 갈 것이라고 생각합

니다. 그것이 좋은 일인지 나쁜 일인지는 모르겠지만, 피할 수 없는 하나의 흐름이라고 봅니다. 예를 들어 앞으로 새로운 재료화학이 발전한다고 가정해 보면, 그러한 최첨단 분야에서는 해당 학문을 구성하는 데 사용되는 개념들 역시 비경험적인 것이 될 수밖에 없을 겁니다. 과거 화학반응을 정리할 때 오비탈 개념이 필연적으로 도입될 수밖에 없었던 것처럼, 앞으로도 어떤 새로운 비경험적 개념, 혹은 경험으로부터 한층 더 멀어진 개념이 반드시 필요해질 것이라고 생각합니다."

"그리고 지금까지의 화학이나 화학공업 등이 사라지는 것은 아닙니다. 그것들은 앞으로도 계속 발전해 나갈 것입니다. 그러나 기존의 흐름에서 벗어나 새롭게 파생되는 것으로는 두 가지를 생각할 수 있습니다. 하나는 새로운 재료화학이고, 또 하나는 생물학 또는 생리학 등과 관계된 생리활성을 지닌 물질의 화학입니다. 저는 이 두 분야가 앞으로 새로운 관심의 중심이 되어 갈 것이라고 생각합니다."

"응용으로서의 화학공업은 지구라는 하나의 조건 아래서 이루어지고 있습니다. 불과 얼마 전까지만 해도 석유는 무한하며, 에너지도 끝없이 사용할 수 있다는 식의 인식 아래, 무엇이든 효율적으로, 대량으로 변환하는 것이 하나의 지도 원칙처럼 여겨졌습니다. 그러나 이제는 그런 방식이 더 이상 통하지 않는다는 사실이 드러났고, 그에 따라 화학공업이 작동하는 '경계 조건' 자체가 완전히 바뀌어 버렸습니다. 새로운 경계 조건에서의 화학공업은 지금까지의 방향과는 정반대로 전개될 가능성이 큽니다. 기존의 화학공업은 지구에 존재하는 사물의 형태를 변화시킴으로써 그 가치를 높이는 방식이었습니다. 변화를 통해 새로운 가치를 만들어 냈기 때문에, 변화 자체가 중요한 수단이 되었던 것입니다. 하지만 이제는 그러한 물질 변환의 가치가 점점 줄어들고 있습니다. 오히려 불리한 요소가 되고 있는 것이지요. 그렇게 되자 새로운 공업화 가치를 창조하지 않으면 안 됩니다. 저는 앞으로 그러한 새로운 형태의 화학공업이 등장하게 될 것이라고 생각합니다."

Q 이를테면, 석유화학은 앞으로 전망이 없고, 파인 케미컬(fine chemical) 분야로 넘어가야 한다는 말씀이신가요?

A "전망이 없다는 건 아닙니다. 그런 식의 단정은 자칫 오해를 불러일으킬 수 있습니다. 석유화학 공업은 앞으로도 어느 정도는 지속적으로 필요할 것입니다. 우리는 지금도 다양한 합성수지와 합성섬유를 사용하고 있으며, 그것들이 갑자기 사라질 일은 없으니까요. 다만 화학공업 중에서도 첨단 부분, 즉 기술 발전이 큰 충격을 일으키는 분야는 점점 바뀌어 가고, 새로운 공업화 가치의 창조에 기여할 만한 화학공업으로 됩니다. 좀 더 구체적으로 말하면 화학공업을 둘러싼 환경과 조건이 엄격해지는 상황 속에서도 성립 가능한 공업적 가치를 창출할 수 있어야 한다는 것입니다. 다시 말해 화학공업은 필연적으로 '파인화(정밀화)'의 방향으로 나아갈 수밖에 없습니다."

"파인 케미컬이라는 말에는 흔히 '소량으로도 부가가치가 높은 물질'이라는 인상이 따르지만, 꼭 그것만을 의미하는 것은 아닙니다. 이를테면 하나의 준안정적인 물질이 10년, 20년의 수명을 견딜 수 있다면, 그것만으로도 충분히 훌륭한 공업 재료가 될 수 있습니다. 그런 물질은 지금까지 지구상 자연계에는 그리 흔하지 않았던 것들입니다. 예를 들어, 유리 상태의 물질은 대부분 시간이 지나면 결정화되기 마련이지만, 반드시 안정된 결정 상태일 필요는 없습니다. 비결정 상태라도 일정 기간 구조를 유지하며 견딜 수만 있다면, 그것으로도 충분한 가치가 있는 것입니다. 또는 정보(情報) 자체가 가치를 만들어 내는 형태의 화학도 있습니다. 단백질이나 핵산 같은 물질들이 바로 그런 예에 해당합니다."

"미리 말해 두어야 할 점이 있습니다. 화학공업의 장래는 전부 바뀌는 것은 아니며, 지금까지의 화학공업은 존속되는 것이지 결코 없어지는 일은 없습니다. 다만 지구적 분포는 점점 바뀌어 가겠지요. 일본에서 이뤄지던 산업 중에는, 석유가 있는 지역이 아니면 성립되기 어려운 것도 있을 수 있다고 생각합니다."

"화학공업 전체에 큰 영향을 미치는 첨단 분야에서는, 점점 경험으로부터 멀어진 개념을 사용하지 않으면 안 될 정도로 새로운 재료들이 등장하고 있습니다. 예를 들어 전기전도성(電氣傳導性)을 지닌 수지(樹脂)와 같은 경우, 전기전도성을 쉽게 설명할 수 없습니다. 이는 분자량이 매우 큰 데다가, 함께 공존하는 다른 성분들이 작용하기 때문에, 그 조합이 조금만 달라져도 성질이 크게 변화해 버리는 매우 복잡한 현상입니다. 그런 것을 설명하는 개념은 기존의 경험적인 개념만으로는 불안정하며, 점차 경험에서 멀어진 개념을 설계나 유추에 활용하지 않으면 안 되는 상황입니다."

Q 화학을 지망하는 젊은이에게 가장 중요한 것은 무엇일까요?

A "방금 말씀드린 점을 꼭 인식해 주었으면 합니다. 그 점이 제대로 인식되지 않기 때문에, 화학이라고 하면 옛날의 저처럼 거리감을 두게 되는 것입니다. 암기 과목이라든가, 이름이나 구조식을 무조건 외워야만 하는 학문이라는 이미지 말입니다. 그러나 현대 사회에서는, 예전에는 반드시 외워야 했던 많은 것들을 컴퓨터에 저장해 둘 수 있습니다. 물론 경험은 여전히 중요하지만, 정보 수집은 과거보다 훨씬 쉬워졌습니다. 더 이상 무턱대고 외울 필요는 없는 시대가 된 것이지요."

"그보다 더 중요한 건 새로운 분야를 개척해 나가는 능력입니다. 새로운 분야는 지금까지의 화학 개념과는 전혀 동떨어져 있습니다. 예를 들어 기존에 없던 새로운 재료를 만들려면 물리학적인 소양이 꼭 필요하게 됩니다. 새로운 원리에 기초한 초전도현상 같은 것을 머릿속에 그려 보고, 그것을 화학으로 구체화해 나가는 것이지요. 이렇게 흥미로운 학문도 없습니다. 생물 분야에서도 색깔은 다르지만, 마찬가지로 큰 재미가 있습니다. 이러한 점을 제대로 인식한다면 화학만큼 재미있는 학문도 없을 것입니다."

"주의해야 할 일도 있습니다. 화학은 본래 자연에 없는 것을 만들어 내는 것이 임무이며, 천연에 없는 합성품을 만든 덕분에 여러 가지 편리와 안락을 가져왔습니다. 그러나 지금까지 만들어 온 것은, 말하자면 자연에 존재하는 것에 조금 손을 보탠 수준에 불과해, 원리적으로는 자연과 크게 다르지 않았습니다. 하지만 앞으로 앞서 말한 것과 같은 완전히 새로운 물질을 만들게 된다면, 조금만 방심해도 매우 기이한 결과가 나타날 가능성이 있습니다. 이는 생물학에서 자주 하는 말이지만, 화학에서도 결코 방심할 수 없는 일입니다. 그런 점을 주의하는 힘도 역시 화학의 힘입니다. 그것이 가능하냐 여부에 따라, 앞으로 화학공업이 성립될 수 있을지의 갈림길이 될 것입니다."

Q 좋은 연구를 하기 위해서는 무엇이 필요할까요?

A "장래에 비교적 높은 평가를 받을 만한 연구가 될 수 있느냐 없느냐는, 말하자면 '테마의 선택'에 달려 있습니다. 테마의 선택이 결과적으로 부적당하면, 아무리 노력을 해도 그리 좋은 평가를 받지 못하는 경우가 있을 수 있습니다. 또 테마의 선택만 좋다면 그리 큰 고생을 하지 않고도 길이 트여 나가는 수도 있습니다. 그건 하나의 마음가짐이라기보다는 오히려 '선택'입니다. 그 선택에 이르게 되는 원인이란, 결국 지금까지의 자기 자신의 모든 역사의 총괄이라고 생각합니다. 자연과학적으로 말하자면, 인과율(囚果律)의 관점에서, '왜 내가 오른쪽을 선택했는가'를 설명할 수는 없습니다."

"다음으로, 어떤 일을 진행시켜 나갈 때에는 크든 작든 비약이 따르게 마련입니다. 그건 때로는 다른 사람이 하는 일이 힌트가 될 수도 있지만, 거기에 자기의 독창이 더해져야 합니다. 힌트 자체는 어디까지나 사소한 계기에 불과하고, 자신의 발상이 더 큰 일을 반복해 나가지 않으면 안 됩니다. 따라서 남이 하는 일을 공부하지 말라는 말은 아닙니다. 다만 그것은 자신의 비약적 창조를 위한 단순한 계기에 불과해야 한다는 것입니다. 그렇지 않으면 큰 창조로 이어지지 않습니다. 남이 한 일에 약간의 창조를 보태기만 해도, 논문으로는 성립할 수 있기 때문에 많은 과학논문이 있는 것입니다. 그러나 커다란 창조는 논문의 수만으로 저울질할 수 있는 것이 아닙니다."

"창조는 연구자 개인의 두뇌 속에서, 논리에 의지하지 않거나 논리를 초월한 활동을 통해 이루어지는 선택에서 비롯됩니다. 그것은 회의 방식이나 다수결로는 결코 생겨나지 않으며, 마냥 팔장을 끼고 선반에서 떡이 떨어지기를 기다려서는 안 됩니다. 연구자는 온 힘을 다해 체험하고, 학습하며, 정보를 수집하고, 논리적 사고력을 갖추어, 선택의 가능성을 미리 길러 두어야 합니다. 그리고 이러한 태도는 앞에서 말한 내용과도 모순되지 않습니다."

직관의 거인

- 1954년, 화학결합에 관한 연구로 노벨 화학상 수상 -

- 1962년, 핵실험 반대운동을 이끈 공로로 노벨 평화상 수상 -

라이너스 폴링
(Linus Pauling)

- 1910년 2월 28일, 미국 오리건주 포틀랜드에서 출생
- 1917년 오리건 주립대학 입학
- 1919~1920년 정량분석 교사로 활동
- 1922년 오리건 주립대학 졸업
- 1925년 캘리포니아 공과대학에서 박사학위 취득 및 연구원 활동
- 1927년 조교수
- 1929년 부교수
- 1931~1964년 교수
- 1963~1967년 민주제도연구센터 교수
- 1967~1969년 캘리포니아 대학교 샌디에이고 캠퍼스 교수
- 1969~1974년 스탠퍼드 대학교 교수
- 1973년 라이너스 폴링 연구소 소장

캘리포니아주 샌프란시스코 남쪽에 위치하는 팔로 알토. 오늘날 이곳은 실리콘밸리의 중심지 중 하나로 잘 알려져 있다. 4월의 맑게 갠 하늘은 파랗다 못해 투명할 정도였다. 광활한 스탠퍼드 대학교 캠퍼스에서 멀지 않은 곳에 창고처럼 생긴 커다란 건물이 하나 자리하고 있다. 자칫하면 지나쳐 버릴 만큼 소박한 외관에 '라이너스 폴링 과학·의학 연구소'라는 간판이 걸려 있다. 20세기 최고의 화학자 중 한 사람으로 꼽히는 라이너스 폴링(L. Pauling)은 인터뷰 당시 여든세 살인 지금도 이곳에서 연구를 이끌고 있다.

폴링의 연구는 X선 회절을 이용한 광물의 구조 분석에서 시작되었다. 그는 원자들을 결합해 화학물질을 형성하는 화학결합의 원리에 깊은 흥미를 느꼈다. 이후 유럽으로 건너가 양자역학을 본격적으로 배우고, 화학결합의 본질을 양자역학의 관점에서 탐구하기 시작했다.

폴링은 화학결합에 관해 많은 업적을 남겼지만, 특히 유명한 것은 '공명이론(共鳴理論, Resonance Theory)이다. 예를 들어 벤젠 분자를 보면 6개의 탄소 원소가 고리를 이루고 있으며, 이 고리를 단일결합과 이중결합으로 표현하면 두 가지 가능한 구조가 생긴다. 공명이론에서는 이 벤젠 고리가 두 구조가 혼합된 상태에 있다고 본다. 실제로 벤젠 고리의 탄소 원자 거리를 측정해 보면, 단일결합과 이중결합의 중간 길이로 나타난다. 공명이론은 이런 특성을 설명할 수 있을 뿐 아니라, 여러 분자의 구조를 이해하는 데 큰 도움을 주었다.

폴링은 의학적인 문제에도 흥미를 보였다. 그는 낫세포 적혈구 빈혈증(鎌形赤血球貧血症)이 산소를 운반하는 혈액단백질인 헤모글로빈 분자의 이상에서 일어난다는 사실을 밝혀냈고, 이를 통해 분자병(分子病)이라는 용어를 처음으로 제안했다. 헤모글로빈에 대한 연구를 계기로 단백질 분자의 구조에 관심을 갖게 된 폴링은, 결국 알파(α) 나선 구조 모델을 만들어 성공을 거두었다. 헤모글로빈의 입체구조는 맥스 퍼루츠(Max Ferdinand Perutz)가 X선 회절을 이용해 규명했고, 그 공로로 1962년에 노벨상을 수상했다. 그러나 α나선 구조의 발견이라는 관점에서는 폴링이 한발 앞서 있었던 셈이다.

그는 교육에도 열정을 쏟아 직접 초급 학생들을 가르치는 데 힘썼으며, 자신만의 독창적인 관점을 담은 교과서도 집필했다. 그가 쓴『일반화학』은 대학 교재로도 널리 사용되어 왔다.

1954년, 폴링은 화학결합의 본질에 대한 연구, 특히 복잡한 분자의 구조 분석에 대한 업적을 인정받아 노벨 화학상을 수상했다.

당시 일본『아사히 신문(朝日新聞)』에 실린 소개 기사에는 "그는 지금 윌슨 천문대 근처 수영장 물을 전기로 데우는 호화로운 저택에 살고 있다"라고 쓰여 있다. 이런 묘사는 당시 일본의 생활 수준과 감각으로는 상상하기 어려울 만큼 호화롭게 느껴졌을 것이며, 그 점에서 매우 흥미롭다. 폴링은 1962년 노벨 평화상 수상자로 선정되었지만, 수상 절차의 사정으로 실제 시상은 1963년에 이루어졌다. 이 상은 그가 적극적으로 벌인 핵실험 반대운동에 대한 공로를 인정받아 수여된 것이다. 그러나 이러한 평화운동의 영향으로 그는 미국 내 반공주의 광풍이 몰아

치던 시절, 조지프 매카시(J. R. McCarthy)가 주도한 매카시즘의 표적이 되었고, 한때 해외여행조차 제약받는 등 큰 박해를 겪은 적도 있었다.

최근 그는 비타민 C에 열중하고 있다. 그의 저서 『비타민 C와 감기, 인플루엔자』(조학래 옮김, 전파과학사, 『현대과학신서 No. 75』-옮긴이 주), 『암과 비타민C』는 일본어로 번역되어 일본에서도 큰 반향을 불러일으켰다. 그는 비타민 C의 대량 요법이 면역계를 활성화시켜 감기는 물론 암 치료에도 효과가 있다고 주장하고 있다.

폴링의 비타민 C에 대한 몰두는 이미 과학의 영역을 벗어났다는 준엄한 비판을 받기도 한다. 그가 '늙은 대가병(大家病)'에 걸린 것이 아닐까 걱정하는 이들도 있다. 위대한 과학자라 할지라도 만년에는 종종 괴상한 일에 빠져드는 경우가 있기 때문이다.

비서가 있는 바로 안쪽이 폴링의 방이었다. 꽤 널찍한 방이었지만 창문은 없었다. 한쪽 선반 위에는 분자모형이 빼곡히 쌓여 있었다. 벽에는 갖가지 장식품들이 걸려 있었는데 그중에는 한문으로 쓰인 족자도 있었다. 책상 뒤에는 일본의 가타카나로 'L·ポーリング'라고 쓰인 카드가 러시아어로 표기된 그의 이름과 함께 붙어 있었다.

회색 상의 아래에는 감색의 앞이 트인 재킷을 걸치고 있었고, 와이셔츠는 깔끔하게 다름질되어 있었다. 그러나 전체적으로 옷차림은 꽤 오래되고 낡았으며 검소한 인상이었다. 검은 베레모가 인상적인 포인트였다. "2주 전까지 일본에 다녀왔어요"라고 그가 말했다. 역시 나이 탓인지 혀가 잘 돌아가지 않는 듯한 느낌도 있었지만, 말은 또렷했다.

그렇더라도 시차가 있는 일본까지 장시간 항공여행을 다녀올 수 있다는 것은 대단한 기력이다. 일본에서는 주부들을 대상으로 비타민 C의 효용에 대해 강연했다고 한다.

비타민 C에 관한 이야기기는 잠시 접어두고, 그가 갑자기 새로운 아이디어를 떠올린 대표적인 사례로 유명한 α나선 이야기부터 들어보기로 했다. α나선은 단백질의 복잡한 입체구조 속에 나타나는 규칙적인 형태로, 이른바 2차 구조의 일종이다.

Q 단백질의 α나선 구조의 모델을 착상한 건 감기에 걸려서 누워 계시던 때라고 들었는데요.

A "단백질 구조에 관한 연구는 1937년부터 시작했지만, 10년 동안이나 해결하지 못하고 있었습니다. 1948년에 저는 1년 동안 옥스퍼드대학교에서 객원 교수로 지냈지요. 어느 날 감기에 걸려 오전 내내 침대에 누워 있으면서, 다시 그 문제를 떠올리게 되었습니다. 이전에는 X선 회절 사진을 해석하려 애썼지만, 그날은 분자가 어떤 구조를 취해야 가장 안정해질 수 있을까를 단순하게 생각해 보았습니다. 그러다 α나선 구조를 착상하게 되었고, 아내에게 종이를 가져다 달라고 한 뒤 직접 그 구조를 그려 보았습니다."

폴링은 흰 종이에 당시와 같은 스케치를 다시 그려 보였다. 종이 왼쪽 위에서 오른쪽 아래로 아미노산이 펩티드 결합을 통해 연결된 단백질의 펩티드 사슬 골격이 화학식 형태로 그려졌다.

A "이 결합들 사이의 각도는 110도가 되어야 합니다. 그런데 평면에서는 180도이므로 110도가 되도록 이렇게 구부린 것입니다."

폴링이 종이를 둥글게 말자, 평면에 그려졌던 직선 형태의 펩티드 사슬은 자연스럽게 나선 구조를 만들었다.

A "옥스퍼드에서는 분자 모형이 없었기 때문에, 종이를 이용해 구조를 만들어 보고 직접 계산을 했습니다. 그 당시에는 컴퓨터가 없던 시절이라 계산자를 사용했지요."

α나선에서는 나선 1회전에 대해 약 3.6개의 아미노산이 들어간다. 이때 나선은 한 회전에서 5.3옹스트롬(Å)을 전진하게 된다. 각각의 아미노산은 나선 축 방향으로 약 1.5Å 간격으로 위치한다. 펩티드 결합의 N-H 결합은 나선 한 바퀴 떨어진 위치에 있는 O=C가 온다. 이로 인해 N-H…O=C라는 수소결합이 형성되어 나선 구조가 안정화되어 있다.

Q α나선은 완전히 새로운 아이디어였습니까?
A "α케라틴(머리카락 등에 있는 단백질)의 X선 회절 사진은 5.0~5.5Å의 반복 구조를 나타내고 있었습니다. 그런데 제가 제안한 나선 구조는 그

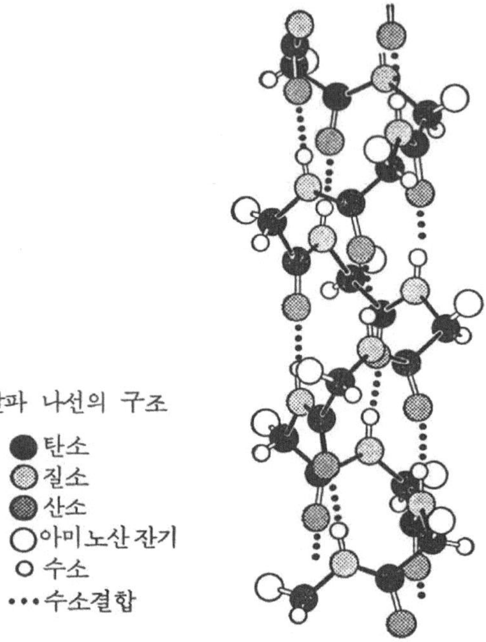

알파 나선의 구조

와 같은 반복 간격을 갖고 있지 않았지요. 만약 '분자는 어떤 상태에 있을 때 가장 안정한가'라는 관점에서만 본다면 내가 만든 구조는 맞지만, 기존의 X선 회절 해석과는 맞지 않았던 것입니다. 그동안의 X선 사진 해석이 잘못되었음을 확인하는 데 1년이 걸렸고, 코리(R. B. Corey)와 함께 α나선 구조에 관한 논문을 발표했습니다. 하지만 논문을 발표한 후에도, 왜 X선 회절 데이터와 구조가 일치하지 않는지 알 수가 없었습니다. 서둘러 추가 실험을 진행했고, 마침내 그 불일치를 설명할 수 있는 해답을 얻을 수 있었습니다."

폴링은 약 2년 전, 오스트리아 텔레비전에서 α나선 발견 에피소드를 다큐멘터리 형식의 드라마로 제작해 방영한 적이 있었다고 말했다. 그는 자신과 아내 에바(Ava) 부인을 연기한 배우가 얼마나 닮았는지 보고 싶었으나 아쉽게도 그 방송을 직접 보지는 못했다. 에바 부인은 1981년에 암으로 세상을 떠났다.

폴링은 어린 시절 일찍 아버지를 여의고, 경제적으로도 몹시 어려운 환경에서 자랐지만, 향학심이 강했고 성적도 뛰어났다. 한때는 기계 공장에서 견습공으로 일했으며, 이후 오리건 주립대학에 입학해 아르바이트를 하며 고학으로 학업을 이어갔다. 그의 뛰어난 학업 능력은 곧 대학 안에서 화제가 되었고, 3학년이 되던 해에는 화학공학과 주임교수로부터 1년 동안 조교 겸 강사로 일해 보라는 제안을 받았다. 당시 열여덟 살이었던 폴링은 정량분석 수업의 조교가 되어 강단에 서게 되었고, 그가 가르친 학생들 중에는 훗날 아내가 되는 에바도 있었다. 두 사람은 폴링이 캘리포니아 공과대학 대학원에 재학 중이던 시절 결혼했다. 그때 에바는 아직 학생이었다. 이후 두 사람은 평생 동안 서로를 깊이 아끼며, '잉꼬부부'로 널리 알려졌다.

Q 1930년 12월, 혼성궤도법(混成軌道法, 공유결합을 설명하기 위한 양자역학적 방법)의 계산을 착상하고, 하룻밤 사이에 계산을 마쳤다고 들었습

니다.

A "무척 흥분한 나머지, 새벽까지 쉬지 않고 계산을 이어갔고 결국 원하는 결과를 얻었지요. 그 논문의 사본이 지금도 있습니다. 저는 사본을 많이 가지고 있습니다."

폴링은 말이 끝나자 곧 사본을 가지러 자리에서 일어났다.

A "이게 1967년까지 발표한 제 논문 목록입니다. 꽤 오래된 것이지만……."

그가 꺼내 보인 17년 전의 논문 목록에는 총 375편의 논문과 아홉 권의 단행본이 수록되어 있었다.

A "이 논문은 1930년에 떠올린 새로운 아이디어를 바탕으로 쓴 것입니다. 혼성궤도법은 화학 분야에서 많은 것을 밝혀내는 데 큰 역할을 했습니다. 그 후 2~3년 동안 몇 편의 관련 논문을 더 썼고, 그 내용은 제 저서『화학결합론』에 실려 있습니다."

Q α나선이나 혼성궤도법처럼 전혀 새로운 아이디어를 갑자기 착상하는 일이 자주 있는 일인가요?

A "네, 자주 있습니다. 하지만 그 착상에 이르기까지는 오랜 시간 문제를 계속 고민하고 있지요. 오랫동안 생각을 거듭한 끝에 어느 순간

갑자기 해답이 떠오르게 되는 것이지요."

(Q) 선생님의 연구를 보면, 언제나 물질의 구조에 대한 깊은 이해가 밑바탕에 깔려 있는 듯합니다. α나선의 경우에도, 단백질 구조를 X선 회절로 조사하고 있던 케임브리지의 퍼루츠 그룹은 끝내 그 구조를 발견하지 못했지요. 그 차이는 결국 물질의 구조에 대한 근본적인 이해의 깊이에 있었던 것이 아닐까 생각합니다만…….

A "제가 연구를 시작한 1922년 무렵에는, 분자와 결정의 구조에 대한 구체적인 정보가 아직 알려지지 않았습니다. 그 당시 저는 분자의 구조를 잘 이해하고 있었던 몇 안 되는 사람 중 하나였다고 말할 수 있을 겁니다. 이런 분자 모형(폴링은 모형을 들어 보이며 말했다)은 저와 코리가 처음으로 만들었고, 지금도 우리 이름이 붙어 있습니다. 현재는 상업적으로 판매되고 있으며, 일본의 회사에서도 생산하고 있습니다."

"또 α나선을 발견할 수 있었던 이유 중 하나는 제가 양자역학을 잘 이해하고 있었기 때문이라고 생각합니다. 양자역학은 제가 박사학위를 막 받은 시기에 등장했는데, 저는 그걸 공부하여 누구보다도 효과적으로, 화학구조의 문제에 응용할 수 있었습니다. 저보다 양자역학을 더 잘 이해하는 사람들이 없었던 것은 아니지만, 그들은 화학구조에는 관심이 없었지요. 한편으로는 단백질 구조를 연구하던 이들도 있었지만, 그들은 양자역학을 몰랐습니다. 저는 화학, 물리학, 그리고 수학을 전공으로 박사학위를 받았기 때문에 이 모든 분야를 융합해 연구할 수 있었습니다."

"저는 1926년에 유럽으로 갔습니다. 하이젠베르크(W. K. Heisenberg)의 양자역학 첫 논문은 1925년에 발표되었고, 슈뢰딩거(E. Schrödinger)의 파동역학 논문은 제가 유럽에 머무르던 동안 발표되었습니다."

Q 과연, 선생님은 정말로 아주 초기에 양자역학을 공부하셨군요.

α나선 구조는 폴링의 큰 업적으로 평가되었고, 이에 비해 케임브리지 그룹은 뼈아픈 패배를 맛보게 되었다. 그 후 DNA 구조를 둘러싸고도 폴링과 케임브리지에 있던 제임스 D. 왓슨(James Dewey Watson)과 프랜시스 크릭(Francis Harry Compton Crick) 사이에서 촌각을 다투는 경쟁이 펼쳐졌다. 당시, 아직 이름 없는 연구자였던 왓슨과 크릭은 캘리포니아의 유명한 화학자 폴링의 동향을 면밀히 주시하고 있었지만, 결국 이 경쟁에서는 그들이 폴링을 이길 수 있었다.

Q DNA의 구조에 관련해서는 왓슨과 크릭과의 경쟁에서 선생님이 패하신 셈이 되었지요. 당시 정답에 도달하지 못한 이유는, DNA의 정확한 X선 회절 사진을 보지 못했기 때문입니까?

A "그랬을지도 모르지만 단정해서 말하긴 어렵습니다. 만약 내가 1951년에 유럽에 갈 수 있었더라면 프랭클린(R. Franklin)이 촬영한 DNA의 X선 회절 사진을 직접 볼 수 있었을 겁니다. 왓슨과 크릭은 그 사진을 봤지요. 하지만 당시 미국 정부는 저의 유럽 방문을 허가하지 않았습니다."

이 시기 미국에서는 반공주의가 극에 달한 매카시즘(McCarthyism)이 강력한 영향력을 발휘하고 있었고, 폴링은 '친공산주의 성향이 있는 인물'로 지목되기도 했다. 그는 DNA의 삼중 나선 모델을 제안했지만, 이는 명백한 오류로 밝혀졌다. 폴링은 광범한 과학적 문제에 깊은 관심을 가졌고, 때때로 잘못된 가설을 발표하기도 했지만, 일단 문제의 본질을 꿰뚫는 순간에는 누구보다도 뛰어난 성과를 거두는 것이 그의 연구 스타일이었다고 할 수 있다.

Q 선생님의 연구는 의학을 포함해 매우 폭넓은 분야에 걸쳐 있습니다. 어떻게 그토록 다양한 분야의 연구가 가능한지요?

A "두 가지 이유가 있다고 생각합니다. 하나는, 저는 세계 전체를 이해하고 싶다는 열망을 가지고 있습니다. 제 관심은 특정한 문제에만 국한되어 있지 않지요. 두 번째는, 저는 원래 구조화학자입니다. 이 세상의 거의 모든 것은 분자구조와 관련되어 있습니다. 지난 60년 동안 우리는 분자구조와 화학결합의 문제를 상당히 깊이 이해하게 되었고, 이 개념들은 다른 분야에도 응용할 수 있습니다."

"저는 무기화학에서 연구를 시작한 뒤, 양자역학과 양자화학 분야로 들어갔고, 이어서 바로 유기화합물 연구를 시작했습니다. 1935년까지는 헤모글로빈에 대한 실험적 연구를 진행하게 되었고, 덕분에 생화학 분야로도 쉽게 들어갈 수 있었습니다. 저는 헤모글로빈의 구조를 이해하고 싶었고, 그 과정에서 낫세포 적혈구 빈혈증의 원인이 헤모글로빈 분자의 이상이라는 사실을 발견했습니다. 이러한 연구 결과는 화합 결합에 대한 관심에서 분자구조로 관심이 확장되어 온 저의 논리적 흐름 위에 놓여 있다고 생각합니다."

Q 선생님의 모든 연구는 결국 분자구조에 대한 흥미에서 비롯되었다고 볼 수 있겠군요.

A "전적으로 그렇습니다. 비타민과 질병의 관계에 대한 최근 연구는 그와는 다소 거리가 있으며, 보다 경험적인 근거에 바탕을 두고 있습니다만……."

Q 왜 비타민 C에 흥미를 갖게 되셨습니까?

A "몇 가지 질병이 이상 헤모글로빈에 의해 일어난다는 사실을 발견한 뒤, '그 밖에도 분자병이라고 말할 수 있을 만한 것이 없을까' 생각한 것입니다. 그 결과 약 10년 동안 정신분열증과 정신박약에 관한 연구를 진행했습니다. 그 과정에서 정신분열증 환자에게 비타민을 대량으로 투여하는 정신과 의사가 있다는 사실을 알게 되었고, '왜 비타민이 정신분열증에 효과가 있을까'라는 의문이 생겼습니다. 비타민 C는 전혀 독성이 없기 때문에, 대량으로 복용함으로써 건강을 유지하거나 회복할 가능성이 있다고 생각했습니다."

Q 선생님은 하루에 비타민 C를 얼마나 복용하시나요?

A "하루 12g입니다. 일일 권장량의 약 200배에 해당하죠."

책이나 강연을 통해 이 사실을 알고는 있었지만, 실제로 본인의 입으로 그 수치를 들으니 그 양이 얼마나 엄청난지 실감이 난다. 성인에게 권장되는 비타민 C의 하루 섭취량은 약 50mg에 불과하다.

Q 지금까지 발표한 논문은 모두 몇 편 정도나 되십니까?

A "정확히 세어본 적은 없지만 아마 650편은 넘겠지요."

Q 과학자들 중에서도 상당히 많은 편 아닌가요?

A "아니요, 화학 분야에도 그보다 더 많이 쓴 사람이 있습니다. 제가 잘 아는 친구는 훨씬 전에 세상을 떠났지만, 1,000편 넘는 논문을 썼어요."

Q 결국 중요한 건 논문의 알맹이겠지요. 이렇게 위대한 업적을 많이 남기실 수 있었던 건 물론 재능 덕분이겠지만, 그 외에 다른 어떤 조건이 있었다고 생각하십니까?

A "무엇보다도, 저는 운이 좋았다고 생각합니다. 우연히도 구조화학이 발전하던 시기에 태어났고, 캘리포니아 공과대학이라는 훌륭한 연구 환경에서 일할 수 있었지요. 당시 이 대학은 막 새롭게 성장하던 중이었고, 함께 일한 연구진들도 매우 뛰어난 사람들이었습니다."

Q 그곳에서 누구에게 사사하셨습니까?

A "디킨슨(R. G. Dickinson) 교수입니다. 그는 미국에서 X선 결정학에 가장 먼저 도전한 분들 중 한 명이었지요. 디킨슨 교수는 캘리포니아 공과대학에서 박사학위를 받은 첫 번째 인물이고, 저는 아마 일곱 번째로 박사학위를 받은 사람일 겁니다."

Q 디킨슨 교수에게서는 어떤 영향을 받으셨나요?

A "디킨슨은 매우 비판적인 사고를 가진 사람이었습니다. 충분한 증거가 없는 것은 믿지를 않았지요. 그는 자신의 아이디어가 과연 옳은지, 그 해답에 어떻게 접근하는 것이 좋은지를 끊임없이 고민했습니다. 그가 결정 구조를 연구하는 방식은 철저히 논리적이었고, 저도 그에게서 '논리적이고 엄밀하게 사고하는 태도'를 배웠습니다. 게다가 그는 상상력도 매우 풍부했습니다. 제가 새로운 아이디어로 논문을 쓰고 있을 때, 디킨슨은 그 주제에 대해 연구해 본 적이 없었음에도 불구하고, 단번에 전체 내용을 꿰뚫고 이해해 버리곤 했습니다."

Q 창조적인 과학자이기 위해서는 무엇이 필요하다고 생각하십니까?

A "무엇보다도, 다양한 것에 흥미를 갖는 일이 중요합니다."

폴링은 즉각 대답했다.

A "제가 왜 많은 발견을 할 수 있었느냐는 질문에 대해서는, 이미 여러 번 이렇게 말한 적이 있습니다. 언제나 과학의 문제에 대해 생각했고, 다른 과학자보다도 더 부지런히 일했기 때문입니다. 저는 오래전부터 세계의 묘상(描像, picture)을 만들고 싶다고 생각해 왔습니다. 60년 전에는 매우 희미한 것이었는데, 지금은 훨씬 더 또렷해졌습니다. 그 묘상은 물론, 거의 모두가 분자구조에 바탕을 두고 있습니다. 저는 새로운 지식을 접할 때마다 그것이 내가 그리고 있는 세계의 묘상에 어떻

게 적용될 수 있는지를 끊임없이 고민합니다."

(Q) 선생님의 묘상은 시간이 지나면서 변화하고 있습니까?

A "점차 팽창해 가고 있습니다. 하지만 그 속에서도 과거의 아이디어는 여전히 확고하게 자리를 지키고 있습니다. 묘상은 점점 더 세련되고 더 정밀하게 다듬어져 가고 있습니다."

(Q) 선생님은 교육에도 매우 열정을 쏟고 계신데요…….

A "저는 과학교육도 과학의 일부라고 생각합니다. 아시다시피 교과서도 몇 권을 집필했고, 그중 일부는 일본어로 번역되어 출판되기도 했습니다."

(Q) 일본의 젊은이들에게 조언을 부탁드릴 수 있을까요?

A "현대 사회는 상당 부분이 과학에 기반을 두고 있음을 인식하는 것이 중요합니다. 뭔가 판단을 내려야 할 때 그 인식을 바탕에 두고 있어야 합니다. 가장 큰 문제는 '세계 평화'입니다. 이 문제 역시 과학과 밀접한 관련이 있습니다. 핵분열과 핵융합 기술이 바로 이 위기를 불러왔기 때문이지요. 나가사키, 히로시마, 그리고 현재까지 이어진 막대한 핵무기의 축적이 그 증거입니다."

그는 자신의 저서 『No More War!』를 꺼내 사인을 한 뒤 선물로 주었다.

A "이 책의 일본어판은 아마 22년쯤 전에 출간된 것으로 알고 있습니

다. 지금 이 책은 25주년 기념 개정판이지요."

나중에 확인해 보니, 일본어 번역판은 원서가 출간된 바로 이듬해인 1959년이었다.

Q 최근의 유전자공학에 대해서는 걱정하지 않으십니까?

A "걱정하지 않습니다. 우리가 상상할 수 있을 만한 생물은 이미 자연계가 모두 만들어 낸 것들이라고 생각하기 때문입니다. 우리가 하는 일은, 결국 존재하는 생물을 조금 변형시키는 데 그친다고 봅니다."

Q 그렇다면 유전자공학의 연구를 추진해도 괜찮다고 보시는 거군요?

A "그렇습니다. 유전자공학은 분명 이점이 있습니다. 다만 무기물로부터 생명을 창조해 낼 수 있을 것이라고는 생각하지 않습니다."

Q 생물학적 무기의 가능성에 대해서는 어떻게 보십니까?

A "그 점에 대해서는 회의적입니다."

Q 선생님은 아인슈타인(A. Einstein)과 비견될 만한 20세기 최고의 과학자 중 한 명으로 평가받고 계십니다. 선생님은 어떻게 생각하십니까?

A "저를 그렇게 평가하다니 정말 놀라운 일입니다. 오리건에서 태어나 자란 소년 시절은 물론, 청년이 된 후에도 제가 그런 말을 듣게 될 줄은 전혀 상상하지 못했습니다."

Q 어릴 적부터 과학자가 되고 싶었습니까?

A "화학자가 되기로 결심한 건 열세 살 때였습니다. 그 전 열한 살 무

렵에는 곤충에 관심이 있었고, 그다음에는 광물에 흥미를 느껴 공부하기 시작했지요. 그리고 열세 살 무렵 처음으로 화학을 배우게 되었습니다. 흥미로운 건 학생 시절에는 유기화학에 관심이 없었는데도, 여러 가지 분자의 구조를 발견하게 된 것은 저로서도 정말 놀라운 일입니다."

폴링의 대답은 간결하면서도 핵심을 찔렀다. 인터뷰에 익숙한 탓도 있겠지만 그의 말투는 여전히 단단하고 명료했다. 비타민 C와 관련된 그의 연구 또한 나름의 역사적 경위와 과학적 논리를 지니고 있었다. 그가 소장을 맡고 있는 이 연구소는 민간 기부금으로 운영되고 있었으며, 시설 역시 상당히 잘 갖추어져 있었다. 폴링의 지속적인 노력 덕분에, 정부 기관으로부터도 연구 자금이 지원되었고, 이곳에서는 비타민 C를 중심으로 한 암 연구뿐 아니라 분자교정의학(分子矯正醫學)의 노선을 따라 소변 속 성분을 분석해 질병의 초기 징후를 포착하려는 연구도 진행되고 있었다.

폴링은 생의 마지막 순간까지도 이 연구소에서 새로운 아이디어를 끊임없이 창출해 나갈 것이 분명해 보였다.

시행의 연속

- 1958년, 인슐린의 구조결정 -

- 1980년, 핵산의 염기배열 연구 -

프레더릭 생어
(Frederick Sanger)

- 1918년 8월 13일, 영국 글로스터셔 랜드컴에서 출생
- 1939년 케임브리지 대학교 세인트존스 칼리지 졸업
- 1943년 케임브리지 대학교에서 박사학위 취득,
  이후 생화학 교실에서 연구 계속
- 1951년부터 MRC(의학연구위원회) 연구소 연구원으로 활동,
  단백질화학 부장 역임
- 1983년 퇴직

퀴리(Marie Curie), 존 바딘(John Bardeen), 생어(Frederick Sanger)……. 1901년부터 1984년까지 물리학상, 화학상, 생리학·의학상 등 자연과학 분야의 세 부문에서 노벨상을 수상한 사람은 모두 356명에 이른다. 이 가운데 과학 분야에서 두 차례 노벨상을 수상한 사람은 위의 세 사람뿐이다.

퀴리 부인으로 잘 알려진 마리 퀴리는 1903년에 남편 피에르 퀴리(P. Curie)와 앙리 베크렐(A. H. Becquerel)과 함께 방사능의 발견으로 물리학상을, 1911년에는 라듐과 폴로늄의 발견 등 공로로 화학상을 수상했다. 존 바딘은 1956년 윌리엄 쇼클리(William B. Shockley), 월터 브래튼(Walter Houser Brattain)과 함께 트랜지스터를 발명한 공로로, 또 1972년에는 리언 쿠퍼(Leon N. Cooper), 존 슈리퍼(John Robert Schrieffer)와 함께 초전도 이론을 발전시킨 공로로 모두 물리학상을 두 차례 수상했다.

그리고 생어는 1958년, 인슐린의 구조 결정으로, 1980년에는 핵산의 염기배열의 연구로 모두 화학상을 수상했다. 같은 해 월터 길버트(W. Gilbert)도 동일한 업적으로 독립 수상했고, 폴 버그(P. Berg)는 유전자공학의 기초가 되는 핵산의 생화학적 연구로 함께 화학상을 수상했다.

생어는 20세기 후반 생화학을 대표하는 인물이다. 그는 장인 기질의 예술적인 실험 기술을 지닌 인물로 평가받는다. 생어가 노벨상을 수상한 두 가지 연구는 모두 실험 수단의 개발과 개발과 깊은 관련이 있으며, 이들 기술은 분자생물학의 눈부신 발전을 이끈 핵심적인 기반이 되었다.

생어는 케임브리지 대학교 내 의학연구원위원회(MRC, Medical Research Council) 산하 분자생물학연구소의 부장이었다. 일반적으로 '보스'가 되면 실험은 지도만 하고 실험에는 관여하지 않는 경우가 많지만, 생어는 직접 실험을 계속하는 연구자였다. 그런 그가 1983년에 연구 활동에서 은퇴했다. 그에 대한 인터뷰는 MRC 분자생물학연구소의 맥스 퍼루츠(Max Ferdinand Perutz) 연구실에서 진행될 예정이었고, 생어가 직접 인터뷰에 응해 주기로 되어 있었다.

노벨상을 두 차례나 수상한 과학자는 아무런 예고도 없이 불쑥 모습을 드러냈다. 갈색 V넥 스웨터에 회색 바지를 입고, 스웨터 아래로는 단추를 채우지 않은 체크무늬의 와이셔츠가 보였다. 안경 너머로 보이는 눈빛은 매우 인자해 보였다.

생어는 목소리가 작고, 말끝은 마치 혼잣말처럼 흐르다가 입 안으로 삼켜지는 듯하다. 어쨌든 그는 더없이 온순하고 부드러운 인상을 주는 인물이다. 그의 용모와 말투, 태도로 보아서는 길에서 마주쳐도 그가 노벨상을 두 차례나 수상한 과학자라는 사실을 전혀 짐작할 수 없을 것이다.

Q 당신이 연구에서 은퇴하리라고는 상상조차 하지 못했습니다.

A "완전히 은퇴할지 어떨지는 아직 결정하지 않았습니다. 다시 연구실로 돌아갈지도 모르지요. 지금은 그저, 더 이상 연구를 하지 않아도

된다는 사실 자체를 즐기고 있습니다. 저는 실험과학자이기 때문에 실험대에 앉아 무언가를 직접 하지 않으면……. 읽거나 쓰거나 하는 일은 좋아하지 않거든요. 그래도 아무 일도 하지 않는다는 것도 퍽 좋은 일입니다."

Q 그럼 요즘은 어떻게 지내고 계신가요?

A "정원을 가꾸거나, 보트를 만들며 시간을 보냅니다."

Q 두 번째 노벨상 수상 소식을 들으셨을 때 기분은 어떠셨나요?

A "사실 매우 흥분했습니다. 놀랐지요. 뭐라고 표현해야 할지 모르겠더군요. 전혀 예상하지 못했던 일이었으니까요."

지금까지 과학 분야에서 노벨상을 두 차례나 수상한 인물은 단 세 사람뿐이다.

A "첫 번째 수상 때는 아직 젊었기 때문에 그것은 단지 행운이라고 생각했어요. 실험실도 잘 정비되었고, 좋은 공동 연구자도 만날 수 있었습니다. 그 수상은 제게 큰 격려가 되었지요. 하지만 노벨상을 또 한 번 받는다는 건 도저히 가능하다고는 생각하지 못했습니다."

Q 두 번째 수상을 생각하신 적이 있었습니까?

A "네, 꿈은 꾸고 있었지요. 하지만 그것이 제가 연구를 시작한 이유는 아니었습니다. 연구 자체가 무척 즐겁고 가치 있는 일이라고 생각했기 때문입니다. 물론 과학으로 성공하고자 이 길에 들어서는 사람도 있

겠지만, 제게는 과학 그 자체가 흥미로운 대상이었습니다. 과학으로 성공한 사람의 대부분은 과학을 즐기고 있는 사람입니다. 성공했을 때는 물론, 일이 잘 풀리지 않아 낙심하고 있을 때에도 과학은 무척 자극적입니다."

그가 최초로 수상한 연구에서 대상으로 삼은 인슐린은, 오늘날 당뇨병 치료제로 널리 알려져 있으며, 유전자공학에 의해 생산된 인간 인슐린이 실제 치료에 사용되고 있다. 인슐린은 본래 혈액 속 당의 양을 조절하는 호르몬으로, 본질적으로는 단백질이다.

단백질은 여러 개의 아미노산이 결합해 만들어진다. 단백질을 구성하는 아미노산은 주로 20종류가 있다. 이들이 어떤 순서로 배열되느냐에 따라 단백질의 성질이 달라진다. 물론 결합된 아미노산의 수, 즉 단백질의 크기에 따라서도 서로 다른 단백질이 형성된다.

이처럼 단백질을 구성하는 아미노산의 배열 방법을 1차 구조라고 한다. 생어가 1958년에 수행한 수상 연구는 바로 인슐린의 1차 구조를 밝힌 것이었다. 이는 단백질 가운데 최초로 그 1차 구조가 결정된 사례였다. 인슐린은 총 51개의 아미노산으로 이루어져 있으며, 분자량은 6,000으로 단백질 중에서도 비교적 작은 부류에 속한다. 그러나 당시에는 단백질의 1차 구조에 대해 전혀 짐작조차 하지 못하던 시기였다.

단백질의 아미노산 배열을 결정하는 데는 먼저 어디서부터 분석을 시작할 것인지가 중요하다. 아미노산이 결합된 단백질의 사슬(펩티드 사슬)에는 당연히 양쪽 끝, 즉 아미노 말단(N말단)과 카르복실 말단(C말단)이 존재한다. 그는 이 중 N말단에 위치한 최초의 아미노산을 확인할 수 있는 분석법을 개발했는데, 이는 DNP법이라 불린다. 이 방법은 인슐린의 1차 구조를 밝히는 데 결정적으로 중요한 역할을 했다.

DNP법은 2, 4-디니트로플루오로벤젠이라는 황색 시약을 사용한다. 이 시약은 아미노기(基)와 반응해 DNP-아미노산을 만든다. 따라서 N말단에 위치한 아미노산은 DNP-아미노산이 된다. 2, 4-디니트로플루오로벤젠을 작용시킨 뒤에 펩티드 사슬을 가수분해하여, 아미노산을 분리한 다음 크로마토그래피(chromatography)에 건다. 생어는 처음에는 실리카겔 크로마토그래피를 사용했으며, 이후에는 종이 크로마토그래피를 사용했다. 종이 크로마토그래피는 간단한 방법이다. 종이 한쪽 끝에 아미노산을 포함한 시료를 묻히고, 그 끝을 전개 용매에 담그면, 용매가 종이 위로 침투하면서 번져 나간다. 이때 시료 속의 아미노산도 이동하는데, 그 이동속도는 아미노산의 종류에 따라 다르다. 이 이동속도의 차이를 이용해 아미노산을 분류할 수 있는 것이다. 2, 4-디니트로플루오로벤젠과 반응한 아미노산은 황색을 띠므로, 종이 크로마토그래피 위에서 쉽게 식별할 수 있다. 생어는 20종류의 합성 아미노산으로 DNP-아미노산을 만들어, 각각의 이동도를 미리 조사해 두었고, 이와 비교함으로써 DNP-아미노산으로 된 N말단에 위치한 아미노산이 무엇인지를 알아낼 수 있었다.

인슐린에 DNP법을 사용하면, 두 종류의 아미노산, 즉 페닐알라닌

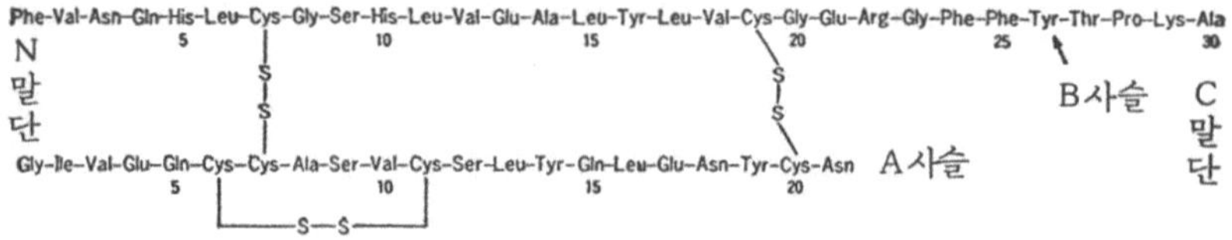

생어가 결정한 소 인슐린의 1차 구조는 아미노산의 종류를 세 글자(세 문자 코드)로 나타내고 있다. 인슐린은 A, B 두 개의 펩티드 사슬로 구성되어 있으며, 시스테인 잔기의 SH기가 결합한 S-S결합에 의해 서로 연결되어 있다.

과 글리신이 DNP-아미노산 형태로 검출된다. 당시에는 인슐린의 분자량조차 명확하지 않아 12,000 정도로 추정되고 있었다. 생어는 동일한 아미노산을 N말단에 갖는 펩티드 사슬이 각각 두 개씩 존재한다고 보고, 인슐린은 총 네 개의 펩티드 사슬로 구성되어 있을 것이라 생각했다.

단백질을 만드는 아미노산 중 하나에 시스테인이 있다. 시스테인에 함유된 설프히드릴기(S-H) 끼리 반응하여 -S-S-라는 결합이 형성될 수 있다. 이는 시스테인의 황원자 사이에 결합이 생기는 결합으로 일반적으로 S-S결합이라고 부른다. 이러한 결합은 하나의 펩티드 사슬 속에서 S-S 결합이 형성되기도 하고, 두 개의 펩티드 사슬이 S-S결합으로 서로 연결되기도 한다.

생어는 포름산을 사용해 S-S결합을 절단함으로써 인슐린을 4개의 펩티드 사슬로 분해했다. 그다음에는 각각의 사슬에 대해 아미노산 배열을 결정해야 했다. 그러나 펩티드 사슬을 곧바로 아미노산 하나하나로 완전히 분해한 뒤, 이를 종이 크로마토그래피에 적용하면, 사슬을 구성하는 아미노산의 종류는 알 수 있어도 그 배열 순서는 알 수 없다.

이에 따라 생어는 N말단에 페닐알라닌을 갖는 펩티드 사슬에 대해, 가수분해의 세기를 달리해 N말단에서부터 2개, 3개, 4개씩의 아미노산으로 이루어진 여러 단편을 만들어 냈다. 각 단편에 포함된 아미노산을 배열해 봄으로써, N말단에서부터 네 번째까지의 아미노산 배열을 결정할 수 있었는데, 그 배열은 단 하나뿐이었다. 글리신을 N말단에 갖는 펩티드 사슬에 대해서도 같은 방식으로 분석한 결과, N말단에서부터 네 번째까지의 배열이 역시 한 가지로만 나타났다. 이 사실은 인슐린이 네 개가 아니라 두 개의 펩티드 사슬로 이루어져 있음을 보여주고 있었다. 인슐린의 분자량도 이전에 추정되던 12,000이 아니라 그 절반인 약 6,000임이 밝혀졌다.

그다음 단계는 두 개의 펩티드 사슬 전체에 대한 아미노산 배열을 결정하는 일이었다. 이를 위해 생어는 몇몇 단백질 분해효소를 작용시켜, 펩티드 사슬을 적당한 단편으로 절단한 다음, 이를 분획(分劃)하는 방법을 사용했다. 단백질 분해효소는 종류에 따라 펩티드 사슬을 절단하는 위치가 서로 다르다. 단백질 분해효소를 작용시킨 후, 발생한 단편을 이온교환 크로마토그래피나 여과지 전기영동과 같은 방법을 통해 분리·분획할 수 있었다. 그런 다음 각각의 단편에서 아미노산 배열을 확인하고, 이를 조합하여 전체 펩티드 사슬의 아미노산 배열을 완성할 수 있었다.

마지막 단계는 S-S결합의 위치를 결정하는 일이었다. 이것은 S-S결합이 절단되지 않은 상태에서 인슐린 분자를 단백질 분해효소로 처리한 뒤, 시스테인을 함유한 단편을 분획하고 그 안에 함유된 아미노산을 조사했다. 그런 다음, 앞서 결정한 아미노산 배열과 비교함으로써 S-S 결합이 형성된 위치를 확인할 수 있었다.

생어는 이처럼 까다로운 작업을 도중에 참가한 두 명의 공동 연구자의 협력만으로 수행해 냈다. 전체 구조가 밝혀진 것은 1954년으로 연구를 시작한 이래 10년의 세월이 흐른 뒤였다.

Q 유명한 DNP법은 어떻게 착안하셨습니까?

A "이것은 어느 한 순간에 떠오른 아이디어가 아니라, 점차적으로 형성되어 간 것입니다. 단백질의 특정 부위를 표지할 수 있는 방법을 찾고 있었고, 그 과정에서 여러 가지 물질을 시험해 보았습니다. 그런 가운데 발견하게 된 것이지요. 그 당시 중심이 되었던 것은 분배 크로마토그래피의 발명[케임브리지 대학의 마틴(A. J. P. Martin)과 싱(R. L. M. Synge)이 1941년에 개발한 것으로, 두 사람은 이 업적으로 1952년에 노벨 화학상을 수상]이었다고 생각합니다. 이는 분배 크로마토그래피에 색이 있는 물질을 사용한 건 아마 제가 가장 빠른 편이었을 겁니다. DNP는 황색을 띠는 물질이므로 크로마토그래피에서 이동하는 과정을 직접 관찰할 수 있습니다. 이 방법은 매우 중요한 것입니다. 이후 인슐린의 1차 구조를 결정할 때 펩티드의 분리에 종이 크로마토그래피를

사용했습니다."

Q 펩티드를 해석해 나가는 일은, 마치 복잡한 그림 맞추기(jigsaw puzzle)를 완성하는 것처럼 매우 어려운 작업일 것 같습니다.

A "네, 정말 그렇습니다."

생어로서는 드물게, 뜻밖에 큰 목소리로 대답한 순간이었다.

Q 전체의 1차 구조를 결정하는 과정에서 무엇이 제일 어려웠습니까?

A "단백질 분자는 몹시 크고 복잡한 성질을 지니고 있기 때문에 여러 가지 어려움이 있었습니다. 그 당시까지 단백질의 구조를 결정하지 못했던 가장 큰 이유도, 단백질 분자를 효과적으로 분획하기 어려웠기 때문입니다. 단백질을 분해해 작은 펩티드를 얻은 다음, 그것을 분획하지 않으면 안 됩니다. 분획을 위한 좋은 방법이 필요합니다. 제가 단백질 연구를 해오면서도 늘 고민해 왔던 것도 분획 방법이었습니다. 그래서 분배 크로마토그래피는 큰 자극이 되었습니다. 그 후에는 이온교환 크로마토그래피가 개발되어 보다 큰 단백질에도 적용할 수 있게 되었죠. 제가 인슐린 연구를 진행하고 있던 바로 그 시기에 이런 새로운 방법이 개발된 것은 정말로 큰 행운이었습니다."

그는 첫 번째 노벨상을 수상한 이후, 연구 분야를 단백질에서 핵산으로 옮겨갔다. 이 역시 '배열 결정'이라는 동일한 주제 아래 이루어진 작업이었다. '뉴클레오타이드'라 불리는 분자들이 결합하여 형성된 길다란 사슬 구조의 분자이다. 뉴클레오타이드에 포함된 염기는 RNA와 DNA 모두에서 각각 4종류이며, 이 염기들이 특정한 순서로 배열되어 정보를 담고 있다.

DNA에서는 아데닌(A), 티민(T), 구아닌(G), 시토신(C)이라는 네 종류의 염기가, RNA에서는 티민 대신 우라실(U)이 사용된다. 이처럼 핵산 분자는 네 가지 '문자'의 배열로 구성된 정보 서열이라 할 수 있다.

DNA의 문자의 배열 방법을 조사하는 방법은 암유전자, 면역계, 호르몬, 신경계, 발생 등 다양한 분야의 연구를 비롯해 현대 분자생물학의 모든 최첨단 연구에서 가장 중요한 수단 중 하나가 되었다. 진핵생물의 유전자 DNA에서는 단백질을 암호화하지 않는 개재배열(介在配列, intron)이 삽입되어 있다는 사실 역시, 이러한 DNA 서열 해독 기술의 발전 덕분에 밝혀질 수 있었다. 유전자공학도 이 기술 없이는 생각할 수 없다.

현재는 단백질의 아미노산 배열을 결정할 때, 먼저 해당 단백질을 암호화하고 있는 DNA를 분리해 염기배열을 분석한 뒤, 이를 바탕으로 아미노산 배열을 역산하는 방법이 주로 사용된다. 아미노산 배열을 결정하기보다는 DNA의 염기배열을 결정하는 편이 쉬워졌기 때문이다. 각종 유전자의 염기배열을 저장한 데이터베이스가 만들어지고 쉽게 비교할 수 있게 되었다.

Q 단백질에서 RNA, 그리고 DNA로, 선생님의 연구는 생체고분자를 구성하는 요소들의 배열 순서를 결정하는 방법의 개발에 집중되어 왔습니다. 이것은 논리적인 귀결이라고 볼 수 있을까요?

A "아닙니다. 처음부터 계획하고 있었던 건 아니었습니다. 저는 언제나 실험을 미리 계획해 두는 스타일이 아닙니다. 몇 가지 실험을 해 본 뒤, 잘 되는 방향이 보이면 그것을 더 발전시키는 식입니다. 그래서 어느 시기에는 단백질과 RNA를 동시에 연구하고 있기도 했습니다. 작은 RNA로 잘 분획되었기 때문에 점차 RNA에 흥미를 갖게 되었습니다. 그리고 작은 뉴클레오타이드 사슬의 염기배열 순서를 결정하는 기술도 점점 발전해 나갔습니다. 이 기술은 RNA를 부분적으로 잘라내는 기술에 바탕을 두고 있었습니다. 그 뒤에는 DNA 연구에 착수했는데, 이는 우리가 RNA에서 해온 일의 논리적인 발전이었습니다. DNA 합성효소를 사용해 염기배열을 결정하는 방법을 개발했는데, 이는 기존과는 좀 다른 사고방식에 기반한 것이었습니다. 그 방법에 아크릴아마이드의 겔 전기영동법을 적용해 보았더니, 놀라울 정도로 빠르게 DNA의 염기배열을 결정할 수 있게 되었습니다."

생어의 DNA 염기배열 결정방법의 개발에는 여러 가지 과정이 있었다. 그는 DNA 합성효소를 사용하는 '플러스-마이너스법'이라는 기술도 고안해 냈으며, 이후 적절한 위치에서 합성을 정지시키는 방법을 성공적으로 개발함으로써, 오늘날 '생어법'으로 알려진 기법이 완성되었다. 이 방법은 매우 정교하고 절묘한 원리에 기반한 기술이다.

배열을 결정하려는 DNA를 주형(鑄型)으로 하여 DNA 합성을 유도한다. 이때 네 종류의 뉴클레오타이드 삼인산 중 하나에는 더 이상 사슬이 연장되지 않도록 설계된 특수한 뉴클레오타이드를 일부 섞는다. 예를 들어 DNA의 T 문자에 해당하는 재료로 보통의 것은 T로 표지하고, 사슬이 그 지점에서 더 이상 뻗어 나가지 못하게 하는 재료는 T*로 한다. T와 함께 T*를 재료로 보태주면, 합성된 DNA에 T가 들어가는 동안은 사슬이 계속 뻗어가지만, T*가 들어가면 그 지점에서 사슬은 더 이상 뻗어가지 않는다. T*가 들어가는 것은 전적으로 확률적이므로, 사슬 속에서 T가 들어가야 할 여러 위치 중 어느 곳에든 삽입될 수 있다. 이렇게 해서 합성된 많은 DNA 사슬에는, T가 들어가야 할 여러 위치에서 합성이 멈춘 다양한 길이의 DNA 단편들이 생성된다. 이러한 과정을 A, T, G, C의 네 종류의 문자 모두에 대해서 한다.

아크릴아미드 겔 전기영동법을 사용하면, DNA 단편 크기에 따라서 분획할 수 있다. 이 방법을 이용해 만든 각 DNA 단편을, 합성이 정지된 문자마다에 다른 겔을 사용해 한꺼번에 전기영동에 건다. 각각의 겔을 배열하고, 이동도의 순서에 따라 밴드가 타나나 있는 문자를 해독해 나가면 그것이 염기배열을 나타내고 있는 것이다.

생어와 함께 노벨상을 공동 수상한 길버트의 방법은, DNA의 염기를 화학적으로 처리하는 방식을 사용하는 것으로, 맥샘-길버트(Maxam-Gilbert)법이라고 불린다.

Q 아크릴아미드 겔 전기영동을 사용하는 방법은 어떻게 착상하게 되셨습니까?

A "우리는 언제나 모든 방법을 시도해 봅니다. RNA 연구 초기에는 이온교환 크로마토그래피를 사용했지요. 아크릴아미드 겔 전기영동은 단백질에서 쓰고 있었습니다. 시험 삼아 RNA에 적용해 보았더니 예상보다 잘 작동했지요. 큰 단편들도 분리해 낼 수 있었습니다. 이를테면 300염기의 것과 길이의 301염기의 것을 분획할 수 있습니다."

Q 우리 같은 아마추어에게는 배열 순서를 결정할 때, 끝에서부터 하나하나씩 절단하면서 "이건 무엇이다" 하고 확인해 나가는 방식이 가장 쉽게 떠오릅니다. 그런데 선생님의 방법은 DNA의 모든 종류의 단편을 미리 준비해 두고, 한꺼번에 배열 전체를 결정해 버리는 것이니, 제게는 정말 놀라운 방식으로 느껴집니다.

A "확실히 전혀 다른 원리에 바탕을 두고 있습니다. 우리는 실제로 처음부터 DNA 합성효소를 사용할 때, 특정한 잔기(殘基)에서 합성을 멈추게 하는 방법을 쓰고 있었습니다."

Q 그 생각은 일반적인 상식과는 좀 거리가 있는 것 같은데요……?

A "비상식적인지는 잘 모르겠습니다만. (쓴웃음을 지으며), 확실히 분해해서 그림 맞추기 퍼즐처럼 단편을 하나하나 분해하고 조립해 가는 방법과는 다릅니다. 그런 방법은 시간이 매우 오래 걸립니다. 조립해야 할 단편이 너무도 많아져 버리기 때문이죠. 하지만 우리가 개발한 새로운 방법에서는 최초의 분획 단계에서부터 곧바로 배열에 대한 정보를

얻을 수 있습니다."

Q 거기에는 굉장한 발상의 비약이 있었다고 생각됩니다만…….

A "그렇습니다. 사고방식에서 비약이 있었지요. 하지만 저는 그것보다도 기술 면에서의 비약이 훨씬 더 컸다고 생각합니다."

생어는 자신의 말을 의식적으로 고쳐 말했다.

Q 선생님은 혁명적인 실험 수단을 몇 가지나 개발한 동시에, 생물학적으로도 흥미진진한 사실을 발견해 오셨습니다. 궁금한 것은, 사실을 발견하기 위해 수단을 개발한 것인지, 수단을 개발한 결과로 사실이 드러난 것인지, 어느 쪽에 더 가깝다고 보십니까?

생어는 다시 한번 쓴웃음을 지었다. 그러나 이번에는 그 질문이 제법 흥미롭게 느껴지는 듯했다.

A "실제로는 두 가지 모두라고 생각합니다만……. 그러나 발견되는 사실이란 흔히 처음에 예상했던 것과는 전혀 다를 때가 많습니다."

Q 예를 하나 들어 주신다면요?

A "DNA의 염기배열을 해독할 수 있게 되면서, DNA가 실제로 어떤 일을 하고 있는지를 알 수 있게 되었습니다. 단백질이 암호화되어 있는 위치나, DNA 상에 존재하는 다양한 신호들, 예를 들어 해독의 시작

과 끝, 제어하고 있는 부분입니다. 제가 제일 흥미롭게 느꼈던 것은 바로 오버래핑 진(overlapping gene, 중첩 유전자)의 발견이었습니다. 하나의 유전자가 두 개의 단백질을 암호화하고 있었던 것이지요. 이것은 전혀 예상하지 못했던 예였습니다. 당시 유전학자들은 모두 하나의 유전자는 하나의 단백질만을 지령한다고 생각하고 있었습니다."

생어와 동료들은 1977년, øX174 파지(phage)의 유전자DNA의 전체 염기배열을 결정했다. 이 파지는 총 5,386개의 염기로 이루어진 단일 사슬의 DNA를 가지고 있다. 그 분석 결과, 어떤 단백질을 암호화하는 염기배열 속에, 또 다른 단백질을 암호화하는 배열이 겹쳐 존재한다는 사실이 드러났다. 단백질을 지령하는 유전암호는 DNA 상의 문자(염기)들이 3연자조(三連字組)가 되어서 하나의 아미노산을 지정한다. 세 문자로 구분하는 분획방법을 바꾸면, 같은 문자열(文字列)이라도 다른 아미노산 배열을 지령하는 것이 된다. 이것이 파지에서는 현실로 이루어지고 있었던 것이다.

A "또 하나는 미토콘드리아에서는 다른 유전암호가 사용되고 있었다는 사실의 발견입니다."

Q 이것도 놀라운 일이었습니다.

A "전혀 예상되지 않았던 정말 흥분되는 발견이었지요."

Q 선생님께서도 전혀 그런 가능성을 생각하고 있지 않았던 건가요?

A "물론이지요. 유전암호가 진화과정에서 바뀐다면, 그건 생명 시스템 전체를 뒤흔드는 일입니다. 그런데 놀랍게도 그런 일이 실제로 미토콘드리아에서 일어나고 있었던 겁니다."

1979년, 생어의 공동 연구자인 바렐(B. G. Barrel) 등이 사람의 미토콘드리아 DNA에서 시토크롬 산화효소에 해당하는 염기배열을 조사했더니, 통상적으로는 단백질 합성의 종결 신호인 TGA가, 단백질을 암호화하는 중간 위치에서 발견되었다. 단백질의 아미노산 배열로 보았을 때, 이 TGA는 트립토판을 암호화하고 있다고밖에 해석할 수 없었다. 이후 다른 예들도 곧 발견되었고, 그 결과 미토콘드리아에서는 총 6개의 유전암호가 통상과는 다른 의미로 사용되고 있음이 밝혀졌다. 이 사실은 미토콘드리아의 유래가 미생물이 기생한 것이라는 미토콘드리아 기생설의 중요한 논거가 되고 있다.

Q 제가 만난 어떤 노벨상 수상자는, "당신은 굉장히 훌륭한 실험 기술을 가진 분"이라고 말하고 있었습니다.

A "(웃음) 저는 여러 가지 실험을 해 보고 있습니다. 하지만 대부분은 잘 안 되는 걸요."

Q 정말입니까?

A "네, 늘 새로운 시도를 하다 보니 어려운 점이 많습니다. 실험이라는 건 인내가 필요한 일이고, 잘 안 되는 일에 너무 신경을 쓰면 안 됩니다."

Q 선생님은 실험 초기에 전체적인 전략을 세우기보다는, 단계적으로 전략을 세우는 편이군요?

A "그렇습니다. 다음 해에 할 일을 결정했다고 하더라도, 그해 말에는 뭔가 다른 일을 하고 있는 경우가 많습니다. 예를 들어 인슐린 연구를 마쳤을 때, 대부분의 사람들은 제가 인슐린의 기능에 관한 연구를 시작할 거라고 생각했죠. 실제로 몇 가지 실험을 해 보았지만, 그보다 다른 연구가 잘 진행되어서 자연스럽게 그쪽으로 방향을 틀게 되었습니다."

Q 그렇다면 만약 잘되지 않았던 실험이 성공했더라면, 선생님은 전혀 다른 방향으로 나갔을 수도 있겠네요?

A "그렇습니다."

Q DNA 배열을 해독하는 기술은, 오늘날 분자생물학에서 가장 핵심적인 기술 중 하나라고 생각되는데요.

A "그렇습니다. 매우 중요한 기술입니다. 하지만 그건 비교적 단순한 기술이고, 그 외에도 다양한 기술들이 활용되고 있습니다. 유전자공학 기술은 새롭고 급진적으로 발전하고 있죠. DNA 배열 자체는 이제 아주 간단하게 해독할 수 있게 되었고, 여러 사실을 알게 되었지만, DNA의 기능은 이전에 상상했던 것보다 훨씬 더 복잡합니다. 특정 기능과 관련된 배열을 정확하게 규명하는 일은 지금도 매우 어렵습니다."

Q 인트론(intron, 개재배열)이 있다는 사실은, 아무도 상상하지 못했던 일이었지요.

A "인트론 문제는 매우 복잡하고 어려운 주제입니다."

Q 하지만 현재 인트론도, 선생님의 방법이나 맥샘-길버트법으로 배열이 결정되며 활발히 연구되고 있습니다. 저는 선생님의 공적이 매우 크다고 생각합니다.

A "확실히 유전자에 대해 훨씬 더 잘 이해할 수 있게 되었습니다."

Q 그런데 케임브리지에는 당시에 위대한 분자생물학자나 생화학자가 많이 계셨습니다. 선생님은 누구에게서, 어떤 자극을 받으셨는지 간단히 말씀해 주실 수 있을까요?

A "저는 홉킨스(F. G. Hopkins)의 생화학 연구실에서 연구를 시작했습니다. 젊은 연구자들이 활발하게 새로운 연구에 몰두하던 곳이었고, 특히 효소의 연구가 흥미로웠습니다. 홉킨스를 이어 연구실을 이끈 치브놀(A. C. Chibnall)은 단백질 연구에 깊은 관심을 느끼게 되었습니다. 1960년에는 MRC의 연구소로 자리를 옮겼는데, 그곳에는 퍼루츠, 크릭, 브레너(S. Brenner) 같은 뛰어난 과학자들이 있었고, 그들과의 교류는 매우 자극적이었습니다. 이들과 이야기를 나누다 보면 자연스럽게 관심이 넓어졌습니다. 특히 나중에 제가 본격적으로 연구하게 된 핵산 분야에 큰 영향을 받았습니다. 크릭은 과학 전반에 걸쳐 폭넓은 식견을 가진 인물이었습니다."

Q 그는 최초의 이론 생물학자라고 할 만한 분이지요.

A "네, 그렇습니다. 아마 유일한 이론 생물학자였을지도 모릅니다."

Q 선생님은 훌륭한 실험가이고, 크릭은 훌륭한 이론가입니다. 두 분

이 함께 연구를 하셨다면 정말 놀라운 성과가 나왔을 것 같습니다.

A "우리는 함께 일을 한 적은 없었지만……."

Q 네, 알고 있습니다. 그러나 과학에 대한 이야기는 나누셨을 테니까요…….

A "네, 무척 자극적인 인물이었습니다."

Q 예를 들어, 어떤 이야기를 나누셨나요?

A "주로 핵산에 대한 이야기였던 것 같네요. 너무 많은 대화를 나눠서 다 기억하긴 어렵습니다만. (웃음)"

Q 단백질 1차 구조 해명을 비롯해 퍼루츠와 켄드루(J. C. Kendrew)의 단백질 입체구조 연구, 왓슨과 크릭의 DNA 이중나선 구조까지, 생물학사에 길이 남을 노벨상 수상 업적들이 케임브리지에서 연이어 나왔습니다. 어째서 그렇게 위대한 업적들이 모두 케임브리지에서 탄생할 수 있었다고 생각하십니까? 선생님의 생각을 듣고 싶습니다.

A "케임브리지에는 훌륭한 과학자들이 많이 있고, 오랜 전통을 따르며 연구를 이어가고 있습니다. 그 전통이란 자기 자신의 연구에 집중하고, 실용적인 연구를 강요받지 않는다는 점입니다. 그 덕분에 연구에 대한 흥미가 지속되고, 스스로 문제에 맞서 도전해 나갈 수 있게 됩니다. 게다가 운이 좋게도 저는 교육을 전혀 맡지 않아도 되었습니다. 사실 저는 가르치는 일은 별로 좋아하지 않습니다. 물론 케임브리지는 본질적으로 교육 중심의 대학이지만, 연구 인력이 충분히 많기 때문에 교수들이 과도한 강의나 지도를 맡지 않아도 됩니다. 그만큼 연구에 더

많은 시간을 쓸 수 있었고, 이는 큰 장점이었죠. 케임브리지는 연구 분야에서 세계적으로 명성이 높기 때문에 우수한 학생이 모여듭니다. 그 점이 연구의 잠재력을 높여가는 것이라고 생각합니다."

Q 연구에만 집중하고 싶으셨던 것이군요.

A "그렇습니다. 저는 직접 손으로 실험하는 일을 좋아하니까요. 대학원생에게는 제가 진행 중인 연구를 중심으로 몇 차례 강의한 적은 있지만, 학부생을 대상으로 한 강의는 한 번도 해 본 적이 없습니다."

Q 그런 경우는 케임브리지에서는 흔한 일인가요, 아니면 매우 예외적인 경우인가요?

A "대학에서는 교수라면 교육을 맡는 것이 당연하니, 제 경우는 예외적인 셈이겠지요."

Q 만약, 연구에 복귀하신다면 어떤 연구를 하고 싶으신가요?

A "가능하다면 계속 DNA 관련 연구를 하고 싶습니다. DNA는 매우 큰 분자이고, 그 안에는 엄청난 양의 정보가 담겨 있습니다. 아직도 해야 할 일이 얼마든지 있습니다. 그러나 실제로 어떻게 할 것인지는 그때가 아니면 알 수 없겠어요."

Q 아마 여러 대학이나 연구소에서 선생님을 서로 모셔가려 하겠지요.

A "네, 그렇겠지만 저는 줄곧 케임브리지가 마음에 들었으니까 다른 데로 옮길 생각은 없습니다. 이곳은 연구하기에도, 살기에도 매우 좋은 곳입니다."

생어는 인터뷰가 끝난 뒤, 마치 처음 들어올 때처럼 조용히 퍼루츠의 방에서 슬쩍 사라졌다. 그에게서는 전혀 기를 쓰거나 잘난 체하는 모습이 느껴지지 않았다. 그저 담담하고 겸손한 과학자의 모습만이 남아 있었다.

불가능에의 도전

- 1962년, X선 회절법을 이용한 구상 단백질 입체구조의 해명 -

존 켄드루
(John C. Kendrew)

- 1917년 3월 24일, 영국 옥스퍼드 출생
- 1939년 케임브리지 대학교 트리니티 칼리지 졸업
- 1946~1975년 MRC 분자생물학연구소 부장
- 1949년 박사학위 취득
- 1965~1972년 영국 과학정책 평의원
- 1974년 기사 작위 수여
- 1975~1982년 유럽 분자생물학연구소 초대 소장
- 1980년 옥스퍼드 대학교 세인트 존스 칼리지 학장
- 1980년 국제연합대학 평의원

맥스 퍼디낸드 퍼루츠
(Max Ferdinand Perutz)

- 1914년 5월 19일, 오스트리아 빈 출생
- 1932년 빈 대학교 입학
- 1936년 졸업 후 영국 케임브리지 대학교 캐번디시 연구소로
- 1940년 박사학위 취득
- 1947년 MRC 분자생물학 연구반장
- 1962~1979년 MRC 분자생물학연구소 소장
- 1979년 이후 같은 연구소 스태프로 활동

단백질은 핵산과 더불어 중요한 생체고분자(生體高分子)이다. 생물체의 구조를 만들거나, 생체 내에서 화학반응을 촉매하는 효소로 작용하는 등 다양한 기능을 수행한다.

단백질의 중요성은 예로부터 알려져 있었으며, 생명의 본질로 여겨져 왔다. 20세기 초까지만 해도 젤라틴과 같은 물질이 단백질의 전형으로 간주되었다. 이들은 액체 속에 입자가 분산된 콜로이드 상태를 이루며, 열을 가하거나 환경 조건이 변하면 쉽게 굳는 성질을 보였다. 단백질이 일정한 크기와 형태를 지닌 분자라는 개념이 정립되지 않은 상태였다.

그런데 1925년, 스웨덴의 스베드베리(T. Svedberg, 1926년 화학상 수상자)는 하나의 단백질 종류가 일정한 분자량을 갖는다는 것을 밝혀냈다. 1928년에는 미국의 섬너(J. B. Sumner, 1946년 화학상 수상자)가 우레아제라는 효소를 결정화했다. 1930년대에 들어서는 키모트립신, 트립신, 펩신 등의 소화효소도 결정화되었다. 결정은 동일한 구조를 가진 분자가 규칙적으로 배열될 때 만들어지므로, 단백질도 일정한 구조를 지닌 분자임이 명확히 밝혀졌다.

이 시기에는 핵산이 유전물질이라는 사실이 밝혀지지 않았으며, 단백질이 생명 현상에서 가장 중요한 분자로 여겨지고 있었다. 하지만 생어(F. Sanger)가 인슐린의 1차 구조, 즉 아미노산 배열을 결정한 것도 훨씬 후의 일이었고, 단백질의 입체구조에 대한 이해는 그야말로 구름을 잡는 이야기처럼 막연한 상태였다.

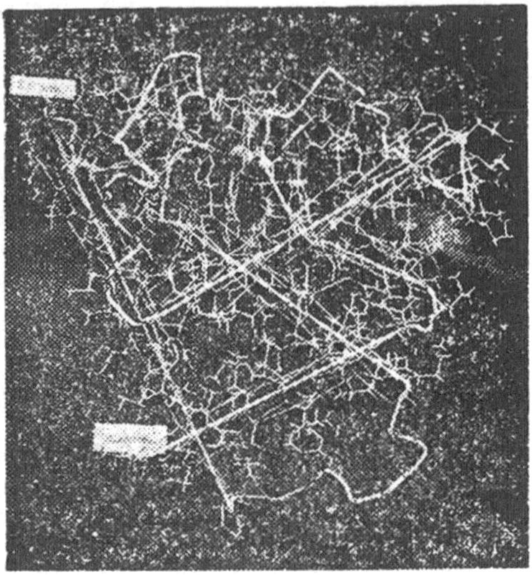

미오글로빈의 고분해능(2Å) 구조 모형은 『네이처』지에 실린 켄드루 등의 논문에서 발표되었다.

당시 영국 케임브리지 대학교의 베르날(J. D. Bernal)은 단백질 결정의 X선 회절 사진을 많이 촬영하고 있었다. X선 회절이란 광물의 결정 구조 등을 조사하는 데 사용되고 있던 방법이다.

결정에서는 원자들이 규칙적으로 배열되어 있다. 결정 속의 원자에 X선이 충돌하여 반사되었을 때, X선의 파동으로서의 성질에 의해 서로를 보강하거나 약화시키는 부분이 생긴다. 이것을 사진건판에 촬영하면 일정한 규칙적인 패턴이 얻어진다. 이 패턴으로부터 결정 구조에 대한 정보를 해독해 구조를 결정하는 방법이 X선 회절법이다.

베르날 밑에서 헤모글로빈이라는 단백질의 X선 회절을 이용한 입체구조의 연구에 착수한 사람이 퍼루츠(Max Ferdinand Perutz)였다. 후에 존 켄드루(J. C. Kendrew)가 이 연구 그룹에 참가해 미오글로빈의 구조 연구에 착수하게 되었다.

헤모글로빈은 혈액 속에 있으며 산소를 운반하는 기능을 하는 단백질이다. 미오글로빈은 조직 속에 있으며 역시 산소 운반 기능을 가지고 있다. 두 단백질 모두 중심에 헴(heme)이라는 판자 모양의 구조를 가지고 있으며, 그 한가운데에는 철(Fe)원자가 위치해 있다. 산소는 바로 이 철원자에 결합함으로써 운반된다.

단백질은 거대한 분자이다. 켄드루가 세계 최초로 입체구조를 밝혀낸 단백질인 미오글로빈은 비교적 작은 편에 속하지만, 135개의 아미노산으로 구성되어 있으며 분자량은 약 17,000에 이른다. 수소를 제외한 원자의 수만 해도 1,260개에 달한다. X선 회절 사진에서는 25,000개의 반사가 나타나며, 켄드루가 1957년에 처음으로 만든 모형은 약 1,000개의 반사데이터를 대상으로 한 것으로, 분해능은 6Å 수준이었다. 퍼루츠가 입체구조를 해석한 헤모글로빈은 미오글로빈 단위를 네 개 모아놓은 형태로, 그보다 훨씬 더 큰 복합 단백질이다.

미오글로빈은 1959년에 2Å의 분해능으로, 원자 수준까지 정밀하게 밝혀낸 상세한 입체구조 모형이 완성되었다. 같은 해, 헤모글로빈 역시 5.5Å의 분해능으로 구조 모형이 만들어졌다.

단백질의 입체구조를 X선 회절법으로 밝히기 위해서는, 수은과 같은 무거운 금속 원자를 단백질 분자에 결합시켜 결정화하는 방법인 중

원자 치환법이 필요했다. 이 방법은 퍼루츠에 의해 응용되었지만, 성공하기까지는 오랜 시간이 걸렸다.

최초의 구조 모형을 완성하기까지, 켄드루는 11년을, 퍼루츠는 22년간을 소비한 것이다. 1962년에 두 사람은 그 업적으로 노벨 화학상을 공동 수상했다. 같은 해 노벨 생리학·의학상은 DNA 이중나선 모델을 제안한 제임스 왓슨, 프랜시스 크릭, 모리스 윌킨스(M. H. F. Wilkins)에게 돌아갔다. 켄드루, 퍼루츠, 왓슨, 크릭, 이 네 사람은 모두 케임브리지 대학교 캐번디시 연구소에서 연구를 수행한 인물들이었으며, 하나의 연구소에서 노벨상 수상자 네 명이 동시에 배출되었다는 사실은 큰 화제가 되었다.

미오글로빈과 헤모글로빈의 모형은 비록 저분해능의 것이라 하더라도, 실처럼 길게 이어진 사슬이 이랑처럼 구불구불 복잡하게 접혀 있는 구조를 하고 있다. 눈에 보이지 않는 이처럼 복잡한 분자의 형태가 실제로 밝혀질 수 있으리라고는 당시에는 도무지 믿기 어려운 일이었으며, 그 과정을 떠올리기만 해도 정신이 아찔할 정도였다.

켄드루와 퍼루츠가 미오글로빈과 헤모글로빈의 입체구조를 밝혀내기 전까지는 단백질이 전체적으로 규칙적인 구조인지, 또는 불규칙한 구조인지 아무도 짐작조차 할 수 없었다. 거대분자의 구조를 밝힌다는 것 자체가 매우 흥미로운 일이었지만, 산소의 운반이나 효소의 촉매작용과 같은 생리적 기능이 어떻게 이루어지는지를 상세히 알기 위해서도, 단백질의 입체구조를 밝히는 일은 결정적으로 중요한 과제였다.

켄드루는 옥스퍼드 대학교의 세인트 존스 칼리지의 학장이다. 중세 시대부터 이어져 온 대학 도시 옥스퍼드에는 오래된 칼리지 건물들이 여기저기 늘어서 있다. 세인트 존스 칼리지또한 3층짜리 유서 깊은 건물로, 입구는 마치 중세의 성곽을 떠올리게 하는 탑 모양의 구조물로 되어 있다. 넓은 안뜰에는 원형 잔디밭이 펼쳐져 있어, 전형적인 고풍스러운 칼리지의 모습을 갖추고 있다. 켄드루의 학장실은 중간 뜰을 가로질러 간 건물의 2층에 위치해 있었다. 입구 옆 검은색 나무 문짝 옆벽에는 신발의 흙을 털어내는 쇠붙이가 보였다. 예전에는 흙이 묻은 신발을 그곳에서 털고 실내로 들어갔다고 한다. 켄드루는 자신의 방에서 상냥하게 나를 맞아 주었다.

회색 상의를 벗어놓은 그는 흰 와이셔츠에 검정 넥타이를 매고 있었다. 잘 정돈된 백발이 인상적이었고, 근시인 안경은 꽤나 도수가 높은 듯했다.

켄드루는 이미 20여 년 전부터 연구의 제1선에서 물러나, 국제적인 연구 및 교육 조직의 정비와 운영에 힘써 왔다. 국제연합대학 관련 업무로 일본을 자주 방문해 왔으며, 일본의 사정에도 밝은 모습이었다.

Q 버날과 폴링에게 영향을 받았다고 하셨는데, 구체적으로 어떤 영향이었을까요?

A "폴링은 20세기를 대표하는 위대한 화학자 중 한 사람입니다. 복잡한 분자구조에 흥미를 가졌고, 그 흥미가 점차 생물학 분야로까지 이어

졌지요. 버날은 결정학자로서 출발했지만 생물학에 큰 관심을 가지고 있었습니다. 저 역시 화학자로서 길을 걷고 있었지만, 언젠가는 생물학 쪽으로 옮겨가고 싶다는 생각을 늘 하고 있었습니다. 그들과 이야기를 나누면서 자연스럽게 결정학 등에 관심을 갖게 되었던 것이지요. 두 사람 모두 매우 자극적이고 인상적인 인물들이었기 때문에 그들의 영향을 받지 않았따고는 도저히 말할 수 없습니다."

켄드루는 제2차 세계대전 중 공군 소속으로 레이더 관련 연구를 수행하고 있었다. 한편 이 시기에 버날은 폴링이 생물학을 지향하게 된 과정에 흥미를 느끼고 있었다. 종전 후인 1946년, 켄드루는 케임브리지 대학교로 돌아와 캐번디시 연구소에서 본격적인 연구를 시작했다.

Q 캐번디시 연구소에 가셨을 당시의 상황은 어땠습니까?

A "버날은 전쟁 전에 케임브리지에 있다가 그 후 런던으로 옮겨갔습니다. 그의 케임브리지 시절 제자 중 한 사람이 퍼루츠였지요. 전쟁이 끝날 무렵, 퍼루츠는 캐번디시 연구소에서 작은 연구 그룹을 이끌고 있었습니다. 캐번디시 연구소는 물리학 중심의 연구소였지만, 교수인 로렌스 브래그(L. Bragg)는 단백질처럼 복잡한 분자의 X선 결정학에 몹시 흥미가 있었습니다. 저는 원래 케임브리지에서 공부했기 때문에 전후에 케임브리지로 돌아가는 것은 매우 자연스러운 선택이었습니다. 그래서 저는 퍼루츠의 연구 그룹에 참가한 것입니다."

Q 왜 단백질의 입체구조를 연구하려고 생각하셨습니까?

A "그 당시 제가 알고 있던 것은 단백질이 효소로서 기능을 한다는 정도였습니다. 자동차의 운전은 할 줄 알아도 엔진의 구조는 전혀 모르는 것과 같은 상황이었죠. 그래서 단백질의 구조를 이해한다는 것이 매우 중요하다고 여겨졌습니다. 버날, 퍼루츠, 도로시 호지킨(D. Hodgkin, 1964년 화학상 수상자) 등이 이미 이 분야의 연구를 시작하고 있었고요. 1945년 무렵에 우리가 구조를 알고 있던 물질로는 대개 20~40개의 원자로 구성된 것이었습니다. 그런데 가장 단순한 단백질조차도 500개 이상의 원자를 포함하고 있죠. 그런 구조를 밝힌다는 건 엄청난 도전이었고, 동시에 매우 보람 있는 일이었습니다. 그래서 저는 단백질의 구조 연구에 뛰어들게 된 것입니다."

"저는 처음부터 X선 결정학에 관심이 있었던 것은 아닙니다. 단백질의 구조가 매우 중요하다고 생각했고, 그것을 밝혀낼 수 있는 유일한 방법이 X선 결정학이라고 판단했기 때문에 이 방법을 선택한 것입니다. 모든 사람이 저와 같은 생각을 했던 것은 아니었습니다. 예를 들어 브래그는 본래 X선 결정학자였기 때문에 오히려 복잡한 분자인 단백질에 관심을 갖게 된 경우였지요."

Q 선생님은 미오글로빈을 선택하셨습니다. 어떤 이유에서였나요?

A "퍼루츠는 이미 헤모글로빈 연구를 시작하고 있었습니다. 당시에도 미오글로빈은 헤모글로빈과 마찬가지로 산소와 결합하는 기능이 있다는 걸 알고 있었습니다. 게다가 미오글로빈은 헤모글로빈보다 분자

량이 작다는 점도 알려져 있었죠. 그래서 저는 미오글로빈을 선택했던 것입니다."

(Q) 당시에는 단백질의 구조가, 나중에 밝혀진 것처럼 불규칙하고 복잡한 것이 아니라 훨씬 규칙적이고 단순한 것이라고 생각하셨습니까?

A "당시에는 아무도 정확히 알지 못했기 때문에 여러 가지 모델이 있었습니다. 처음으로 구조가 밝혀졌을 때, 그건 매우 복잡했고, 일부에만 폴링의 알파(α) 나선처럼 규칙적인 구조가 포함되어 있었습니다. 하지만 α나선이 모든 단백질에 존재하는 것은 아니었습니다. 우연히도 헤모글로빈과 미오글로빈에는 α나선이 많이 함유되어 있었지만, 단백질 전체 구조는 대체로 불규칙한 형태였습니다."

(Q) 선생님은 나선이 많았기 때문에 구조를 결정하기 쉬웠다는 글을 쓴 적이 있는데요…….

A "그건 구조를 해명한 뒤에야 알게 된 사실로, 전적으로 행운이었습니다. α나선이 적었더라도 구조는 결정할 수 있었을 거라고 생각합니다."

(Q) 1951년에 폴링이 나선 모델을 발표했을 때, 어떻게 생각하셨나요?

A "굉장히 흥분됐습니다. 브래그, 퍼루츠, 저를 포함한 많은 사람들이 나선 구조에 대해 생각하고 있었고, 이론적인 연구도 활발히 진행하고 있었습니다. 그런데 폴링의 모델은 실험적 근거까지 갖추고 있었고, 그것이 옳다는 점이 명확했습니다. 그건 그렇다 치고 폴링은 정말 재미있는 사람입니다. α나선에 관한 논문은 『미국 과학아카데미 회보』에

실렸는데, 같은 호에 무려 7편의 논문이 함께 게재되었습니다. α나선 논문이 함께 훌륭한 연구였습니다. 그러나 근육 단백질의 구조 등 다른 주제의 논문들은 거의 모두 심각한 오류를 담고 있었습니다. 이게 그의 전형적인 스타일입니다. 폴링은 실수가 있어도 별로 신경을 쓰지 않아요. 대신 정확한 것은 훌륭합니다. 물론 어느 것이 옳고, 어느 것이 틀렸는지를 판단하려면 시간이 걸리긴 합니다만……."

Q 선생님의 연구 스타일과는 꽤 다르군요.

A "그는 이론가입니다. 모델을 만들어 제시하죠. 확실히 우리와는 연구 방식이 다르고, 인물 자체도 다른 유형입니다."

Q 연구를 시작했을 때, 구조를 밝힐 자신이 있었습니까?

A "아니요. 누구도 자신이 있었던 것은 아니라고 생각합니다. X선 결정학자들조차 단백질처럼 거대한 분자의 구조를 밝힐 수 있으리라고는 생각조차 하지 못했고, 실제로 몇 년 동안은 아무런 성과도 내지 못했죠. 그만큼 위험 부담이 큰 작업이었습니다."

Q 게다가 무척 참을성이 필요한 일이기도 하군요.

A "맞습니다. 저는 단백질 구조 연구를 무려 15년이나 계속해 왔습니다. 처음 10년 가까이는 전혀 진전도 없었고, 전망조차 보이지 않았습니다. 그런데 그 이후 갑자기 일이 빠르게 진척되기 시작했죠."

Q 1950년에 미오글로빈의 구조가 판판한 원반 모양이라는 논문을 발표하셨지요.

A "그렇습니다. 결과적으로는 잘못된 결론이었습니다."

Q 당시 크릭이 세미나에서 「형편없이 어리석은 연구」(What Mad Pursuit!)라는 제목으로 발표했다고 들었습니다. 어떤 인상을 받으셨나요?

A "그는 지금까지 제가 만난 사람들 중에서 가장 열정적이고 지적인 사람이었습니다. 크릭은 전쟁 후에 퍼루츠와 저의 연구 그룹에 참가했습니다. 그는 단백질 구조에 대해 많은 기여를 했지만, 정작 자신이 단백질 구조를 해석하는 일은 하지 않았습니다. 핵산에 더 큰 흥미를 가지게 되었기 때문입니다. 그러나 크릭은 굉장히 우수한 수학자이자 이론가였으므로, 단백질 모델을 비평하고 검토하는 데에는 아주 적합한 인물이었습니다. 실제로 구조가 밝혀지기 전까지 제안된 모든 모델은 잘못된 것이었습니다. 저도, 퍼루츠도, 다른 연구자들도 모두가 틀렸던 셈입니다."

"크릭은 어떤 모델이 실제 구조라면, 그에 따라 나타나야 할 X선 회절 패턴이 현재 우리가 얻고 있는 결과와는 일치하지 않는다는 사실을 증명해 보였습니다. 이는 우리 모델뿐 아니라, 다른 연구자들의 모델에 대해서도 마찬가지였습니다."

Q 그 후, 단백질의 입체구조를 밝히기 위해 어떤 방침을 세우셨습니까?

A "최초의 아이디어는 중원소 치환법이었습니다. 이건 이미 전쟁 전부터 버날이 효과적인 방법일지도 모른다고 말했던 바 있습니다. 단백질 연구에서는 퍼루츠가 헤모글로빈에 적용해 효과가 있다는 것을 보

여주었죠. 그래서 저와 퍼루츠는 이 방법을 중심으로 연구를 진행해 나갔습니다."

(Q) 동형치환법이란 것은 어렵다고 하던데요.

A "네, 무척 어려운 방법입니다. 수은이나 납 같은 무거운 금속이 단백질의 특정한 지점에 특이적으로 결합하는 조건을 찾아내야 하거든요. 이걸 위해 여러 가지 금속 시약을 실험하고, 적절한 조건을 찾아 결정화해야 했습니다. 이 과정에만 몇 년이 걸렸습니다."

(Q) 게다가 계산도 엄청난 양이었겠군요.

A "운이 좋게도 이 작업을 시작할 즈음에 최초의 전자계산기가 등장했죠. 이것이 없었더라면 작업은 불가능했을 것입니다."

켄드루가 미오글로빈의 X선 회절 사진으로부터 입체구조를 해명할 때 사용한 계산 장치는, 당시 케임브리지 대학교에서 개발된 가장 초기의 컴퓨터 중 하나인 'EDSAC'이었다. 진공관을 이용해 작동하는 EDSAC은 방 세 칸을 차지할 만큼 거대한 규모였다. 하지만 그는 지금은 주머니에 들어가는 작은 컴퓨터조차 EDSAC보다 더 강력해졌다는 사실을 언급하며, 조용히 미소를 지었다.

(Q) 미오글로빈의 구조가 해명될 것이라는 확신을 가진 건 언제였습니까?

A "1957년입니다. 그 무렵, 몇 가지 동형치환체(同型置換體)를 얻는 데

성공했습니다. 이 단계만 완성되면 나머지는 비교적 빠르게 진행됩니다. 그해 안에 저분해능의 최초 구조가 밝혀졌고, 2년 뒤에는 고분해능 구조까지 얻을 수 있었습니다."

Q 당신은 세계 최초로 단백질의 입체구조를 해명한 셈인데, 그때의 소감은 어떠셨습니까?

A "물론 무척 흥분됐습니다. 그때까지 단백질의 입체구조를 실제로 본 사람은 아무도 없었으니까요."

Q 다른 사람들의 반응은 어떠했습니까?

A "물론 모두들 흥분했지요. 그야말로 전 세계가 흥분하고 있었습니다. 그동안 여러 나라에서 숱한 모델이 만들어졌지만, 실제로 밝혀진 구조는 그 어떤 모델과도 전혀 달랐습니다. 가장 놀라운 점은, 단백질의 구조가 예상과 달리 불규칙했다는 사실이었어요. 다음 해에 또 다른 단백질의 구조가 밝혀졌는데, 그것도 역시 불규칙했습니다."

Q X선 결정학 분야에서 영국에서 위대한 업적이 나온 이유는 무엇이라고 보십니까?

A "X선은 독일에서 처음 발견되었기 때문에, 독일에서 더 많은 연구 성과가 나왔어야 했다고 생각합니다. 실제로 최초의 X선 회절 연구도 역시 독일의 라우에(M. T. F. von Laue)에 의해 이루어졌습니다. 하지만 이상하게도 그 이후 독일에서는 이 분야의 연구가 활발히 이어지지 않았습니다. 반면 영국에서는 브래그 부자(W. H. Bragg와 아들 Sir. L. Bragg. 1915년에 함께 물리학상 수상)의 힘이 컸다고 생각합니다. 그들은 아주 초

기부터 연구를 시작했습니다. 그들은 좋은 교사이기도 했고, 급속히 연구의 학풍을 쌓아 올렸습니다."

Q 선생님은 아들인 로런스 브래그 경과 함께 연구하셨는데, 그는 어떤 인물이었습니까?

A "그는 복잡한 퍼즐을 푸는 데 매우 능숙한 사람이었습니다. 생물학 자체에는 특별한 흥미가 없었지만, 단백질은 구조가 복잡했기 때문에, 오히려 흥미로운 퍼즐처럼 느꼈던 것 같습니다. 그래서 그 구조를 해석하는 과정에 깊은 매력을 느끼고 있었습니다."

Q 브래그로부터 자주 격려를 받으셨습니까?

A "네, 그는 우리 연구에 큰 관심을 가지고 있었고 많은 도움을 주었습니다. 또 퍼루츠도 저도 물리학 연구소에 소속되어 있었지만, 엄밀히 말해 물리학자는 아니었기 때문에 연구 자금을 확보하는 데 어려움이 있었습니다. 그런 저희를 도와준 사람이 바로 브래그였습니다. 이는 매우 중요한 지원이었지요. 우리가 10년 동안이나 연구를 계속할 수 있었던 것은 브래그의 직접적이거나 간접적인 도움 덕분입니다. 또 한 사람 킬린(D. Keillin)의 이름도 언급해야 합니다. 제가 캐번디시에서 일을 시작했을 때, 생화학 연구를 할 장소가 없었는데, 킬린이 실험실을 제공해 주었습니다. 우리가 MRC(의학연구위원회)로부터 연구비 지원을 받을 수 있었던 것도 브래그뿐 아니라 킬린의 도움 덕분이었습니다."

Q 캐번디시 연구소에서는 선생님과 퍼루츠가 단백질의 입체구조를 밝혔고, 왓슨과 크릭이 DNA의 구조를 밝혔습니다. 캐번디시는 이런

연구에 가장 적합한 장소였다고 말할 수 있을까요?

A "그건 일종의 우연입니다. 캐번디시 연구소는 톰슨(J. J. Thomson)과 러더퍼드(E. Rutherford) 같은 인물들 덕분에 원래는 핵물리학의 전통이 강한 곳이었습니다. 그런데 제2차 세계대전 말기에 브래그가 교수로 임명되었을 때는 비판이 컸습니다. 그는 핵물리학자가 아니었으니까요. 브래그는 새로운 분야에 눈을 돌렸습니다. 그중 하나가 복잡한 분자의 X선 결정학이었고, 또 다른 하나는 전파천문학이었습니다."

Q 선생님은 유럽 분자생물학 기구(EMBO)를 창설하셨고, 국제연합대학에서도 활동하셨습니다. 지금은 말하자면 '과학의 경영자' 역할을 하고 계신 것으로 알고 있습니다. 이런 일을 즐기고 계십니까?

A "네, 무척 즐기고 있습니다. 지금은 아무것도 연구하고 있지 않습니다. 물론 제가 연구하던 분야에서 어떤 일이 일어나고 있는지는 여전히 흥미를 가지고 있습니다만, 지금은 국제적인 활동에 힘을 쏟고 있습니다. 특히 개발도상국의 문제는 중요하다고 생각합니다. 저는 전혀 다른 활동으로 옮겨온 셈이지요. 퍼루츠처럼 줄곧 연구를 계속하는 사람도 있습니다. 그는 아마 100살이 되어도 하루 8시간씩 실험실에서 일할 겁니다! 저는 그 일을 20년 전에 단념해 버렸습니다. 하지만 후회는 없습니다. 제게 연구란, 하고 싶은 일의 일부분에 지나지 않았으니까요."

마지막 말에는 힘이 실려 있었다. 그것이 자신을 납득시키기 위한 것이라고 단정하는 건 지나친 억측일지도 모른다. 하지만 켄드루처럼 그런 길을 택한 이에게 따르는 대가도 결코 작지는 않기 때문이다.

Q 선생님이 미오글로빈의 구조를 처음으로 해명하셨을 때에 비하면 분자생물학은 많이 발전해 왔습니다. 앞으로는 어떤 일이 일어나게 될 것이라 보십니까?

A "예상은 도저히 말할 수 없지만, 현재는 박테리아나 바이러스와 같은 단순한 생물에서 출발한 분자생물학적 방법이 인간을 포함한 생물에게 응용되고 있습니다. 앞으로는 뇌의 기능이나 발생과 같은 문제가 보람 있는 분야로, 큰 발전이 기대됩니다. 물론 이런 문제들은 너무 복잡해서 접근이 어렵다는 말도 있습니다. 그러나 우리가 X선 결정학을 이용해 단백질의 입체구조를 밝히기 시작했을 때에도, 모두들 그것은 너무 복잡한 일이라고 말했었습니다."

"당신은 아주 좋은 때에 오셨습니다. 오늘 오후에는 이스라엘로 떠날 예정입니다."

그는 마지막으로 그렇게 말했다. 제법 분주한 출발이 될 터였지만, 그는 그런 기색을 전혀 내비치지 않은 채, 차분하게 내 인터뷰에 응해주었던 것이다.

케임브리지에 있는 MRC분자생물학연구소는 대학 캠퍼스와는 떨어진 곳에 위치해 있다. 이 연구소는 MRC 산하의 병원 등과 함께 있는 부지 안에 있으며, 1960년대 초에 세워진 새로운 연구소이다. 퍼루츠는 이 연구소가 설립되었을 때, 캐번디시 연구소에서 이곳으로 자리를 옮겼고, 지금도 연구를 계속하고 있다.

접수처에서 30분 가까이를 기다려야 했다. 이런 일은 지금까지 없었다. 퍼루츠와의 인터뷰는 1시간으로 예정되어 있었고, 그 시간이 끝날 무렵에 생어가 퍼루츠의 방으로 와서 인터뷰에 응해 주기로 되어 있었다. 어떻게 될까?

겨우 비서가 마중을 나왔다. 퍼루츠의 방은 자그마했고, 한쪽 벽은 높다란 책장으로 가득 차 있었다. 흰 와이셔츠에 줄무늬 넥타이, 회색 조끼에 회색 바지 차림의 그는 책상 곁에 서 있었다. 검은테 안경 너머로 넓게 드러난 이마가 유난히 넓어 보였다. 그의 표정은 어딘가 천진해 보였다. 그의 책상에는 의자가 없었다. 1976년에 정원 일을 하다가 허리를 다쳤다고 한다. 그 이후로는 의자에 앉지 않고 줄곧 선 채로 생활하고 있다고 했다. 책상 가까이의 벽에는 비스듬히 고정된 나무판자가 하나 부착되어 있었는데, 그는 무언가를 쓸 일이 있을 때 이 판자를 사용한다고 했다. 나중에 사진 촬영을 위해 자리를 옮기던 중, 나는 그 판자에 어깨를 세게 부딪혔지만, 판자는 꿈쩍도 하지 않았다.

인터뷰 도중 잠깐이라도 실험실에 다녀올 수 있다면, 인터뷰가 늦어져도 괜찮다고 했다. 시작이 늦어진 만큼의 시간은 생어와의 인터뷰가 끝난 뒤 다시 내주기로 했다. 그는 시간에 크게 신경을 쓰지 않는 사람처럼 보였다. 무엇보다 실험이 최우선인 듯했다.

퍼루츠는 지금도 하루 8시간씩 연구실에서 실험을 계속하고 있다.

헤모글로빈과 인연을 맺은 지도 벌써 47년이나 된다. 날마다 헤모글로빈과 얼굴을 맞대지 않으면 마음이 허전하다고 말한다.

Q 헤모글로빈의 입체구조를 해명하려고 결심한 것은 언제였습니까?

A "제가 헤모글로빈 연구를 시작한 것은 1937년 가을이었습니다. 하지만 당시만 해도 단백질의 입체구조를 밝힌다는 것은 전혀 실현 가능성이 없는 일로 여겨졌습니다. 버날 등이 단백질의 X선 회절 사진을 처음 촬영한 지 채 3년도 지나지 않은 시점이었고, 단백질의 X선 구조 연구는 완전히 새로운 분야였습니다. 새로운 분야에 발을 들인다는 것은 마치 신대륙을 향해 나아가는 탐험가와도 같아서, 무엇을 발견하게 될지 전혀 예측할 수 없는 일이었지요."

Q 선생님께서는 케임브리지 대학의 아대어(G. S. Adair)에게서 헤모글로빈에 관한 이야기를 듣고, 프라하의 호로비츠(F. Haurowitz)로부터 헤모글로빈 결정 샘플을 받으셨지요. 그 일을 계기로 본격적으로 헤모글로빈을 연구해 보기로 결심하신 건가요?

A "네, 그렇습니다. 그 결정 덕분에 그때까지 아무도 찍지 못했던 깨끗한 X선 회절 사진을 찍었습니다. 그걸 친구들에게 보여줬더니, '이게 뭘 의미하는 거야?'라고 묻더군요. 사실 그때는 저도 잘 몰랐습니다. (웃음)"

Q 왜 헤모글로빈에 끌렸던 건가요?

A "헤모글로빈은 정말 흥미로운 단백질입니다. 산소가 붙었다 떨어

지는 과정 자체에 수수께끼 같은 점이 많지요. 게다가 '헴' 사이의 상호작용이라는 독특한 현상도 있습니다. 그건 산소의 결합곡선이 S자형 커브를 그리는 것으로 나타납니다. 산소에 대한 친화성은 처음에는 낮다가 점점 높아지는 식입니다. 마치 헴들 사이에 서로 '커뮤니케이션'이 오가는 것처럼 보이죠. 이건 정말로 불가사의한 현상입니다. 이 수수께끼가 마침내 1970년에 풀렸습니다."

헤모글로빈은 미오글로빈과 비슷한 단백질 네 개가 모여 형성된 복합 단백질로, 각각의 단백질 단위를 '서브유닛(subunit)'이라고 부른다. 각 서브유닛은 헴을 하나씩 가지고 있으며, 그 철원자에 산소가 결합할 수 있다. 즉, 헤모글로빈 한 분자에는 네 개의 산소가 결합할 수 있다. 산소 평형곡선의 S자형 커브는 산소가 결합하기 시작하면 그다음 결합이 쉬워진다는 성질을 나타낸다. 이것은 네 개의 서브유닛 사이에 상호작용이 있기 때문이라고 생각된다. 퍼루츠는 이와 같은 성질을 설명하는 헤모글로빈 분자의 구조변화에 관한 논문을 1970년에 발표했다.

Q 연구 초기부터 구조와 생리적 기능, 즉 헴 사이의 상호작용 간의 관계를 밝히는 데 관심이 있으셨습니까?

A "그건 매우 재미있는 문제 중 하나입니다. 그러나 당시 저의 주된 관심은 단백질의 입체구조를 밝히는 데 있었습니다. 어떤 단백질이든 좋았습니다. 헤모글로빈은 대량으로 추출할 수 있었고, 결정화도 비교

적 용이했기 때문에 연구 대상으로 선택하게 된 것입니다."

"생어도 아마 비슷한 동기로 연구를 시작했을 겁니다. 당시에는 단백질의 아미노산 배열이 알려져 있지 않았기 때문에, 그는 그 문제에 정면으로 맞섰던 것이지요. 아미노산 배열이 규칙적인 반복이라고 말하고 있었지만 사실은 아무도 정확히 알지 못했습니다. 그리고 누구도 실제로 배열을 알아낼 수 있으리라고는 상상조차 하지 않았고요. 우리도 마찬가지였습니다. 단백질의 입체구조를 알 수 있으리라고는, 그 누구도 기대하지 않았지요."

퍼루츠는 책상 위에 놓인 비커를 들고 창가의 싱크대로 걸어갔다. 수도꼭지를 틀어 비커에 물을 가득 채우더니 다시 책상으로 돌아와 단숨에 물을 들이켰다. 너무도 당연한 듯 비커를 컵처럼 쓰는 모습에, 나는 어리둥절한 채로 바라볼 수밖에 없었다.

빈에서 태어나 자란 퍼루츠는 1936년에 케임브리지를 방문했는데, 그때 퍽 좋은 인상을 받았다고 한다. 이후 1939년에 록펠러재단의 장학금을 받아 케임브리지의 캐번디시 연구소로 유학을 오게 되었고, 그곳에서 로렌스 브래그(Sir Lawrence Bragg)경의 지도를 받게 되었다. 나는 그에게 당시 캐번디시 연구소의 분위기에 대해 물어보았다.

A "죽은 카피차(P. L. Kapitsa)가 캐번디시 연구소에 대해 쓴 글이 있습니다."

Q 아니, 카피차가 돌아가셨습니까?

나는 놀라며 반문했다. 카피차는 펜지어스(A. A. Penzias), 윌슨(R. W. Wilson)과 함께 1978년 노벨 물리학상을 수상한 소련의 물리학자였다. 그의 사망은 내가 이 취재 여행을 떠난 이후의 일이었기 때문에, 나는 그 사실을 알지 못했다. 퍼루츠가 꺼내 든 것은 『런던 리뷰 오브 북스』에 실린 기사였고, 그 안에서 카피차의 글이 인용되고 있었다.

카피차는 영국에서 물리학의 두드러진 업적이 많이 나오는 이유를 개성이 존중되는 문화 때문이라고 보았다. 그는 캐번디시 연구소에서 젊은 연구자들이 일반적으로는 믿기 어려운 사고방식에 바탕을 두고 연구에 몰두하고 있다고 말한다. 그들은 단지 자신만의 아이디어를 내는 데 그치는 것이 아니라, '크로코다일(crocodile, 카피차가 러더퍼드에게 붙인 별명)'이 그러한 개성의 표현을 높이 평가하는 데 그치지 않고, 흔히 하찮게 여겨질 만한 아이디어라도 격려하고 발전시켜, 의미를 부여해 나갔기 때문이라고 카피차는 말한다. 퍼루츠는 버날 역시 그런 사람이었다고 덧붙였다.

Q 처음 연구를 시작했을 때, 단백질의 입체구조를 해명할 자신이 있었습니까?

A "아니요. (웃음) 전혀요."

Q 그럼 언제쯤 자신이 생기셨나요?

A "1953년에 중원소 치환법을 사용하게 되면서부터입니다. 사실 1940년대에는 한때 구조를 해명했다고 생각한 적도 있었습니다. 최근에 아내와 함께 장인어른께 보냈던 1949년의 편지를 우연히 발견했는데, 그 안에서 제가 의기양양하게 '헤모글로빈의 구조를 해명했습니다'라고 자랑하고 있더군요. (웃음) 그런데 불과 두세 달 후에 크릭이 제 오류를 증명해 냈습니다."

Q 크릭이 「형편없이 어리석은 연구」라는 제목으로 세미나에서 비평한 일이 있었지요. 켄드루와 그 이야기를 나눈 적이 있습니다. 당시에는 헤모글로빈의 구조로 '모자 상자'라는 단순한 모델을 구상하고 계셨다고 들었습니다.

A "그렇습니다. 그 그림을 본 적이 있습니까?"

내가 얘기로만 들었을 뿐 그림은 보지 못했다고 하자 그는 논문을 가지러 갔다.

A "X선 회절의 사진 해석을 지나치게 단순화했던 것이지요."

그는 논문을 찾아왔다. '모자 상자' 그림을 보고 우리는 함께 폭소를 터뜨렸다.

A "평행한 막대기 모양의 구조로 되어 있다고 생각했던 것입니다. 크

릭은 X선 회절 사진을 페터슨(Patterson) 합성이라는 방법으로 해석하면, 모자 상자 구조라면 실제로 얻어진 것보다 10배나 높은 피크가 나타날 것이라고 말했습니다. 9년 후에 실제 구조를 알고 보니, 막대기 모양의 α나선 구조가 헤모글로빈의 일부를 구성하고 있었던 것입니다."

이때 생어와 만나기로 한 약속 시간이 되었다. 나는 퍼루츠의 방에 남아 찾아올 생어와 인터뷰를 진행하기로 했고, 퍼루츠는 그동안 실험실에서 일을 하기로 했다. 다소 이상한 형태이긴 하지만, 어쨌든 두 명의 노벨상 수상자와 한꺼번에 인터뷰를 할 수 있다는 것은 고마운 일이었다. 퍼루츠는 흰 가운을 걸친 채 방을 나섰다.

퍼루츠의 방 벽에는 알프스 사진이 여러 장 걸려 있었다. 등산 차림의 그의 모습이 담긴 사진도 있었다. 그는 산을 좋아했고 빙하에도 흥미를 보였다. 헤모글로빈을 연구하는 틈틈이 빙하 얼음의 구조를 연구한 적도 있었다.

생어와의 인터뷰가 끝난 뒤 퍼루츠가 돌아왔다. 이제부터는 중단되었던 그의 인터뷰가 이어진다.

Q 1951년에 폴링이 α나선을 발표했습니다. 그때는 어떻게 생각하셨습니까?

A "저는 폴링의 다섯 편의 논문을 토요일 오전에 캐번디시 연구소 도서관에서 읽었습니다. α나선 구조가 옳다는 걸 금방 알 수 있었습니다.

그리고 케라틴(머리카락이나 손톱 등의 단백질)과 같은 것에는 1.5Å의 반복 구조가 있을 것이라고 생각했습니다."

α나선에서는 축 방향으로 인접한 아미노산 사이의 거리가 1.5Å이다.

A "이 사실은 아직 보고된 바가 없습니다. 애스트버리(W. T. Astbury, 영국)는 수천 장의 α케라틴의 X선 사직을 찍었지만, 이런 종류의 반사에 대해서는 아무런 언급도 하지 않았습니다. 이건 이상한 일이었습니다. 제가 알아낸 것은 애스트버리가 X선을 쬘 때 사용한 각도가 1.5Å 반사를 얻기에 적절하지 않았다는 점과, 사용한 건판이 너무 작아서 반사가 건판 밖으로 삐져나갔을 가능성이 있다는 점이었습니다."

"점심을 먹은 뒤 실험실로 가서, 말꼬리털의 X선 사진을 찍고, 두 시간 뒤에 현상해 보았더니 1.5Å 반사가 나타나 있었습니다. 폴링의 α나선 모델이 옳다는 증거를 얻고 무척 흥분했습니다. 월요일 오전에 브래그의 사무실로 가서 그 이야기를 전했습니다. 브래그는 제게 그걸 어떻게 발견했느냐고 물었습니다. α나선을 발견하지 못한 자신에게 화가 났기 때문이라고 대답했더니, 그는 '자네를 좀 더 일찍 화나게 했어야 했을걸' 하고 말하더군요."

Q 헤모글로빈의 구조를 해명했을 때의 기분은 어떠했습니까?

A "그건 정말 멋졌습니다. 그때 만든 모형을 아직도 갖고 있습니다. 나중에 보여드리지요. 20년 넘게 씨름한 끝에 갑자기 밝혀졌으니까요.

이것이야말로 다른 방법에서는 없는 X선 결정학의 특징입니다. 수천 장의 X선 반사 데이터를 측정하지만, 각각의 반사에는 모든 원자의 산란이 기여하고 있습니다. 그래서 모든 것이 밝혀지거나, 아무것도 얻지 못하거나 둘 중 하나입니다. 푸리에(Fourier) 해석(각 원자의 기여를 계산하는 방법)이 하루하루 조금씩 진전되면서, 네 개의 사슬 모양이 비슷해지고, 그 하나하나가 미오글로빈과 닮아 있다는 걸 알게 되었습니다. 그 과정은 매우 느릿느릿 진행됩니다. 그땐 마치 줄곧 사랑을 하고 있는 것 같은 기분이었지요. (웃음)"

Q 사랑이란 말은 참 딱 들어맞는 표현입니다.

퍼루츠는 X선 결정학의 성질에 대해 이야기를 이어갔다. 그는 왓슨과 크릭이 DNA의 X선 회절 사진을 바탕으로 생명의 비밀을 한순간에 밝혀냈다고 말했다. 1953년 당시, 왓슨과 크릭은 퍼루츠의 옆방에서 DNA 모형을 만들고 있었다.

A "X선 결정학은 오랫동안 사람들이 풀지 못했던 문제를 어느 순간 밝혀냅니다. 1965년에는 필립스(D. C. Phillips, 영국)가 효소로는 처음으로 라이소자임의 구조를 해석했을 때, 2~3일 사이에 촉매작용의 기능이 밝혀졌습니다."

Q 헤모글로빈의 경우, 산소 결합으로 인해 입체구조가 바뀐다는 사실이 이해되기까지는 시간이 걸렸지요.

A "최초의 모델로는 아무것도 알 수 없었습니다. 그로부터 11년이 걸렸습니다. 산소가 결합한 헤모글로빈과 결합하지 않은 헤모글로빈 모두에서 모든 원자의 위치까지 밝혀낸 모델을 제가 만든 뒤에야 이 메커니즘이 밝혀졌습니다. 이것도 흥분되는 사건이었습니다."

Q 모노(J. L. Monod, 프랑스, 1965년 생리학·의학상)는 헤모글로빈을 "명예효소(名春薛素)"라고 불렀지요.

A "그렇습니다. 헤모글로빈은 우리가 메커니즘을 알고 있는 유일한 알로스테릭(allosteric) 단백질입니다."

모노 등은 1961년에 어떤 종류의 효소에서 촉매 작용을 하는 활성 부위와는 다른 위치에 조절 부위가 존재하며, 이 조절 부위에 특정 분자가 결합함으로써 활성 부위의 구조와 기능이 변화하여, 효소 활성이 조절되는 현상을 알로스테릭 효과라고 명명했다. 알로스테릭 효과를 나타내는 단백질을 알로스테릭 단백질이라고 한다. 헤모글로빈은 한 개의 서브유닛에 산소가 결합하면, 다른 서브유닛의 산소에 대한 친화성이 변화하기 때문에 알로스테릭 단백질의 대표적인 예로 꼽힌다.

Q 선생님은 헤모글로빈의 알로스테릭 효과 메커니즘에 관한 논문을 발표하셨을 때, 모노가 무척 기뻐했다고 들었습니다.

A "논문의 프린트를 모노에게 보내자, 그 메커니즘이 틀림없을 것이라는 내용의 아주 반가운 편지를 받았습니다."

Q 모노와 헤모글로빈의 알로스테릭 효과에 대해 이야기한 적이 있었습니까?

A "그가 이론을 세우고 있던 무렵, 자주 이야기를 나누었습니다. 그래서 모노는 헤모글로빈의 서로 다른 두 가지 구조(산소가 결합한 상태와 결합하지 않는 상태)에 대해 잘 알고 있었고, 큰 흥미를 가지고 있었습니다. 모노는 알로스테릭 효과를 '생명의 두 번째 비밀'이라고 불렀습니다. 이는 거의 모든 생체 조절 과정이 알로스테릭 효과와 관련되어 있기 때문입니다. 첫 번째 비밀은 DNA의 구조입니다."

Q 선생님은 알로스테릭 효과의 메커니즘을 실제로 밝힌 셈이군요.

A "모노는 이미 그걸 예측하고 있었기 때문에 제 발견을 매우 기뻐해 주었습니다. 모노, 크릭, 그리고 브래그까지도 제 주장을 금세 믿어주었으니 재미있는 일이었지요. 하지만 대부분의 다른 사람들은 반대했고, 그로 인해 상당한 논쟁이 벌어졌습니다. 사실 지금도 완전히 결말이 난 것은 아니라서, 저는 여전히 그 싸움을 계속하고 있습니다."

Q 크릭은 뭐라고 말했습니까?

A "'옳다'고 말했어요. 그뿐입니다. 크릭이 옳다고 하면 우리는 그걸 틀림없다고 생각하니까요."

Q 선생님은 아직도 헤모글로빈 연구를 계속하고 계신데, 도대체 언제쯤 완성될까요?

A "저도 잘 모르겠습니다. 현재 단계에서 말씀드리자면, 우리는 최근에 헤모글로빈이 약물을 운반한다는 새로운 현상을 발견했습니다. 또

한 이상 헤모글로빈이 이미 400종류나 발견되었고, 유전적 이상과 헤모글로빈 구조 관계에 대해서도 많은 연구가 진행되고 있습니다. 미국의 공동 연구자들과는 낫세포 적혈구 빈혈증 치료제를 연구하고 있습니다."

Q 선생님은 참을성이 강하고 끈기 있다는 평가를 받으십니다. 어떻게 생각하십니까?

A "음…… 저는 기본적으로 결과를 얻는 데는 열심입니다. 실험만 잘 풀리면 고생이야 아무래도 상관없지요. 노력이나 시간 같은 건 별로 신경 쓰지 않습니다."

Q 위대한 발견을 하고 싶다면, 연구자에게는 무엇이 필요할까요?

A "상상력이지요. 과학을 해 나가는 데는 그 외에도 여러 가지가 필요하지만……."

인터뷰를 마친 뒤, 퍼루츠와 함께 구내식당에서 점심을 먹었다. 그는 여전히 서서 이야기하고 있었다. 헤모글로빈 이야기를 하는 것이 즐거워서 견딜 수 없다는 표정이었다. 아마도 그는 헤모글로빈 연구만 할 수 있다면, 다른 것은 아무것도 바라지 않을 것이다. 그를 괴짜라고 보는 사람도 많겠지만, 이렇게 행복해 보이는 사람은 좀처럼 찾아보기 어렵다.

3 노벨 생리학·의학상 1

- 프랜시스 크릭 (1962년)
- F. 자코브 (1965년)
- M. 니런버그 (1968년)
- A. 콘버그 (1959년)

노벨 생리학·의학상 금메달 뒷면

시대를 뒤흔든 통찰

- 1962년, 핵산의 분자구조와 생체 내 정보 전달에 관한 그 중요한 발견 -

프랜시스 크릭
(Francis Harry Compton Crick)

- 1916년 6월 8일, 영국 노샘프턴셔주에서 출생
- 1937년 런던 대학교 졸업
- 1949~1977년 MRC 분자생물학 연구소 근무
- 1954년 박사학위 취득 이후 미국 여러 대학 및 연구소에서 객원교수 역임
- 1977년~ 소크(Salk) 연구소 교수로 재직

단 한 가지 발견이 방대한 내용을 품는 새로운 연구 분야를 개척해 나가는 일은 과학의 세계에서도 좀처럼 보기 드문 일이다. 왓슨(J. D. Watson)과 크릭이 1953년에 제안한 DNA 이중나선 모델은 그러한 전형적인 예로, 과학사 속에서 찬란히 빛나는 업적으로 남을 것이다.

영국 케임브리지 대학의 캐번디시 연구소, 왓슨과 크릭의 바로 옆방에 있던 맥스 퍼루츠(Max Ferdinand Perutz)는 이렇게 말했다.

"잊을 수 없는 건, 월요일에 왓슨과 크릭의 방에 들어갔을 때였습니다. DNA의 이중나선 모형이 놓여 있었지요. 저는 그 모형을 본 순간, 그것이 옳다는 걸 바로 알았습니다. 입체화학의 요구를 잘 만족시키는 동시에, 유전정보의 복제 메커니즘까지 설명하고 있었으니까요. 생명의 비밀이 한순간에 밝혀진 것이었습니다. 정말 믿기 어려운 순간이었지요."

이 모형은 인산과 당(데옥시리보스)이 연결된 두 개의 끈이 나선을 형성하고 있으며, 각각의 당에 붙어 있는 염기(아데닌=A, 티민=T, 구아닌=G, 시토신=C)는 A-T, G-C 쌍을 이룬다. 염기쌍은 당과 인산으로 이루어진 골격 내부, 나선 안쪽에 마치 계단처럼 배열되어 있다. 나선의 지름은 20Å, 염기쌍 간의 계단 간격은 3.4Å이며, 염기쌍은 36도씩 회전해 10개의 염기쌍마다 정확히 한 바퀴를 돈다. 즉, 나선의 1피치(pitch)는 34Å에 해당한다. 왓슨과 크릭은 당과 인산으로 구성된 골격을 철사로, 염기 부분은 양철판으로 만들어 모형을 조립해 놓았다. 사진으로 보면,

모형을 지탱하는 금속 막대와 고정용 철제 부속이 다소 눈에 띈다.

퍼루츠가 모형을 본 것은 1953년 3월 9일이었다. DNA의 이중나선 구조에 대한 왓슨과 크릭의 최초 논문은 4월 2일에 발송되었으며, 『네이처(Nature)』지 4월 25일 자에 실렸다. "우리는 데옥시리보핵산(DNA) 염의 구조를 제안하고자 한다. 이 구조는 생물학적으로 매우 흥미로운 새로운 특징을 가지고 있다"로 시작해 결론에서는 다음과 같이 밝히고 있다.

"여기서 가정한 특이적인 염기쌍은 유전물질이 복제되는 메커니즘을 시사한다는 사실을 우리는 곧 알아차리지 않을 수 없었다."

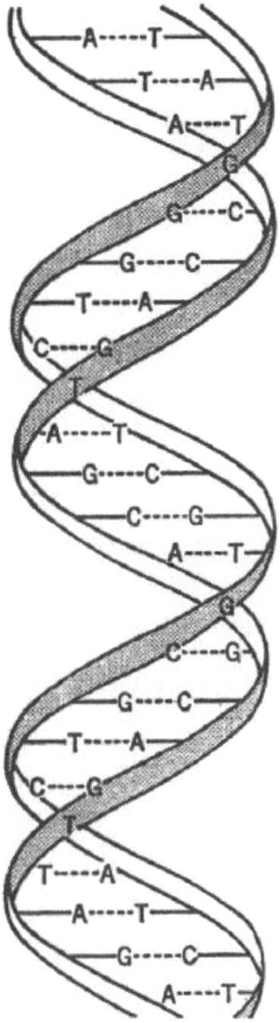

왓슨과 크릭이 해명한
DNA의 이중나선 구조

왓슨과 크릭의 모형은 DNA 구조를 정확히 밝혀냈다. 동시에 A-T, G-C라는 특이적인 염기쌍은 유전물질 복제 메커니즘을 암시했으며, 유전정보가 염기의 배열 방식으로 존재한다는 점 또한 쉽게 유추할 수 있게 했다. 왓슨과 크릭이 단 한 쪽 분량으로 발표한 이 짤막한 논문은, 분자생물학이라는 새로운 분야의 토대를 마련했다고 해도 과언이 아니다.

DNA를 처음으로 생물에서 추출한 것은 스위스의 미셔(J. F. MieSher)로, 1870년경의 일이었다. DNA의 화학적 조성도 20세기 초부터 알려져 있었지만, 당시에는 생물학적으로 그리 중요한 물질로 여겨지지 않았다. 1930년대에는 '4련(連) 뉴클레오타이드 가설'이 주된 견해였으며, DNA는 네 종류의 뉴클레오타이드가 반복되는 구조로 간주되었다. 그 시기에는 생명의 신비를 관장하는 주된 물질로 단백질이 지목되었고, DNA는 오히려 하찮은 물질로 여겨졌다.

그런데 1944년, 미국 록펠러 연구소의 에이버리(O. T. Avery)는 폐렴 쌍구균에서의 '형질전환(形質轉換)' 실험 결과를 발표했다. 이 실험에서 그는 병원성이 없는 R형 폐렴 쌍구균에 병원성 S형 균에서 추출한 DNA를 주입했고, 그 결과 R형 균이 S형으로 변화해 병원성을 띠게 되었다. 이렇게 S형으로 바뀐 균은 여러 세대를 배양한 뒤에도 다시 변화하지 않았다. 에이버리는 명확히 단언하지는 않았지만, 그의 실험 결과는 DNA가 폐렴 쌍구균의 유전적 성질을 바꾸는 물질, 즉 바로 유전물질 자체라는 것을 시사하고 있었다.

오스트리아 출신으로 미국 컬럼비아 대학교에서 연구하던 어윈 샤가프(Erwin Chargaff)는 다양한 생물의 DNA 염기 조성을 조사해, 생물의 종에 따라 염기 조성이 서로 다르다는 사실을 발견했다. 이는 당시 유력하던 4련 뉴클레오타이드 가설이 잘못된 것임을 의미하는 결과였다. 또한 샤가프는 DNA 염기 조성에 일정한 규칙성이 존재함을 밝혀냈다. 그것은 분자의 수의 몰(mol) 비로 비교하면 푸린염기(A와 G)와 피리미딘염기(T와 C)가 서로 같고, 또 A와 T, G와 C가 각각 같다는 것이었다. 샤가프의 염기 조성에 관한 샤가프의 규칙은 1950년에 논문으로 발표되었지만, 그때는 이 규칙이 무엇을 의미하는지 분명하지 않았다.

왓슨은 시카고 대학교를 졸업한 뒤 인디애나 대학 대학원에서 수학했다. 그곳에서 박테리오파지를 연구하고 있던 루리아(S. E. Luria)에게 지도를 받았다. 루리아는 델브뤼크(M. Delbrück)와 함께 당시 '파지 그룹'의 중심 인물이었다. 왓슨은 박테리오파지 유전학을 연구하며 파지 그룹의 일원으로 성장했다. 박사학위를 취득한 뒤 유럽으로 건너가 연구했으며, 유전물질의 정체가 DNA임을 감지했다. 런던 대학교 윌킨스(M. H. F. Wilkins)로부터 DNA 섬유의 X선 회절 사진을 보고 강한 인상을 받았다. 케임브리지에 온 것은 표면상으로는 켄드루(J. C. Kendrew) 아래에서 단백질 구조를 연구한다는 명목이었다. 월반으로 진급해 온 왓슨은 당시 겨우 스물세 살의 청년이었다.

한편, 크릭은 런던 대학교에서 물리학을 공부했으나, 박사 과정을 마칠 무렵 전쟁이 격화되어 해군에 들어갔다. 전후 케임브리지의 캐번디시 연구소에 온 그는 서른두 살이었으며, 아직 박사학위는 없는 상태였다. 크릭은 파동역학으로 유명한 오스트리아 이론물리학자 슈뢰딩거(E. Schrödinger)의 『생명이란 무엇인가?』를 읽고, 생물과 무생물의 경계 문제에 흥미를 가지게 되었다. 캐번디시 연구소에 온 뒤, 크릭은 단백질의 X선 결정학에 관한 논문을 대충 읽고 나서는 곧 비판을 시작했는데 그 비판은 정곡을 찌르는 것이었다. 그는 선배들의 연구에도 사정없이 비판을 가하고 있었다. 왓슨과의 만남은 1951년, 그가 서른다섯 살 때였다. 켄드루는 두 사람에게 대해 이렇게 말했다.

"왓슨은 제 집에 살고 있었기 때문에 날마다 서로 이야기를 나누곤 했어요. 그는 케임브리지에 왔을 때 이미 DNA에 흥미를 갖고 있었지요. 저는 그것을 금방 알아차렸기 때문에 그가 하고 싶은 일을 마음껏 하게 했습니다. 그는 그다지 참을성이 강한 편은 아니었기 때문에, 우리와 같은 방향으로 나가지 않았던 건 정말 잘한 일이었어요."

"크릭은 생화학 실험을 하면, 물건을 떨어뜨리거나 부수거나 해서 도무지 구제할 길이 없었어요. 왓슨은 실험이 능숙했지만……. 그러나 크릭은 제가 만나본 사람들 중 가장 지적이고 재기가 넘치는 인물입니다. 그는 매우 훌륭한 수학자이자 이론가예요. 사람은 저마다 모두 다르니, 자기에게 맞는 분야에서 일하면 되는 것이지요."

두 사람이 한 일은 그때까지 알려져 있던 DNA에 관한 데이터를 바탕으로 입체구조 모형을 만드는 것이었다. 그중에서도 X선 회절 사진이 가장 중요한 데이터였다. 윌킨스 밑에서 일하던 프랭클린(R. Franklin)은 매우 선명한 X선 회절 사진을 찍고 있었다. 그녀 자신도 DNA의 구조를 밝히려 하고 있었으나 아직 해답을 얻지 못하고 있었다. 왓슨은 프랭클린이 찍은 X선 회절 사진을 볼 기회가 있었고, 그 사진은 왓슨과 크릭에게 중요한 정보를 가져다주었다.

왓슨과 크릭이 DNA 모형과 씨름하고 있을 때, α나선으로 멋진 승리를 거둔 폴링(L. C. Pauling)도 DNA 구조 해명에 대결하고 있었다. 두 사람은 늘 이 캘리포니아의 거인, 폴링에게서 무언의 압력을 통감하고 있었다. 1953년 2월, 폴링은 삼중나선 모형을 발표했는데, 그 논문 원고의 사본을 보고 있던 크릭은 폴링의 모형에 몇 가지 치명적인 문제가 있음을 알아차리고 있었다. α나선에서는 폴링에게 완패를 당했던 캐번디시 연구소였지만, DNA 구조 해명에서는 완벽한 승리를 거두게 되었다.

왓슨, 크릭, 윌킨스 세 사람은 1962년 노벨 생리학·의학상을 공동 수상했다. 그러나 프랭클린은 그때 이미 세상을 떠난 뒤였다.

이중나선을 둘러싸고는 갖가지 인간 군상이 묘사된다. 왓슨 자신의 저서인 『이중나선』(한국어 번역판은 하두봉 역, 『이중나선』, 전파과학사 현대과학신서 No.8이 있다-옮긴이 주)은 그의 관점에서 본 발견의 드라마이지만 매우 개성적인 책이다. 인물평이 거침없이 드러나 있어, 크릭조차 항의했을 정도였다. 프랭클린의 입장에서 이중나선 발견을 설명한 책도 있다(앤 세이어, 『로절린드 프랭클린과 DNA —도둑맞은 영광』). 이처럼 발견 과정을 다양한 시각으로 기록한 예는 드물다.

크릭은 이중나선 발견 이후 분자생물학의 이론적 연구를 계속해 나갔다. 방대한 분야의 문헌을 폭넓게 읽는 점에서는 그를 따를 만한 이가 없다고 할 정도였다. 그는 그 넓은 지식을 바탕으로 일반적인 '이론'을 수립해 나갔다. 이는 생물학 분야에서는 드물게 볼 수 있는 연구 스타일이다.

유전정보는 DNA→RNA→단백질로 한 방향으로 흐른다는 그의 중심 명제(Central dogma)는, 그 생물학의 방향을 강하게 규정했다고 해도 과언이 아니다. 크릭은 언제나 분자생물학의 중심에 있었다.

그 후 미국으로 건너간 크릭은 오겔(L. E. Orgel) 등과 함께 생명의 기원에 대해 연구했으며, 현재는 캘리포니아주 샌디에이고의 소크 연구소에 있다. 인터뷰는 그의 의향에 따라 전화로 진행하기로 했다. 이는 다소 유감스러운 일이었다.

이야기로는 들었지만, 그의 목소리는 높고 날카로운 데다 빠른 어조였다. 전화라서 더욱 그렇게 느껴졌는지도 모른다.

Q 염기쌍의 아이디어는 언제 떠올리셨습니까?

A "염기가 쌍을 이룰지도 모른다는 생각은 하고 있었지만, 어떻게 쌍을 만드는지는 몰랐습니다. 수소 결합이 늘 같은 위치에 온다는 것을 알고서, 왓슨이 염기쌍의 모형을 만들고 나서야 아이디어가 진실이라고 생각되었습니다. 그러므로 우리는 염기쌍이 정말로 옳다고 알기까지는, 그것이 의미하는 바에 대해 너무 깊이 생각하지 않기로 했어요. 물론 염기쌍의 아이디어는 DNA가 어떻게 복제되는지를 설명해 주지만, DNA가 어떻게 단백질을 만드는지에 대해서는 아무것도 말해주지

않습니다. 이건 실제로 그다음에 떠올린 생각입니다. 염기쌍의 아이디어가 생기고 나면 복제는 어떻게든 가능하다는 것이죠."

Q 복제 메커니즘에 대한 생각은 모형을 만든 뒤에 명확해졌군요.

A "한층 더 확실해졌다는 것이지요. 우리는 G와 C, A와 T의 양이 같은 것에서부터 염기가 쌍을 만들지도 모른다고 생각했습니다. 그것은 어떻게 해서 DNA가 복제하는가를 시사하고 있었습니다. 발견하기까지는 단순한 아이디어였지만, 모형을 만들고 난 후 아이디어는 보다 튼튼해진 것입니다."

Q 당과 인산의 사슬에 대해서는 어떻게 생각하셨습니까?

A "우리는 구조가 나선이라는 걸 예상하고 있었습니다. 두 개나 세 개의 사슬이 나선을 형성하고 있을 것이라고 말입니다. 염기쌍이라는 점에서 두 개가 옳을 것 같았습니다. 또 하나 중요한 일은, 사슬이 서로 반대 방향으로 달려가고 있다는 것을 알아차린 것입니다. 한 개는 상향, 한 개는 하향으로 말입니다. 만약 사슬이 같은 방향으로 달려가고 있다고 한다면 모형은 전혀 다른 종류의 것이 되었을 겁니다."

Q 두 개의 사슬이 반대로 달려가고 있다는 생각에는 어떻게 도달하셨지요?

A "프랭클린으로부터입니다. 그녀가 연구하고 있었던 DNA 섬유의 X선 회절 사진에서 어떤 배열과 대칭이 있다는 것은, 한 개의 사슬이 상향이고, 한 개의 사슬이 하향이라는 것을 가리키는 것이라고 저는 우연히 알았습니다."

약간 씁쓰레한 듯한 웃음소리를 전화 너머로 흘려보내며 크릭이 말을 이었다.

A "프랭클린은 실험 데이터를 가지고 있었는데도 그걸 발견하지 못했던 건 좀 아이러니컬합니다. 사슬이 반대로 달려가고 있다는 것을 알게 되면, 염기가 올바른 형태로 맞아 들어가고 어떤 종류의 나선이 만들어지며, 그렇게 되면 저절로 모형이 완성되어 가는 것입니다."

프랭클린은 DNA의 X선 회절 사진에서 결정의 A형과 젖은 섬유의 B형의 두 종류가 있다는 것을 발견했다. 그녀는 처음에는 나선구조를 생각하고 있었으나, 이후에는 나선에 대해 부정적으로 되었다. 그리고 A형의 X선 회절 사진으로부터 직접적으로 구조를 밝혀내려는 힘든 작업을 시작했지만, 완성하지 못하고 있었다. 한편, 그녀가 찍은 B형의 선명한 사진에는 나선을 시사하는 특징이 뚜렷이 나타나 있었다. 윌킨스로부터 이 사진을 보게 된 왓슨은 나선을 시사하는 특징을 금세 알아차렸다. 또 크릭은 프랭클린이 MRC에 제출한 보고서 속의 데이터를 보고, 두 개의 사슬이 반대 방향으로 달려가고 있다는 것을 직감했다. 프랭클린은 B형이 나선일 것이라고 생각을 고쳐먹고 있었으나, 왓슨과 크릭의 모형이 완성될 때까지는 결론을 얻지 못하고 있었다.

Q 선생님은 되도록 적은 데이터를 사용해 이론을 만들어야 한다고

쓰고 계십니다. 그렇다면 가장 중요한 정보를 끌어내는 통찰력이 문제입니다. 그 기준은 무엇입니까?

A "일정한 규칙을 부여한다는 것은 매우 어렵습니다. 말할 수 있는 건 실험적인 증거로부터 좋은 것을 골라내도록 노력하는 일입니다. 실험적 사실 가운데 하나 또는 그 이상은 틀렸을지도 모른다는 것을 인식해야 합니다. 그러나 진실을 알지 못하고 있을 경우에는 늘 신중해야만 합니다. 그렇기 때문에 가능한 한, 확고한 사실을 선택하지 않으면 안 됩니다. 이 가운데 몇 가지는 오류라는 걸 나중에 알게 됩니다. 올바른 사실을 모으면 모델을 만드는 것이 한결 수월해집니다."

Q 서로 다른 데이터의 세트로부터 몇 개의 모델을 만드는 것입니까?

A "우리가 1년 전에 만든 모델은 완전히 틀린 것이었어요. 구조 속의 물의 양에 대한 생각이 옳지 않았던 것입니다. 또 염기의 이성질체(異性質體)에 대해서도 틀렸었고요. 그러나 아이디어에 반하는 사소한 일에는 신경 쓸 필요가 없습니다. 그건 실험의 오류라고 판명될지도 모릅니다. 어떻게 해야 하는가는 어려운 일이며, 정해진 규칙은 없습니다."

1952년의 모델은 당과 인산의 골격이 안쪽에 있고, 염기는 바깥쪽에 있는 나선형이었다. 그렇더라도 데이터의 취사 선택에 대한 일반 원칙은 크릭조차도 규정할 수 없는 모양이었다.

Q 이론에 맞지 않는 데이터를 버린다는 사고방식에 반발하는 과학자

도 있습니다마는…….

A "그런 사람도 확실히 있습니다. 이론 쪽도 반복 실험으로 검증되어 오류라는 것을 알게 되는 경우도 있습니다. 그러나 이론을 모든 실험 사실에 다 맞추려 해서는 안 됩니다. 실험 중의 몇 가지는 틀림없는 오류일 테니까요."

Q 이중나선의 구조를 만들었을 때 본질적이었던 데이터란 무엇입니까?

A "당시는 당, 인산, 염기에 대해 결합해 있는 원자의 각도와 거리까지 포함한 화학적 데이터를 알고 있었습니다. 또 하나는, DNA 섬유의 X선 해석 데이터입니다. 처음에는 염기 조성의 규칙은 사용하지 않았습니다. 그 근거가 충분하지 않다고 생각되었고, 오해를 불어일으킬지도 모른다고 생각했기 때문입니다. 모형을 만들어 보았더니 G-C, A-T 사이에서 수소 결합이 형성되어, 그것들이 만족될 수 있었던 것입니다."

염기의 비율 규칙을 발견했던 샤가프도 DNA 구조의 해답에는 도달하지 못했다. 샤가프는 1952년 5월에 왓슨과 크릭을 처음 만났을 때의 인상을 그의 저서 『헤라클레이토스의 불』에 적고 있다. "지극히 강한 야심과 공격성에 더해, 정밀과학 중에서도 가장 리얼한 것인 화학에 대한 거의 완전한 무지(無知)와 모멸(侮蔑)이 공존하고 있었다. 거기서 볼 수 있는 화학 멸시는, 나중에 '분자생물학'이라는 것의 발전에, 이치에도 닿지 않는 영향을 주게 된 것이었다"라는 기술에서, 유럽의 전통적

과학 속에서 자라온 샤가프의 눈에 왓슨과 크릭의 연구 스타일이 어떻게 비쳤는지가 잘 나타나 있다.

DNA의 이중나선 모델은 왓슨과 크릭의 상이한 배경이 하나로 융합된 산물이기도 하다. 왓슨은 유전물질로서 DNA에 요구되는 기능이 무엇인지 잘 알고 있었고, 크릭은 X선 회절 데이터로부터 어떤 구조를 추정해야 하는지를 잘 알고 있었다. 두 사람은 차츰 서로의 배경을 공유하게 되어 가고 있었다. 공동 연구에서는 때로 1+1이 3 이상의 결과를 낳는 경우도 있다.

크릭은 왓슨과의 공동 연구 후, 시드니 브레너(Sydney Brenner)와 함께 DNA로부터 단백질로의 정보 흐름 등에 대해 연구했다.

Q 선생님은 왓슨과 브레너와 공동으로 위대한 일을 하셨는데, 공동 연구는 선생님에게는 불가결한 일입니까?

A "매우 어렵고 복잡한 일을 생각할 때, 누군가 아이디어를 설명할 상대가 필요합니다. 공통적인 기반이 있고, 다른 아이디어를 가진 사람이어야 합니다. 그렇게 하면 사고의 오류를 발견하는 것이 수월해집니다. 그렇기 때문에 저는 아이디어를 이야기할 상대가 있는 편이 낫습니다. 혼자서 많은 가정을 겹쳐 나가다 보면 틀리기 쉬운 것입니다. 그러나, 아이디어를 얻기 위해 사람과 이야기하는 건 본질적인 과정은 아닙니다. 아이디어는 흔히 침대에 누워 있을 때라든가 혼자 있을 때 떠오르는 경우가 많습니다."

Q 왓슨과 브레너와의 공동 연구에서는 무엇이 서로를 보완하는 것이었을까요?

A "가장 큰 차이는, 브레너는 나보다 훨씬 더 많은 실험을 하고 있었다는 점일 것입니다. 저도 실험은 하고 있었지만, 대개는 하루 한 시간쯤 이야기를 나누고, 그 밖의 시간에는 그는 실험을 하고 저는 논문 등을 읽고 있었습니다. 왓슨과의 차이는, 저는 물리학자였기에 X선 회절에 대해 잘 알고 있었습니다. 그는 생화학을 잘 알고 있었지요. 그러나 이것은 작은 차이에 불과합니다."

Q 왓슨과는 함께 이론을 만들었다는 것입니까?

A "우리는 모형을 만들었습니다. 복잡한 분자의 구조를 추정해 데이터와 대조할 수 있는 것이 X선 회절의 특징입니다. 그러므로 좋은 모형은 금세 X선 데이터를 설명해 줍니다. 이것이 실험과학자들이 도달할 수 없었던 점입니다. 그들은 느릿하게 전진할 수밖에 없었습니다."

Q 캐번디시 연구소는 생물학의 이론적 연구를 하는 데 좋은 환경이었습니까?

A "네, 좋았던 데에는 두 가지 이유가 있다고 생각합니다. 케임브리지에 있다는 점에서 많은 훌륭한 사람들이 있었고, 모험적인 일도 가능했습니다. 중요한 것은 MRC로부터 자금이 제공된 일이었다고 생각합니다. 캐번디시 연구소는 장소를 제공해 주었습니다. 10년간 결과가 얻어지지 않더라도 지원해 줄 사람들이 있었습니다. 6개월에 한 번 논문을 발표해야 한다는 걱정을 하지 않아도 되었습니다."

Q 브래그(W. L. Bragg)경에 대해서는 어떻게 생각하고 계셨지요?

A "그는 우리보다 훨씬 연장자였습니다. 물론 지금의 저보다는 젊었었지만요. (웃음) 그는 노벨상도 수상한 데다 연장자였기 때문에 매우 위대한 사람이라고 생각하고 있었습니다. 그가 훌륭했던 것은 우리를 격려해 준 일이었습니다. 또 실제로 연구를 하고 있었기 때문에, 그가 어떻게 문제와 대결하는가를 보고 있으면 그 방법을 배울 수 있었지요. 문제를 단순화해 해결해 나가는 방법은 모든 초보자가 배워야 할 일이었습니다."

Q 퍼루츠로부터는 어떤 영향을 받으셨습니까?

A "그는 사물을 넓게 보고 작은 일에 구애받지 않습니다. 역시 문제를 단순화하고, 실험 속에는 틀린 것도 있다는 점을 찾아냅니다."

Q 이중나선을 발견했을 때, 분자생물학이 이만큼이나 급속하게 훌륭한 분야로 발전하리라고 예측하고 계셨습니까?

A "유전암호가 발견된 1966년에는, 저는 예상 외로 일찍 알게 된 것에 매우 놀랐습니다. 20년쯤은 걸릴 것이라고 생각하고 있었거든요. 우리는 DNA의 복제 메커니즘과 유전암호의 발견은 예측하고 있었습니다. 그런 것들 중에는 예상보다 늦은 것도 있고 빠른 것도 있었습니다. 최근에 일어난 일, DNA의 염기배열 해독이나 재조합 DNA 같은 것은 모두 예측하지 못했던 일입니다."

Q 선생님은 분자생물학의 기본적 이론이 이미 완성되었다고 생각하십니까?

A "아니요, 박테리아와 같은 단순한 생물에 대해 중요한 점은 대충 알고 있지만, 세세한 점에서는 모르는 일이 많습니다. 이를테면, 메신저 RNA(mRNA)가 어떻게 하여 리보솜까지 이동하는지, 리보솜의 메커니즘이라든가 하는 점입니다. 또 모르고 있는 일 가운데 중요한 건 고등생물에서의 유전자의 제어입니다."

Q 고등생물의 분자생물학에서 이중나선과 같은 근본적인 것이 가까운 장래에 등장하리라고 생각하십니까?

A "그와 같은 일이 일어나리라고는 생각하지 않습니다. 그에 가까운 것은 인트론(intron, 개재배열)의 발견일 것입니다. 실험 기술이 발전했을 뿐 아니라 많은 정보가 얻어지게 되었습니다. 그러므로 실험적 연구가 중심이 되어 진보하고, 이론적 연구가 있더라도 이중나선과 같은 일은 일어나기 힘들 것으로 생각합니다. 이중나선은 '과학의 괴물'입니다. 하나의 모델이 매우 많은 것을 시사했습니다. 전적으로 비정상적인 일입니다. α나선은 매우 흥미로운 모델이지만 단백질이 어떻게 작용하는가에 대해서는 많은 것을 시사하지 않습니다. 우리는 운이 좋았습니다. 그건 DNA가 간결했기 때문이며, 생명의 기원도 간결하게 생각해 나가야만 합니다."

Q 최근의 저서 『생명—이 우주인 것』에서는 최초의 생명은 우주로부터 보내졌다는 주장을 전개하고 계신데, 이는 어떤 생각에 바탕을 둔 것입니까?

A "이와 같은 내용을 책으로 쓴 것은 일반 사람들의 흥미를 끌기 위

한 것입니다. 실제로 생명이 우주에서 왔는지는 저도 모릅니다. (웃음) 틀림없이 지구에서 시작될 수도 있었을 것이라고 생각합니다. 그러므로 다른 설을 제시하면 독자가 문제의 어려움을 알게 될 것이라고 생각한 것이지요. 과학자가 아닌 사람들에게 생명의 기원에 관심을 가져주기를 바란 것입니다."

Q 현재 흥미를 갖고 계신 일은 무엇입니까?

A "지금은 뇌를 연구하고 있습니다. 예전부터 뇌에 흥미를 가지고 있었기 때문에, 7년 전에 캘리포니아로 와서 공부를 시작하고, 뇌를 실험적으로 연구하는 사람들과 이야기를 나누었습니다. 시각(視覺)의 메커니즘에도 흥미가 있습니다. 색깔이나 깊이, 움직이는 것을 어떻게 보고 있는지 등에 관한 일입니다."

Q 역시 이론이군요

A "그렇습니다. 여러 가지 이론으로부터 전체적인 이론을 만들려고 하고 있습니다. 우리는 빠른 눈의 움직임에 대한 하나의 이론을 제출했습니다. 또 짧은 시간 동안 사물을 주시하는 메커니즘에 대한 논문을 썼는데 아직 발표되지는 않았어요. 분자생물학이나 생명의 기원에 대해서는 조금 거리를 두고 관찰하고 있는 형편입니다. 신경생물학에서는 실험적 정보가 많이 나오고 있습니다. 이것을 읽고 소화하는 것은 큰일입니다."

Q 신경생물학에서는 앞으로 어떤 발전이 예상됩니까?

A "신경생물학은 분자생물학에 비하면 매우 뒤처진 분야입니다. 앞

으로 해야 할 일이 많습니다. 분자생물학적 방법은 신경생물학에서도 중요하지만, 그것만이 전부는 아닙니다. 본래 나는 물리학자이기 때문에, 생물에서도 정보가 어떻게 전달되고 있는가에 흥미를 가져왔습니다. 그렇기 때문에, 분자생물학에만 구애될 필요는 없다고 생각하고 있습니다. 심리학이나 신경생리학도 공부하고 있습니다."

20세기 후반의 생물학에서 늘 선두에 서 온 크릭이 신경생물학에서도 혁명을 가져올 수 있을지는, 현재 시점에서는 뭐라고 말할 수 없다. 그건 그렇다고 하더라도, 때마침 왓슨이 영국에 체류 중이어서 연락을 받지 못한 것은 매우 유감스러운 일이었다.

직관을 뒷받침하는 논리

- 1965년, 효소와 바이러스 합성의 유전적 제어 연구 -

프랑수아 자코브
(François Jacob)

- 1920년 6월 17일, 프랑스 망시 출생
- 1938년 파리 대학교 입학. 전쟁으로 학업 중단
- 1947년 파리 대학교에서 의학박사 학위 취득
- 1950년 파스퇴르 연구소 연구원
- 1954년 이학박사 학위 취득
- 1956년 연구실장
- 1960년 미생물 유전학 부장
- 1965년 콜레주 드 프랑스(College de France) 교수
- 1977년 프랑스 과학 아카데미 회원
- 1982년 파스퇴르 연구소 소장

파리에서 묵었던 호텔은 튈르리 공원 곁이었다. 콩코르드 광장과 루브르 미술관이 바로 가까이에 있었다. 바깥으로 나가면 번화한 거리에서 관광객들의 모습이 눈에 두드러진다. 이 튈르리역에서 지하철을 탔다. 입구의 문을 여는 데 손잡이를 움직여야 하는 것과 입구 가까이에 있는 뒤집어서 앉게 된 보조 의자가 특징적이다. 두 번을 갈아타고 파스퇴르역에서 내렸다. 몽파르나스에 가까운 파리 시내이다.

이 근처에서도 유리 창문이 거리로 삐져나온 카페가 금방 눈에 들어온다. 점심시간이 끝날 무렵이라 그런지 꽤나 흥청대고 있었다. 하늘에는 낮게 구름이 깔리고 비가 내리고 있었다. 센 비는 아니었지만 우산이 필요했다. 지하철 출구 바로 가까이에 파스퇴르 연구소 방향을 가리키는 안내판이 있었다. 2~3분쯤 걸어가자 철책 너머로 차분한 갈색 석조의 이층 또는 삼층 건물이 보이기 시작했다. 맨 위층은 검은 지붕에 창틀이 달린 지붕 밑 골방 같은 구조로 보였다. 도로를 사이에 두고 비슷한 모양의 건물이 여러 채 있었고, 그중에는 꽤 높은 근대적인 빌딩도 섞여 있었다. 그곳이 파스퇴르 연구소였다.

미생물학의 아버지라고도 불리는 파스퇴르(L. Pasteur)는 1822년에 태어났다. 19세기 중엽까지 생명은 여러 곳에서 저절로 발생한다는 자연발생설이 유력했는데, 그는 멸균기술을 발전시켜 자연발생설을 부정했다. 발효와 면역 연구로 큰 업적을 올린 파스퇴르는 1888년에 연구소를 창설했다. 이 연구소는 정부나 대학과는 독립된 재단 조직이다. 기초 연구의 터전인 동시에, 여러 가지 질병의 백신에서부터 요구르트를 만들기 위한 균까지 생산하는 공장으로서의 역할도 담당하며 수익을 올려 왔다. 대학 등에서 많은 연구자가 모여들고 있으며, 그 수준은 매우 높다고 한다. 프랑스 세균학의 중심지이다.

르보프(A. M. Lwoff)는 제2차 세계대전 전부터 이 연구소에서 미생물을 연구하고 있었다. 1945년 가을에는 모노(J. L. Monod)가 들어왔다. 그는 제2차 세계대전 중 나치스에 대한 레지스탕스 운동에 가담하고 있었다. 그리고 1950년에는 자코브(F. Jacob)가 르보프의 연구실에 들어왔다.

르보프가 1949년에 시작한 연구는 파지(phage, 세균에 감염하는 바이러스)의 용원성에 관한 문제였다. 어떤 종류의 파지는 특정 균에 감염시키면 어디론가 자취를 감추고 균은 증식을 계속하지만, 일정한 시간이 경과하지 않으면 파지가 검출되지 않는다. 이것을 파지의 용원성이라고 부른다.

그때까지 파지가 균 속에서 증식해, 균이 파괴되고 많은 피지가 나오는 현상은 잘 알려져 있었다. 그러나 용원성은 당시로서는 기묘한 현상이어서, 용원성을 아예 믿지 않는 연구자가 있는가 하면, 용원성을 설명하는 데에도 여러 가지 설이 있었다. 르보프는 용원성 파지의 유전자가 숙주인 균의 유전자 속에 흡수되어 있다는 아이디어를 내놓고 그것을 증명했다.

한편, 모노는 대장균으로 효소의 유도라는 현상을 연구했다. 젖당은 갈락토스와 포도당이 베타-갈락토시드 결합에 의해 연결되어 있다. β-

갈락토시다제라는 효소는 이러한 형태의 당을 분해하는 작용을 한다. 균의 배지에 젖당이나 그것과 비슷한 구조를 가진 물질을 넣으면, 균이 β-갈락토시다제를 만들기 시작한다는 것을 알았다. 이것이 효소의 유도현상이다. 또 물질에 따라서는 이 효소의 생산이 방해된다는 사실도 밝혀졌다.

자코브는 이 두 현상을 결부하는 아이디어를 내놓았다. 용원성 파지는 숙주인 균의 유전자에 삽입되어 그 발현이 억제되어 있다. 젖당의 대사계(代謝系)에서 β-갈락토시다제가 유도되는 것도, 유전자의 발현이 억제되고 있는 것과 관계가 있는 것이 아닐까 하는 아이디어이다.

모노와의 활발한 연구를 통해 유전자의 발현을 억제하는 것이 '리프레서(repressor)'라는 착상으로 이어졌고, 이 리프레서가 여러 유전자가 모여 있는 단위인 '오페론(operon)'을 조절한다는 '오페론설'이 제안되었다. 오페론설이 정립되는 과정에서 단백질 합성 시 생성되는 불안정한 RNA가 DNA로부터 정보를 전달하는 RNA, 즉 메신저 RNA(mRNA)라는 개념이 제시되었고, 이는 이후 실증되었다.

mRNA 개념의 탄생에는 1960년 4월, 케임브리지 대학교에서 열린 브레너(S. Brenner), 자코브, 크릭의 회합이 결정적인 역할을 했다.

자코브와 모노의 파지 및 효소의 유전적 조절에 대한 연구, 그리고 크릭과 브레너의 유전정보 흐름(central dogma)에 관한 연구라는 두 개의 흐름이 하나로 합쳐지며 커다란 도약이 이루어졌다. 이는 과학사에서 집단적 발상이 만들어 낸 역사적인 성과로 평가된다.

자코브, 모노, 르보프 세 사람은 효소와 바이러스 합성의 유전적 제어 연구로 1965년에 노벨 생리학·의학상을 수상했다. 프랑스에서는 1935년에 퀴리(J. Curie) 부부의 노벨 화학상 수상 이후 자연과학 분야에서 30년 만의 수상이었기에 온 국민이 기쁨에 들끓었다.

자코브는 파스퇴르 연구소의 소장으로 재직 중이다. 정문을 들어서면 오른편, 고색창연한 건물들 사이로 8층 높이의 현대식 새 건물이 눈에 띈다. 그 건물에는 'J. 모노관'이라는 간판이 걸려 있다. 엘리베이터를 타고 올라가 자코브의 방으로 향하자, 그는 실험용 가운을 걸친 채 모습을 드러냈다. 가운에는 파스퇴르 연구소의 이니셜인 'PI'가 붉은 글씨로 작게 수놓아져 있었다. 그는 키가 크고 다부진 체격에 선이 뚜렷한 얼굴을 지닌 인상적인 외모였다. 비서가 있는 방을 지나 그의 사무실로 들어갔다. 비 오는 날씨 탓인지 방 안은 다소 어두컴컴했다.

"죄송하지만 제가 프랑스어를 못해서요……." 하고 영어로 말하자, 그는 "저도 일본어는 못합니다"라고 웃으며 응했다. 그의 낮은 목소리에는 약간의 프랑스어 억양이 섞여 있었지만, 영어는 매우 유창하고 자유롭게 구사하는 듯했다.

인터뷰를 시작하기 전에, 모노와의 공동 연구 등에 대해 먼저 듣고 싶다고 말하자, 그는 자신이 그 내용을 쓴 에세이가 있다며 비서에게 복사본을 가져오라고 일렀다.

"그게 피차간에 효율적일 테니까요"라고 그는 말했다.

(Q) 어렸을 적에는 외과 의사가 되고 싶어 하셨다고 들었습니다.

(A) "복잡한 이야기지만, 저는 외과 의사가 사람들을 돕는 동시에 투쟁적인 스포츠와도 같은 일이라고 생각해서 멋진 직업이라고 여겼습니다. 전쟁 중 프랑스가 붕괴되었을 때, 저는 프랑스를 떠나 영국으로 가서 드골(C. de Gaulle)의 군대에 합류했습니다. 4~5년간 싸우다가 큰 부상을 입으면서 외과 의사의 꿈은 더 이상 이룰 수 없게 되었지요."

(Q) 폭탄의 파편이 아직도 몸속에 박혀 있다고 들었습니다.

(A) "네, 그렇습니다. 지금은 별다른 이상은 없지만, 몸 여기저기에 부상을 입었습니다."

비서가 자코브의 지시에 따라 에세이 복사본을 가져왔다.

(A) "이건 모노가 세상을 떠난 지 2년 뒤에 출판된, 모노를 추도하는 책에 썼던 것입니다. 우리가 5년 넘게 함께 연구했을 때의 일을 썼습니다. 이걸 보시면 많은 일을 알게 될 것입니다."

(Q) 외과 의사의 꿈을 접고 생화학을 공부하게 되신 건가요?

(A) "아닙니다. 그렇게 단순한 이야기는 아닙니다. 전쟁 중 입은 부상으로 오랫동안 입원 생활을 했고, 정상적인 생활로 돌아오는 데도 상당한 시간이 걸렸습니다. 그동안 공장에서 일도 했고, 신문기자로 일하기도 했으며, 영화배우가 되려고 시도해 보는 등 여러 가지 일을 했습니다. 결국 아무것도 할 수 없는 상황에 이르러서야 과학을 하게 된 것이지요."

Q 출연하신 영화가 있습니까?

A "네, 있습니다. 대단한 건 아니지만요……. 결국 연구를 시작하게 되었는데 그때는 벌써 서른 살이었습니다. 생물학을 공부한 경험은 전혀 없었고요."

Q 연구를 시작하실 무렵, 나이가 들어 생긴 어려움이나 문제는 없으셨나요?

A "아닙니다. 그렇게는 생각하지 않았습니다. 하지만 생물학을 공부하기 위해 다시 대학으로 돌아가야 했습니다. 저는 서른 살이고, 다른 학생들은 열여덟 살 정도였으니, 그리 유쾌한 기분은 아니었지요. 그러나 달리 방법이 없었어요. 곤란했던 점은 딱 한 가지였습니다. 연구를 시작할 장소를 구하는 일이었지요. 연구 경험이 전혀 없던 저를 아무도 과학자로 신뢰하려 하지 않았기 때문이지요. 좋은 연구실을 찾던 중 르보프의 연구실이 좋다는 걸 알았습니다. 그곳에 들어가고 싶어 몇 번이나 찾아갔지만, 늘 안 된다는 대답이었습니다. 1년 동안을 찾아 다닌 끝에 결국 허락을 받을 수 있었습니다. 르보프를 처음 만났을 때, 그가 저를 받아줄 이유는 아무것도 없다고 생각했습니다. 아마도 제가 여러 번 찾아간 끝에 르보프가 진절머리가 나서 마침내 허락해 준 것일지도 모르지요."

Q 르보프의 연구실을 방문했을 때, 그의 연구에 대해서는 통 모르셨다고 하던데요.

A "아무것도 몰랐습니다. 1950년의 일인데, 당시 그는 '파지에서의 유도를 막 발견했는데 그 연구를 해 보겠느냐?'고 물었습니다. '그야 물

론' 하고 저는 대답했지만, 파지가 무엇인지, 유도란 무엇인지도 전혀 몰랐습니다. 그래서 책방에 가서 사전을 찾았습니다."

Q 책방에서 파지의 의미를 아셨나요?

A "아니요. 아무도 파지의 의미 따위는 몰랐습니다. 르보프 연구실에 들어가기 전까지는 몰랐습니다."

Q 그렇지만 선생님의 선택은 전적으로 옳았습니다.

A "확실히 올바른 선택이었습니다. 제가 한 유일한 올바른 선택입니다. (웃음) 잘은 몰랐지만 제게는 미생물학과 유전학이 딱 하나로 통합될 것 같다는 예감이 있었습니다. 그 연구를 위해서는 매우 좋은 연구실이었습니다."

Q 선생님은 직관적으로 정답을 찾아내는 능력이 있는 것처럼 보입니다.

그는 내가 한 말뜻을 잘 이해하지 못하겠다고 말하며, '직관적'이란 어떤 의미냐고 되물었다. 나는 상세한 지식을 갖추지 않더라도 본질적인 것을 발견할 수 있는 능력을 뜻한다고 설명하는 도중에 자코브가 얼른 말을 받았다.

A "그래요. 그건 연구에 필요합니다."

모노는 자코브가 자신보다 직관적이고, 자신은 이론적으로 엄밀하려고 했었다고 말했다. 자코브는 에세이에서, 모노가 가설을 세우고 실험을 정교하게 진행하는 데 능숙한 대가였다고 언급한 뒤, 자신은 생각이 바뀌면 비록 자신이 기여한 아이디어라도 미련 없이 버리는 반면, 모노는 자신의 모델을 고집하는 면이 있었다고 회고하고 있다.

Q 파스퇴르 연구소에 대해 여쭙고 싶습니다. 선생님과 함께 일했던 울만(E. L. Wollman)은 저드슨(H. F. Judson)의 『창조의 제8일(The Eighth Day of Creation—The Makers of the Revolution in Biology)』에서 "파스퇴르 연구소는 연구의 아이디어나 주제에도 일종의 일관성이 있고, 일종의 정신이 깃들어 있다"고 말하고 있습니다만.

A "그대로라고 생각합니다. 이 연구소는 파스퇴르가 여러 가지 질병의 병원(病原)이 되는 미생물을 추출해 내는 훌륭한 발견을 하던 무렵에 설립되었습니다. 그는 전 세계에서 자금을 모아 연구소와 공장이 함께 있는 특수한 시설을 완성했습니다. 오늘날 누구나 생물공학에 열광하고 있지만, 최초의 생물공학은 파스퇴르에 의해, 또 이 연구소에 의해 이루어졌다고 저는 생각합니다."

Q 파스퇴르 연구소는 일반 대학과는 다른 점이 있군요.

A "그렇습니다. 훨씬 더 유연합니다. 대학에서는 외국에서 연구자를 초청하기가 쉽지 않지만, 여기서는 가능합니다."

Q 연구 방법에서도 차이가 있는 것 아닙니까?

A "연구 방법 자체는 어디서나 같습니다. 그러나 대학보다는 연구하기 훨씬 더 자유로운 분위기입니다. 이를테면 외부에서 사람을 초청할

수 있다는 점은 새로운 유형의 연구를 하는 데 매우 유리하지요. 대학, 적어도 유럽의 대학에서는 분야 구분이 매우 엄격해서 새로운 분야가 태어날 때도 이를 인식하는 사람은 거의 없습니다. 분자생물학이 등장했을 때도 대학에서는 10년이나 지나서야 연구가 시작되었습니다. 파리 대학에서 유전학을 가르치기 시작한 것도 1938년부터였지요. 전혀 믿기 어려운 일입니다."

Q 1957년에 선생님은 대장균 염색체가 환상(環狀) 구조라는 설을 제기하셨습니다. 매우 혁명적인 아이디어였지요. 어떻게 착상하신 것입니까?

A "그건 간단합니다. 염색체 지도를 만들다가 그런 구조를 발견한 것입니다."

자코브는 흑판을 향해 그림을 그리기 시작했다. 어떤 계통의 균에서는 맨 처음과 맨 마지막에 나타나는 두 개의 유전자가, 다른 계통에서는 중간에 나란히 배열되어 나타나는 모습을 보여주는 그림이었다.

A "이것에 대한 간단한 설명은 염색체가 환상 구조라는 것입니다."

Q 하지만 당시에는 많은 사람들이 그 아이디어에 반대했지요.

A "그렇습니다. 그러나 수년 뒤 케언즈(J. Cairns)가 물리적으로 이를 증명했습니다."

미국의 케언즈는 대장균 염색체 DNA의 전자현미경 사진을 찍어, 염색체가 환상 구조임을 누구나 명백히 볼 수 있도록 제시했다.

Q 그런데 왜 다른 과학자들은 반대했지요?

A "누구라도 남이 발견한 것에는 반대하기 마련입니다. (웃음) 단순한 이야기지요."

그렇게 말해 버리면 더 물어볼 수가 없다.

Q 1958년에는 용원성 파지에 대한 균의 면역성이 젖당계에서의 효소 유도 가능성과 완전히 대응한다는 사실을 알아채셨지요. 어떤 과정을 거쳐 그런 착상에 이르게 된 것입니까?

A "그건 제가 드린 에세이에 자세히 적혀 있습니다. 보시면 아실 겁니다."

확실히 수고는 덜 수 있었지만, 자코브의 대답에서는 다소 무뚝뚝한 느낌이 들었다. 그는 만사를 그런 식으로 담담하게 대하는 사람인 듯했다. 나중에 그의 에세이를 읽어보니, 문장은 매우 세련되고 구성도 능란했다. 제목은 『스위치』였다. 이야기는 1958년 9월, 자코브가 뉴욕에서 강연을 마치고 파리로 돌아온 뒤, 피로에 지쳐 있었지만 흥분한 상태로 모노의 방을 찾아간 데서 시작된다.

자코브는 강연을 준비하는 동안 중대한 아이디어를 착상했다. 파지의 용원성과 젖당계에서의 효소 유도 가능성 사이에 공통된 구조가 있는 게 아닐까 하고 깨달은 것이다. 이 아이디어를 듣고 신이 나서 모노에게 이야기하자, 모노는 큰소리로 껄껄 웃었다. 그의 웃음소리는 온 건물에 울려 퍼질 만큼 유명해, 웃음소리만 들어도 그가 어디 있는지 짐작할 수 있을 정도였다. 자코브는 다음 날 다시 토론하기로 하고, 18시간이나 깊은 잠에 빠졌다.

자코브는 울만과 함께 대장균의 접합(接合)을 연구해, 염색체 지도를 만드는 효과적인 방법을 개발하고 있었다. 이 방법을 통해 대장균 염색체가 환상 구조임이 밝혀졌다. 용원성 파지가 균에 감염했을 때 곧바로 증식하여 모습을 드러내지 않는다. 이를 용원성 파지에 대한 균의 면역성이라고 한다. 자코브와 울만은 용원성 파지가 접합을 통해 유도되어 모습을 나타낸다는 사실을 발견했다. 이는 프로파지(파지 유전자가 숙주 유전체에 삽입된 상태)를 가진 균의 유전자가 프로파지를 갖지 않은 균으로 들어갔을 때에만 발생하며, 반대 방향의 접합에서는 일어나지 않았다.

접합을 사용하는 방법은 효소 유도 연구에도 응용되어, 특정 유전자가 접합을 통해 균 속으로 들어가면 효소가 유도된다는 사실 또한 밝혀졌다.

자코브의 아이디어는, 이 두 가지 현상이 모두 유전자의 발현이 억제되는 원인이 유전자 바깥의 세포질에 있기 때문이라는 것이었다. 이 물질은 여러 유전자의 발현을 통합적으로 제어하며, 유전자의 발현을 촉진하거나 억제하는 스위치와 같은 작용을 한다. 이 물질에는 '리프레서'라는 이름이 붙여졌다.

이튿날, 모노는 토론의 마지막에 "이 아이디어에는 긍정적인 증거도, 부정할 증거도 없지만, 잊지 말고 기억해 두자"고 결론지었다. 이 아이디어는 훗날 오페론설로 이어졌다.

모노는 DNA에 직접 작용하는 물질이 존재한다는 생각에는 반대하지 않았지만, 자코브가 제안한 스위치라는 아이디어만으로는 효소 유도가 점진적으로 변화하는 현상을 설명할 수 없다고 보았다. 그러나 자코브는 어느 날, 아이들이 모형 전기기관차를 가지고 놀며 스위치를 반복해서 켜고 끄는 방식으로 기관차가 서서히 움직이는 모습을 보고, 스위치의 아이디어로도 이러한 현상을 설명할 수 있다는 착상을 얻었다고 적고 있다.

Q 대장균 염색체가 환상 구조임을 발견한 경우나 리프레서라는 아이디어를 제안한 경우 모두, 선생님의 직관력이 크게 작용한 듯 보입니다만….

A "아닙니다. 환상 염색체의 경우는 아까도 설명했듯이 전적으로 실험에서 도출된 논리적인 결론입니다. 울만과 함께 실험했지만, 그도 처음에는 반대했습니다."

Q 후자의 경우는 처음에 모노가 반대했었지요.

A "네, 그렇습니다. 모노와의 싸움에 대해서는 에세이에 자세히 적혀

있습니다. (웃음)"

(Q) DNA에 직접 작용하는 물질이라는 것은, 당시로서는 도저히 믿기 어려운 아이디어였습니다. 어떻게 그런 생각을 하실 수 있었습니까?

A "그것도 논리적인 판단이었습니다. 몇 가지 이유가 있었지요. 파지는 30~50개의 유전자로 구성된 거대한 DNA를 가지고 있습니다. 그러나 용원성 상태의 균 속에서는 이들 유전자가 모두 침묵한 채 발현되지 않습니다. 당시 분명하게 받아들여지던 개념은 크릭이 제안한 DNA→RNA→단백질로 이어지는 정보 흐름이었지요. 여기서 염두에 두고 있었던 RNA는 리보솜 RNA였습니다. 만약 서로 다른 리보솜이 각각 다른 단백질을 만든다고 한다면, 50개의 유전자에는 50개의 리보솜이 필요했을 것입니다. 50종류의 리보솜을 모두 동시에 억제한다는 것은 상상하기 어려운 일이었습니다. 반면, 이들을 모두 한꺼번에 정지 상태로 둘 수 있는 것은 DNA뿐이었지요. 그렇기 때문에 파지와 젖당계에 관한 실험 결과를 설명하는 단순한 가설은 유전자 군 전체의 활성을 직접 억제하는 것이라고 저는 생각하게 되었습니다."

(Q) 선생님과 모노는 매일 두 시간씩이나 이야기를 나누었다고 저드슨이 쓰고 있습니다. 어떤 방식으로 대화를 나누셨습니까?

A "한 사람이 여기 앉고, 다른 한 사람은 칠판 앞에 앉습니다. 실험 결과를 가져와 모델을 만들거나, 다음에는 어떤 실험을 할지 의논하곤 했지요. 그러고는 맹렬히 실험을 진행한 뒤 다시 돌아와, 이번 결과는 모델과 일치한다, 저 결과는 일치하지 않는다 등 토론을 벌였습니다.

모노와 함께 일하던 시기의 토론은 늘 실험과 모델, 가설에 대한 것이었습니다."

Q 당신들은 모델을 만들고, 실험을 하는 형태로 작업을 진행하고 계셨군요.

A 그렇습니다. 철학자가 말하는 가설연역법(假說演繹法)입니다.

Q 모노와의 관계, 역할의 분담 같은 것은 어떻게 되어 있었을까요?

A 그건 매우 중요합니다. 한 사람, 한 사람이 장기를 가지고 있는 두세 사람의 그룹일 경우, 지적으로 서로 얘기하고 토론함으써 자기 생각이 진짜로 활동하는 것입니다. 그것이 믿기 어려울 만큼 큰 플러스가 됩니다. 1958년부터 1964년까지, 모노와 일을 하고 있었던 때는 바로 그러했습니다. 정말로 플러스가 되었습니다.

Q 그런 일은 분자생물학에서는 자주 있더군요. 왓슨과 크릭, 크릭과 브레너…….

A 그렇습니다. 좋은 방법이지요. 한편, 가설연역법도 아이디어를 뒤집는 데는 좋은 방법입니다."

자코브는 자신의 논리성을 강조하지만, 실제로는 매우 대담한 아이디어를 내놓는 편이고, 모노는 이를 엄밀한 논리로 확인해 가는 성격의 차이가 있었던 듯하다. 어쩌면 이러한 차이가 두 사람의 공동 연구를 원활하게 이끄는 데 중요한 역할을 했던 것이 아닐까.

자코브는 1960년 4월, mRNA라는 발상의 실마리를 낳은 케임브리지의 유명한 회합에서 주역 중 한 사람이었다.

당시 크릭과 브레너를 중심으로 한 케임브리지 대학 그룹은 센트럴 도그마를 고심하고 있었고, 파지 감염 시 관찰된 불안정한 RNA[미국의 볼킨(E. Volkin)과 아스트라칸(U. Astrachan)의 실험 결과]가 늘 머릿속에 자리 잡고 있었다. 한편 자코브는 효소 유도와 조절에 관한 연구에서 모노, 파디(A. B. Pardee)와 함께 진행한 이른바 '파자모(PaJaMo) 실험'을 떠올리고 있었다. '파자모'란 파디, 자코브, 모노 세 사람의 이름 머리글자를 딴 이름이다. 이 실험은 유전자와 단백질 사이에 불안정한 중간체가 존재해 이를 매개하고 있음을 시사하고 있었다.

볼킨과 아스트라칸의 RNA와 파자모 실험에서 나타난 불안정한 중간체가 동일한 것이라면, 유전자 DNA로부터 단백질로 정보를 전달하는 메신저의 수수께끼가 풀릴 수 있을 것이라는 점에 모여 있던 사람들은 곧 생각이 미쳤다. 서로 다른 흐름이 하나로 합쳐지는 순간, 비약적인 발상이 이루어졌다.

Q 케임브리지의 그 회합에서는 정말 멋진 일이 있었지요.

A "크릭도 그 자리에 있었고, 저는 세미나를 진행하고 있었어요. 그런데 사실 같은 이야기를 같은 사람들에게 6개월 전에 이미 했었습니다. 그때는 아무도 관심을 기울이지 않았지요."

Q 그건 또 어찌 된 일이었습니까?

A "사물을 받아들이려면 마음의 준비가 되어 있어야 합니다. 1959년

9월인가 10월쯤에 코펜하겐에서 학회가 있었어요. 그때도 리보솜이 관여하고 있다고는 생각하기 어려웠고, 아마 RNA 중간체 같은 것이 있을 거라는 꼭 같은 결론을 이야기했지요. 그런데 아무도 한마디도 하지 않았습니다. 데이터는 그때보다 지금이 훨씬 많았겠지만, 같은 이야기를 브레너의 방에서 했을 때는 브레너도 크릭도 의자에서 벌떡 일어났습니다. 방금 전까지만 해도 졸고 있던 모양이었는데 말이에요. (웃음) 의식이 어느 방향을 향해 있지 않으면, 전혀 관심을 기울이지 않게 되는 법이지요."

(Q) 그 당시 크릭과 브레너는 센트럴 도그마를 고심하고 있었고, 선생님과 모노는 효소의 조절과 유도에 집중하고 계셨지요. 두 흐름이 하나로 합쳐지면서 본질이 모습을 드러낸 셈이군요.

(A) "그렇습니다. 저와 모노의 아이디어는 불안정한 중간체가 존재한다는 것이었습니다. 크릭과 브레너는 파지 감염 과정에서 발견된 불안정한 RNA 현상을 생각하고 있었지요. '바로 이것이다!' 싶어서 저와 브레너는 곧장 캘리포니아로 실험을 하러 갔습니다."

(Q) 노벨상을 수상하고 무엇이 달라지셨습니까?

(A) "저는 리보프 연구실에 있었는데, 수상 후에는 연구실을 따로 얻어 독립했습니다. 하지만 그와 함께 아주 큰 압박도 따랐습니다. 일단 노벨상을 받게 되면, 무엇이 좋고 무엇이 나쁜지 제가 당연히 알고 있을 것이라고 사람들이 생각하게 되거든요. 정말 이상한 일이지요. 그렇기 때문에 계속 연구를 하려면 단호한 태도를 배워야만 합니다. 단호하게

'아니오'라고 말할 수 있어야 합니다. 저도 그렇게 하려고 노력했지요."

Q 프랑스 사람들은 선생님의 수상을 무척 기뻐했겠지요.

A "네, 1935년 퀴리 부부의 화학상 수상 이후 30년 만의 일이었습니다."

Q 지금은 어떤 일에 흥미를 가지고 계십니까?

A "우리는 오랫동안 세균에서의 유전적 조절을 연구해 왔습니다. 지금은 고등동물에서의 조절을 밝혀보고 싶다고 생각하고 있습니다. 그 첫 단계로 포유류의 배(胚) 발생을 연구하고 있으며, 그에 쥐를 사용하고 있습니다."

Q 어떻게 보고 계십니까?

A "아직은 이제 막 시작한 단계입니다. 현재의 생물학은 1차원의 생물학입니다. 주로 배열을 결정하는 수준이지요. 2차원에 대해서는 모르고, 3차원 생물학에 이르면 아직 아무것도 밝혀진 것이 없습니다. 이를테면 세포의 위치와 유전자의 발현 사이에는 특별한 관계가 있으므로, 세포가 자기 위치를 알고 있는 것은 확실합니다. 우리가 이해하고 싶은 것도 바로 이 부분입니다. 하지만 현재로서는 참고할 만한 모델이 많지 않습니다. 우선은 4일째까지의 마우스 배아를 연구하고 있습니다. 4일 이상이 지난 이후의 배아는 초기 연구 단계에서 다루기엔 너무 복잡하지요. 한 개의 세포가 어떻게 해서 64개의 세포로 분화해 가는지를 밝혀내고 싶습니다. 제가 살아 있는 동안에 그 비밀이 풀린다면 정말 기쁘겠지만, 아마도 불가능할 것 같군요."

Q 3차원의 생물학이 완성되기까지는 상당한 시간이 걸릴 것 같군요.

A "그렇습니다. DNA 배열의 메시지조차 정보 이론이 등장한 뒤에야 이해할 수 있게 되었습니다. 유전학에는 정보 이론이 반드시 필요했지요. 제 느낌으로는 지금도 상황은 마찬가지입니다. 2차원, 3차원 현상을 이해하기 위해서도 새로운 이론이 요구됩니다."

'분자생물학'이라는 말이 무엇을 정의하는지는 다소 모호하지만, DNA의 유전정보로부터 단백질이 생성되는 과정이 대체로 이해된 시점에서 일단락된 것으로 여겨지기도 했다. 최근에는 다시 눈부신 전개를 보이고 있다. 이는 DNA 재조합 기술과 생어(F. Sanger)의 DNA 염기배열 해독 기술의 혜택이다. 자코브가 현재 연구 중인 발생 분야에서도 조절유전자의 관계 등이 밝혀지고 있다. DNA의 염기배열이라는 직선적배열 정보를 해독하는 것이 1차원 생물학이라고 할 수 있을 것이다.

Q 그러나 현재의 1차원 생물학에서도 매우 많은 것을 알게 되었습니다.

A "네, 그렇습니다. 하지만 전부는 아닙니다. 1차원의 정보를 세포의 평면으로 펼쳐 다시 차곡차곡 접어야만 합니다. 행실제로 기능을 하게 되면 그것은 4차원, 5차원의 현상이 되겠지요."

Q 갈 길이 아직 멀군요.

A "네."

Q 위대한 연구를 하고 싶어 하는 젊은 연구자들에게 가장 필요한 건

무엇일까요?

A "좋은 연구실입니다. 서로 이야기를 나누고 도와줄 따뜻한 사람들이 있는 연구실 말입니다. 그런 환경에 있어야 무엇이 좋은 연구이고, 무엇이 그렇지 않은지, 강한 연구와 약한 연구가 무엇인지 알 수 있기 때문입니다."

자코브는 생물학의 먼 미래를 담담한 표정으로 말했다.

서른 살이 넘어서야 생물학을 시작하고, 파지가 무엇인지조차 몰랐던 그는 노벨상을 수상한 뒤에도 여전히 커다란 영향력을 지닌 채 연구의 최전선에 서 있다. 이제 모노는 고인이 되었다. 자코브는 연구를 계속하고 있는 'J·모노관'을 나서며 다시 한번 건물을 되돌아봤다. 여전히 비는 내리고 있었다.

방대한 메모로부터

- 1968년, 유전암호 해독과 단백질 합성에서의 역할에 관한 연구 -

마셜 워런 니런버그
(Marshall Warren Nirenberg)

- 1927년 4월 10일, 미국 뉴욕 출생
- 1948년 플로리다 대학교 졸업
- 1957년 미시간 대학교에서 박사학위 취득
  박사 연구자로서 미국 국립보건원(NIH) 입소
- 1960년 NIH 연구원
- 1962년 NIH 생화학 유전학부 부장

왓슨(J. D. Watson)과 크릭(F. H. C. Crick)에 의한 1953년 DNA 이중나선 모델의 등장 이후, DNA에 축적된 유전정보가 어떻게 단백질의 1차 구조, 즉 아미노산 배열을 결정하는지가 커다란 과제로 떠올랐다. DNA의 네 가지 염기가 어떤 배열 방식으로 특정한 기호를 형성하여 아미노산의 배열을 지시하는지, 그 메커니즘이 밝혀지지 않은 상태였다. 분명히 DNA와 단백질 사이에는 유전암호가 숨겨져 있을 것임에 틀림없었다.

물리학자인 가모브(G. Gamow)도 이중나선 구조가 발견된 직후, 나선의 측면 홈에 특정 아미노산이 들어가는 형태의 기호 체계를 제안한 바 있듯이, 이는 광범위한 관심을 끈 문제였다. 크릭은 물론 이 문제에 일찍부터 몰두했지만, 눈에 띄는 진전은 없었다.

DNA의 염기는 네 가지인 데 반해, 단백질을 구성하는 아미노산은 20종류에 이른다. 만약 DNA 사슬의 염기배열이 암호를 형성한다면, 네 개의 염기로는 4×4=16종류의 기호만 만들 수 있다. 반면 세 개의 염기를 조합하면 4×4×4=64종류의 기호가 가능하다. 따라서 20종류의 아미노산 각각을 지정하기 위해서는 최소한 세 개의 염기가 필요할 것이라고 생각되었다.

크릭과 브레너(S. Brenner)는 기호 체계의 문제를 여러 측면에서 검토했다. 또한 그들은 짧은 핵산이 특정 아미노산을 운반한다는 '어댑터(adaptor) 가설'을 제안했다. 이때 상정된 어댑터 분자는 가용성 RNA로서 실제로 발견되었다. 그러나 유전정보의 흐름, 즉 DNA→RNA→단백질로 이어지는 크릭 등의 '센트럴 도그마(Central Dogma)'의 메커니즘은 여전히 밝혀지지 않은 상태였다.

그런데 1960년대에 들어서면서 문제는 급속한 전개를 보였다. 그 중 하나는 크릭, 브레너, 자코브 등이 참여한 케임브리지 회의에서 메신저 RNA(mRNA)의 존재가 뚜렷하게 인식되기 시작한 일이었다. 센트럴 도그마에서 말하는 RNA의 정체는 그때까지 명확하지 않았지만, 이 발견을 통해 구체적으로 특징지어지게 되었다.

리보솜 RNA는 유전암호의 전달에는 무관하고, 리보솜은 mRNA가 DNA로부터 전사(轉寫)해 온 정보를 해독하여, 다양한 단백질을 합성하는 해독장치(解讀裝置)로 이해하게 되었다. RNA는 메신저 RNA(mRNA), 리보솜 RNA(rRNA), 그리고 가용성의 작은 RNA(tRNA)의 세 가지 종류가 존재한다는 사실도 밝혀졌다.

또 하나는 기호 체계의 문제에서 커다란 돌파구가 열린 일이었다. 최초로 해독된 하나의 유전암호는 1961년 8월, 모스크바에서 열린 국제 생화학학회에서 발표되었다. 발표자는 마셜 W. 니런버그였다. 당시 그는 서른네 살의 미국 국립보건원(NIH) 연구원으로, 그때까지는 전혀 알려지지 않은 무명의 인물이었다.

니런버그의 강연 제목은 "대장균의 무세포 단백질 합성계의 천연 또는 합성 RNA에의 의존성"이었다. 그러나 이 제목만으로는 그가 유전암호를 최초로 해명했으리라고는 누구도 예상할 수 없었다. 니런버그가 유전암호 해독에 성공했다는 소식이 퍼지자, 심포지엄 측에서는 다시 한번 강연을 요청했다. 말 그대로 강연의 앙코르였다.

니런버그 팀이 최초의 유전암호를 해독하던 무렵에는 메신저 RNA(mRNA)의 개념조차 아직 널리 알려지지 않았다. 크릭과 브레너의 케임브리지 대학 그룹, 자코브와 모노의 파스퇴르 연구소, 왓슨의 하버드 대학 그룹 등, 당시 분자생물학의 중심에 있었던 연구자들과는 아무런 관련도 없는 장소에서, 니런버그 팀의 대발견은 조용히 진행되고 있었다.

니런버그와 서독에서 온 공동 연구자 마타이(J. H. Matthaei)가 실험하고 있던 것은, 대장균으로부터 단백질 합성에 필요한 효소 등을 추출해 시험관 속에서 단백질을 합성하는 무세포 단백질 합성계를 구축하고, 여기에 다양한 핵산을 넣어 실제로 단백질 합성을 유도하는 일이었다. 이 무세포 단백질 합성계는 성공적으로 기능하여, 주형으로 적절한 핵산을 넣으면 단백질을 합성할 수 있었다.

그들은 합성 폴리뉴클레오타이드도 주형으로 사용했다. 이것은 인공적으로 합성한 핵산이다. 그중에서도 폴리 U, 즉 우라실(U)만을 길게 연결한 합성 RNA 분자가 주형으로서 매우 효과적이라는 사실을 발견했다. 폴리 U로부터 합성된 것은 아미노산 페닐알라닌이 반복적으로 연결된 분자, 폴리페닐알라닌이었다. 이는 유전암호가 핵산 염기 세 개가 한 세트를 이루는 구조라면, 'UUU'가 페닐알라닌을 지령하는 유전암호임을 시사하는 결과였다. 이 사실은 후에 실험을 통해 확인되었다. 최초의 유전암호의 발견은 실로 정교한 실험이었다.

UUU, UUC 페닐알라닌 UUA, UUG 루이신	UCU, UCC, UCA, UCG 세린	UAU, UAC 티로신 UAA, UAG 종지점	UGU, UGC 시스테인 UGA 종지점 UGG 트립토판
CUU, CUC, CUA, CUG 루이신	CCU, CCC, CCA, CCG 프롤린	CAU, CAC 히스티딘 CAA, CAG 글루타민	CGU, CGC, CGA, CGG 아르기닌
AUU, AUC, AUA 이소루이신 AUG.메티오닌 개시점	ACU, ACC, ACA, ACG 트레오닌	AAU, AAC 아스파라긴 AAA, AAG 리딘	AGU, AGC 세린 AGA, AGG 알기닌
GUU, GUC, GUA, GUG 발린	GCU, GCC, GCA, GCG 알라닌	GAU, GAC 아스파라긴산 GAA, GAG 글루탐산	GGU, GGC, GGA, GGG 글리신

유전암호는 mRNA 네 가지 염기로 표현된다.

유전암호 연구에는 뉴욕 대학교 오초아(S. Ochoa)와 매사추세츠 공과대학(MIT)의 코라나(H. G. Khorana)도 참여했다. 정력적으로 연구를 이어간 니런버그와 코라나에 의해 64종류의 유전암호가 거의 모두 밝혀졌다.

특정 아미노산을 리보솜으로 운반하는 가용성이 작은 RNA는, 유전암호를 따라 mRNA에 결합한다. 이때 아미노산이 순서대로 연결되어 단백질의 폴리펩타이드 사슬이 형성된다. 이 가용성 RNA는 이후 트랜스퍼 RNA(이전 RNA=tRNA)라 불리게 되었다. 미국 코넬 대학교의 홀리

(Robert W. Holley)는 77개의 뉴클레오타이드가 결합된 tRNA의 1차 구조를 결정하는 데 7년을 소비했다.

니런버그, 코라나, 홀리 세 사람은 유전암호 해독과 단백질 합성 과정에서의 역할에 관한 연구로 1968년 노벨 생리학·의학상을 공동 수상했다.

NIH는 미국 수도 워싱턴에서 자동차로 약 30분 거리에 위치한 메릴랜드주 베데스다에 있다. 넓은 부지에 건물이 띄엄띄엄 흩어져 있어, 찾아갈 때는 반드시 방문할 건물 번호를 미리 확인해야 한다고 한다.

워싱턴의 택시 운전사라면 NIH가 어디에 있는지 잘 알 것이라고 들었지만, 내가 탄 택시 운전사는 공교롭게도 그곳을 몰랐다. 그러나 지도를 보여주자 금세 짐작이 가는 듯했다. 니런버그의 사무실은 NIH의 36번 빌딩에 있다. NIH에 도착한 뒤 안내판의 지도를 다시 확인하고 36번 빌딩으로 향했다.

그는 유전암호 결정 작업을 마친 뒤, 신경생물학 분야로 연구 방향을 전환하며 큰 주목을 받았다. 유전암호의 해독은 센트럴 도그마의 메커니즘을 설명하는 단계에 이르러 일단락된 인상을 주었고, 니런버그의 연구 전환은 이를 상징적으로 보여주는 사건으로 받아들여졌다.

1층에 있는 그의 사무실을 찾아가자 백발의 초로한 신사가 나왔다. 검은 테의 큼직한 안경을 쓰고 있었다. 수상 당시 사진 속 그는 새까만 머리카락에 짙은 눈썹, 크고 또렷한 눈매를 지닌 정력적인 인상이었다. 하지만 지금은 사진 속 모습과 너무 달라 잠시 어리둥절했다. 키가 큰 니런버그는 겨우 들릴 듯한 작은 목소리로 말을 건넸다.

Q 1961년 8월, 모스크바에서 열린 국제 생화학학회에서 발표하셨을 때, 청중의 반응은 어떠했습니까?

A "아주 굉장했습니다. 처음에는 작은 방에서 소수 청중을 대상으로 강연했었지요. 그런데 같은 내용을 큰 심포지엄에서도 다시 한번 강연하게 되었습니다. 반응이 매우 뜨거워서 많은 사람들과 처음으로 교류할 수 있는 기회가 되었습니다."

Q 누가 가장 인상에 남아 있습니까?

A "많은 사람들이 있었지만, 크릭이 특히 기억에 남습니다. 그는 심포지엄의 좌장을 맡아 제게 한 번 더 강연할 기회를 주었습니다."

Q 폴리 U를 사용한 실험에 이르기까지는 어떤 과정이 있었습니까?

A "1959년, NIH에서 박사 연구자 과정을 마친 뒤, 앞으로 어떤 분야에서 연구를 계속할지 결정해야 했습니다. 당시 세균 유전학 분야가 눈부시게 발전하고 있었고, 그다음 단계는 단백질 합성기구와 유전자의 발현 메커니즘을 밝히는 것이라고 생각했습니다. 그래서 저는 무세포 단백질 합성계를 확립해 보기로 마음먹었습니다."

"2년 동안 그 준비를 위한 기술을 익혔습니다. 그 무렵 마타이가 연구에 함께 참여하게 되었지요. 메신저 RNA(mRNA)는 당시에는 가설에 불과했지만, 저는 그 존재를 믿고 있었고, 무세포계에서 단백질 합성을 시도하기 위해 핵산을 주형으로 넣어 사용하고 있었습니다. 이를테면,

리보솜 RNA가 주형으로 작용하는 것이 아닐까 생각해 시도해 본 것입니다.”

실험은 아미노산에 방사성 물질을 표지한 뒤, 무세포 단백질 합성계에서 방사성 아미노산이 단백질에 흡수되는지를 관찰하는 방식으로 이루어졌다.

A “최초의 실험에서는 백그라운드에 대해 50카운트의 흡수가 나타났습니다. 굉장한 결과였기에 무척 흥분했지요. 그런데 각종 RNA를 주형으로 사용해 실험을 진행하다 보니, 우리가 사용하던 RNA에 많은 불순물이 포함되어 있는 것이 아닌가 하는 생각이 들었습니다. 그래서 우리는 바이러스 RNA 등을 포함해 RNA를 가능한 한 정제하기로 한 것입니다.”

Q 캘리포니아 대학교 버클리 캠퍼스의 프랭클 콘라트(Heinz Fraenkel-Conrat)에게서 담배 모자이크 바이러스의 RNA를 받으셨다고 들었습니다.

A “담배 모자이크 바이러스의 RNA에서 막대한 주형 활성을 발견했기 때문에, 이 바이러스를 연구하던 프랭클 콘라트에게 전화를 걸었습니다. 이후 몇 주 동안 그의 연구실에 머물렀지요. 담배 모자이크 바이러스의 RNA는 매우 강한 주형 활성을 보였고, 그 결과로 생성된 단백질은 담배 모자이크 바이러스의 외피(外被) 단백질일 것이라고 생각했

습니다. 하지만 지금은 그것이 외피 단백질이 아니었다는 사실을 알고 있습니다. 그래도 당시 강한 주형 활성은 매우 인상적이었습니다."

"우리는 바이러스의 RNA와 동시에 합성 폴리뉴클레오타이드도 확보하고 있었습니다. 합성 폴리뉴클레오타이드는 믿기 어려울 만큼 강한 주형 활성을 보여주었고, 이를 통해 코돈(codon, 1개의 유전암호)당 염기를 조사할 수 있었습니다. 염기가 한 종류로만 구성된 경우에는 'UUU'가 페닐알라닌을 지정한다는 식으로 파악할 수 있었지만, 여러 염기가 혼합된 폴리뉴클레오타이드에서는 염기배열과 아미노산 간의 대응 관계를 명확히 알 수 없었습니다."

Q 합성 폴리뉴클레오타이드를 주형으로 사용하면 유전암호를 알 수 있다고 생각하고 계셨군요.

A "당연하지요. 명백한 일이었습니다. 또, 무세포 단백질 합성계가 구축되어 있다면, 당시에는 아직 알지 못했던 단백질 합성 메커니즘에 대해서도 여러 가지를 밝혀낼 수 있었을 것입니다."

Q 유전암호는 염기 세 개가 한 세트라는 것은 당시에도 명백했을까요?

A "확실하지는 않았지만, 20개의 아미노산을 지정하려면 두 개가 한 세트로는 부족하다는 것은 명백했습니다. 적어도 세 개는 한 세트여야 합니다."

Q 선생님의 실험이 분자생물학에서 역사적인 실험이라는 인식은 갖고 계셨나요?

A "그건 전적으로 명백한 일이었고, 우리는 몹시 흥분하고 있었습니다. 실험은 빠르게 끝났고, 굉장히 기뻤습니다."

Q 어째서 다른 연구자들은 당시 그런 종류의 실험을 하지 않았을까요?

A "음, 그건 대답하기가 매우 어렵군요. 저도 잘은 모르지만, 어떤 사람이 예전에 같은 실험을 시도했으나 잘되지 않았다는 이야기를 들은 적이 있습니다. 이 실험을 하려면 무세포 단백질 합성계를 확립하고 있어야 합니다. 당시 대장균의 무세포 단백질 합성계에 관한 논문이 몇 편 발표되어 있었기 때문에 저 말고도 다른 사람이라면 충분히 시도해 볼 수 있었을지도 모릅니다."

Q 선생님은 단백질 합성계를 아주 신중하게 구축하셨지요.

A "우리는 당시 올바른 방향으로 연구를 진행하고 있었습니다. 주형 활성을 가진 RNA와 DNA를 찾고 있었지요. 우리가 발견하지 않았더라도 다른 누군가가 발견했으리라 생각합니다."

Q 그렇기는 하지만 매우 스마트한 실험이었습니다. 많은 실험을 하면서 혼란스러웠던 적은 없었습니까?

A "실험을 잘 진행하려면 매우 신중해야 합니다. 처음에는 대개 잘되지 않는 법이지요. 실험 결과가 좋지 않다고 생각될 때는 의문을 해결하기 위해 하루에 두 번, 세 번씩 실험을 반복했습니다. 실험을 하고, 의문을 설정하고, 다시 해답이 얻어지지 않고……, 실험적 연구란 그런 것입니다."

Q 잘 작용하는 무세포 단백질 합성계를 확립했다는 것이 중요한 점이군요.

A "그렇습니다. 이미 발표된 많은 논문을 참고했습니다. 그것은 과거에 다른 연구자들이 많은 노력을 기울여 쌓아올린 성과였지요. 우리는 거기에 약간 보완했을 뿐이지만, 그 과정에는 수백 개의 작은 단계가 있었습니다."

Q 선생님은 우연히도 적절한 실험 조건을 선택했기 때문에 성공했다고 말하는 사람들이 있습니다만…….

A "어떤 부분에서는 실험의 방향을 잘못 잡더라도 바로잡을 수 있습니다. 저는 의문을 잔뜩 적어둔 노트를 가지고 있습니다. 실험에 활용할 수 있는 시간과 자원은 한정되어 있으므로 우선 대답이 가능한 의문부터 선택하게 됩니다. 그러다 보면 이전에 진행했던 일과는 다른 방향으로 전환하게 되는 경우도 있습니다. 제 노트를 보면 유전암호를 결정하는 데 관해 기록해 놓은 데이터가 있습니다. 예전에도 같은 내용을 적어두었던 것이 나중에 발견된 적도 있었습니다. 한동안 잊고 있었던 것이 몇 달 뒤 다른 형태로 다시 나타난 셈이지요. 연구라는 것은 언제나 문자 그대로 수천 개의 의문을 품고, 그중 몇 가지에 조금씩 접근해 가는 과정입니다."

Q 하루에 어느 정도의 의문을 노트에 기록하십니까?

A "많이 기록합니다. 주말에는 시간이 있어서 가장 좋은 때지요. 하룻밤에 20쪽을 적는 일도 있습니다. 『잠자고 있는 동안에 일하는 사람』

이라는 제목의 책이 있는데, 저도 잠자는 동안 떠오른 직관이 조금은 작용하는 게 아닐까 싶습니다."

Q 당시 선생님은 분자생물학을 이끌던 중심인물들과는 직접적인 관계를 맺지 않은 채 연구를 진행하고 계셨습니다. 새로운 실험에 대한 정보가 제대로 들어오지 않는다는 점에서 어려움은 없었습니까?

A "없었습니다. 가장 흥분되는 일은 바로 우리가 직접 진행하고 있던 연구에서 비롯되었으니까요. NIH는 훌륭한 연구소였고, 저의 상사였던 톰프킨(G. Tompkin)은 우수한 연구자였습니다. 그는 이 분야에서 일어나는 일을 거의 모두 파악하고 있었고, 저와 토론도 자주 나누었습니다. 정보가 부족하다고 느낀 적은 한 번도 없었습니다. 톰프킨은 매우 복잡한 현상을 아주 간단한 핵심으로 설명하는 능력을 갖춘 사람이었습니다. 그는 정말 뛰어난 교사였지요. 농담도 곧잘 섞어 가며 그런 식으로 이야기를 풀어나갔기 때문에 무척 즐거운 시간이었습니다."

Q 마타이와 선생님의 역할 분담은 어떻게 되어 있었습니까?

A "마타이는 훌륭한 실험가이자 매우 열정적인 사람이었습니다. 그는 제게 처음으로 온 박사 과정 연구자였습니다. 우리는 매우 긴밀하게 협력하며 연구를 진행했지요. 처음에는 실험 공간이 좁아서, 한 사람이 낮에 실험을 하면 다른 한 사람은 밤에 실험을 하기도 했습니다. 그는 실험 기술이 뛰어날 뿐만 아니라 지적이기도 했습니다. 그의 도움이 없었더라면 그런 연구는 해낼 수 없었을 것입니다."

최초로 밝혀진 유전암호, 즉 페닐알라닌을 지정하는 UUU를 발견한 이후, 니런버그는 유전암호 해독을 둘러싸고 오초아, 코라나 등과 치열한 경쟁을 벌였다. 당시 니런버그 연구팀은 매우 정교한 실험 방법을 고안해 냈다. 그 방법은 다음과 같았다.

세 개의 뉴클레오타이드를 결합해 배열이 알려진 세 개짜리 조합(트리뉴클레오타이드)을 만든다. 이를 무세포 단백질 합성계에 넣으면, 이 트리뉴클레오타이드가 유전암호로 작용해 해당 아미노산이 결합된 tRNA가 리보솜에 결합한다. 리보솜에 결합한 tRNA와 결합하지 않은 tRNA는, 1,000분의 1mm 이하의 매우 미세한 질산셀룰로오스 여과지를 이용해 분리할 수 있다. 특정 아미노산에 방사성 표지를 해두면, 해당 트리뉴클레오타이드가 어떤 아미노산의 암호에 대응하는지 확인할 수 있다.

Q 세 개가 짝을 이룬 뉴클레오타이드를 사용한 실험도 매우 아름답다고 생각합니다. 이 실험은 어떻게 착상하신 것입니까?

A "우리는 여러 가지 방법을 시도해 보았습니다. 하지만 이 방법을 착안했을 때는 정말 기뻤습니다. 그때까지 해 본 방법 중에서는 제일 좋은 방법이었기 때문입니다. 처음부터 잘되었으니 정말 이상한 일이었지요. 물론 그전에는 숱한 방법을 시험해 보았습니다. 이를테면, 한쪽 끝의 배열을 알고 있는 합성 폴리뉴클레오타이드를 사용하기도 했습니다. DNA, RNA 모두 말입니다. 이론적으로는 같은 결론에 이를 수

있지만, 결국은 용이성의 문제입니다. 트리뉴클레오타이드를 사용하는 방법은 매우 간단했습니다."

세 개로 짝지은 뉴클레오타이드를 사용하는 방법은 1964년에 발표되었다. 한편, 코라나의 그룹은 반복구조가 긴 RNA를 합성하는 방법을 개발해 유전암호를 결정해 나갔다. 1966년까지에 니런버그와 코라나 두 그룹에 의해 64개의 유전암호가 거의 모두 결정되었다. 이후 니런버그는 신경계 연구로 방향을 전환했다.

Q 연구 주제를 바꾸신 이유는 무엇입니까?

A "저는 늘 신경계에, 특히 신경세포가 어떻게 집합하는가에 흥미를 가지고 있었습니다. 20여 년 전부터 이 분야에서는 스페리(R. W. Sperry)의 가설이 지배적이었지요. 뉴런 세포는 표면에 분자가 있어서 그 분자가 감지 기능을 한다는 것입니다. 저는 그 안에 유전암호와는 또 다른 종류의 암호가 있을지도 모른다고 생각했습니다. 뉴런이 어떻게 서로를 인식하고 있는지는 아직도 밝혀지지 않았습니다. 또 하나의 생각은, 뉴런에서는 분화의 최종 단계가 서로의 상호작용에 따라 조절되고 있을지도 모른다는 점입니다. 우리는 지금도 이 문제를 꾸준히 연구하고 있습니다."

Q 주제를 바꾸었을 때, 유전자의 발현으로 정의되는 분자생물학은 끝났다고 생각하셨습니까?

A "아니요, 전혀 그렇지 않습니다. 어떤 것도 완전히 끝나버리는 일은 없습니다. 제가 주제를 바꾼 것은 새로운 도전을 위해서였습니다. 분자생물학의 기술이 신경생물학 분야에서도 활용될 수 있으리라 생각했기 때문입니다. 분자생물학이라는 기존 분야는 지금도 분명히 계속되고 있습니다. 하지만 다른 분야를 보면 어느 정도 전망이 서는 영역도 있고, 여전히 의문이 남아 있는 부분도 있으며, 가능성 있는 해답을 모색할 수 있는 곳도 있습니다. 그렇지만 어떤 영역은 블랙박스처럼 전혀 밝혀지지 않은 상태이지요. 그런 영역에 도전하는 것은 참으로 즐거운 일입니다. 그것이 제가 연구 주제를 바꾼 이유입니다. '흥미'가 바로 열쇠입니다. 저는 여러 가지 일에 흥미를 갖고 있지만, 그중에서도 반드시 몇 가지로 집중할 필요가 있다고 생각합니다."

Q 생화학자나 분자생물학자에게 가장 중요한 건 흥미입니까?

A "당연하지요. 하지만 무엇에 흥미를 갖더라도 다른 조건이 갖춰지지 않으면 연구는 이루어지지 않습니다. 설비가 갖춰지지 않으면 연구 자체가 불가능하지요."

"분자생물학이 가져다준 훌륭한 성과들을 살펴보면, 지금은 무엇보다 DNA 재조합 기술이라 할 수 있습니다. 제가 이 분야를 떠날 무렵, 세균이 DNA의 특정 부분을 제한하는 메커니즘이 존재한다는 사실은 알려져 있었습니다. 하지만 최초의 제한효소가 발견되기 전까지는 그 상세한 내용을 아무도 알지 못했습니다. 당시에는 제한효소를 이용할 수 있게 되면서 분자생물학이 폭발적인 발전을 이루게 되리라고는 전혀 예상하지 못했지요. 이런 시기에 다시 분자생물학 분야로 돌아올 수 있다는 건 매우 기쁜 일입니다."

니런버그의 신경계 연구는 세포에서 무세포계를 대상으로 하는 방향으로 전환되었으며, 유전자 재조합 기술이 활용되고 있다. 아직 눈에 띄는 성과는 없지만, 연구는 꾸준히 진행되고 있는 듯하다.

"과거의 일보다는 현재의 일을 이야기하고 싶다"고 그는 말했다.

"신경계 연구로 두 번째 노벨상에 도전하고 계신 것입니까"라는 질문에는 단호하게 고개를 저으며, 연구의 동기는 오직 흥미에 있다고 강조했다.

때로는 전략 전환을

- 1959년, DNA 합성 -

아서 콘버그
(Arthur Kornberg)

- 1918년 3월 3일, 미국 뉴욕 출생
- 1937년 뉴욕 시립대학교 화학과 졸업
- 1941년 로체스터 대학교에서 의학박사 학위 취득
- 1942년 미국 국립보건원(NIH) 연구원
- 1946년 뉴욕 의과대학 객원 연구원
- 1953년 워싱턴 대학교 교수
- 1959년 스탠퍼드 대학교 의학부 교수

DNA는 아데닌(A), 티민(T), 구아닌(G), 시토신(C)이라는 네 종류의 뉴클레오타이드가 사슬처럼 이어져 구성된다. A-T, G-C 염기쌍 사이에는 특이적인 수소 결합이 형성되어 두 개의 사슬이 꼬인 이중나선 구조를 이룬다. 이것이 바로 왓슨(J. D. Watson)과 크릭(F. H. C. Crick)이 제안한 이중나선 모델이다.

유전자 공학의 전성시대인 오늘날, 연구자들은 일상적으로 시험관 속에서 DNA를 합성하고 재조합하고 있다. 시험관 속에서 DNA가 처음으로 합성된 것은 왓슨과 크릭의 이중나선 모델 발표 2년 후인 1955년으로, 콘버그(A. Kornberg)가 그 주인공이었다.

DNA가 복제될 때는 이중나선이 풀어지고, 각 사슬의 염기배열을 주형으로 하여 상보적인 염기쌍을 이루는 새로운 사슬이 합성될 것으로 예상되었다. 그러나 당시에는 이에 대한 구체적인 메커니즘은 전혀 알려지지 않았다.

콘버그는 방사성인 탄소 14, 인 32로 표지한 뉴클레오타이드를 사용했다. 방사성 뉴클레오타이드와 대장균 추출물을 시험관에 넣고, 중성 pH에서 일정한 온도로 유지한 채 반응시킨다. 여기에 트리클로로아세트산과 같은 산을 가하면, 뉴클레오타이드와 같은 작은 분자는 침전하지 않지만, 단백질이나 핵산과 같은 큰 분자는 침전한다. 이 침전물에서 방사성이 검출되면, 뉴클레오타이드가 핵산이라는 고분자에 포함되었음을 의미한다.

당시 콘버그의 스승이던 오초아(S. Ochoa)는 아조토박터균

(Azotobacter 균)으로 뉴클레오타이드 2인산을 고분자(중합체)로 전환하는 효소를 발견했다. 오초아 일행은 이를 통해 시험관 안에서 RNA가 합성된 것이라 생각했다. 그들은 원래 산화적 인산화에 관심이 있었고, ATP 합성효소의 발견을 목표로 하고 있었기 때문에, 이번 발견은 뜻밖의 결과였다.

그 사실을 알게 된 콘버그는 먼저 오초아가 아조토박터균에서 발견한 RNA 합성을 대장균에서도 확인했다. 이어서 DNA 합성계를 연구하여 DNA 합성효소, 즉 DNA 폴리머라제를 발견하게 되었다. 오초아는 RNA 합성 연구로, 콘버그는 DNA 합성 연구로 1959년 노벨 생리학·의학상을 공동 수상했다.

그런데 이 수상에는 후일담이 있다. 오초아가 발견한 효소는 폴리뉴클레오타이드 인산화효소로, 생체 내 조건에서는 오히려 RNA를 분해하는 효소임이 밝혀졌다. 한편 콘버그의 DNA 폴리머라제에 대해서도 1969년, 이 효소가 결여된 변이주가 발견되었다. 이 변이주는 콘버그의 DNA 폴리머라제가 없어도 DNA를 정상적으로 복제하고 증식할 수 있었다. 이로 인해 콘버그가 발견한 효소는 DNA 합성에 본질적인 것은 아니라는 인식이 확산되기 시작했다.

그래서 DNA 합성에는 이 외에도 다른 효소가 존재하지 않을까 하는 생각에서 효소 탐색이 시작되었고, 그 효소를 발견한 이는 콘버그의 둘째 아들 토머스(Thomas B. Kornberg)였다. 아버지가 발견한 DNA 합성효소는 DNA 폴리머라제 I이었으며, 아들이 발견한 효소는 DNA 폴리머라제 II와 DNA 폴리머라제 III으로 명명되었다. 아버지의 연구를 아들이 이어받아 완성한 셈이었다.

아버지 아서 콘버그는 DNA 합성 연구를 꾸준히 이어갔으며, 그가 집필한 교과서『DNA 복제』는 이 분야의 결정판으로 일컬어진다.

콘버그는 스탠퍼드 대학 의학센터 생화학 부문에 재직 중이었다. 캠퍼스가 워낙 넓어서인지 그의 비서가 친절하게도 지도를 보내주었다. 그의 사무실은 말끔하게 정돈되어 있었고, 베이지색 소파와 아름다운 나뭇결이 살아 있는 가구들이 깔끔한 인상을 주었다. 콘버그는 타원형 테이블 끝에 앉았다. 블루 계열의 깃이 열린 셔츠 차림으로 편안한 모습이었다. 그는 천천히, 아주 명쾌한 영어로 질문에 답해 주었다. '실험 벌레'라는 평을 받는 그는 조용하고 온화한 인상 속에서도, 하나하나의 대답에 확신과 단언이 깃들어 있어 묘한 위엄마저 풍기고 있었다.

그의 연구실에서는 DNA가 단편으로 합성되고 이어지는 과정을 규명해 오카자키 단편(Okazaki fragment)을 발견한 오카자키 레이지(岡崎令治, 1930~1975년)를 비롯해 많은 일본인 연구자들이 연구 경험을 쌓고 있다. 콘버그는 일본인 연구자들을 높이 평가한다고 한다.

Q 핵산 대사를 연구하시면서 자연스럽게 DNA 폴리머라제에 흥미를 갖게 되신 건가요?

A "그렇습니다. 저는 핵산을 구성하는 블록인 뉴클레오타이드를 연구하고 있었습니다. 이어서 뉴클레오타이드 쌍으로 이루어진 보조효소

의 합성으로 연구를 확장했지요. 그러다 보니 뉴클레오타이드로 이루어진 더 큰 집합체에도 흥미가 옮겨갔습니다."

Ⓠ 최초로 DNA 폴리머라제를 발견하셨을 때는 어떤 일이 있었습니까?

Ⓐ "사실 저는 처음에 RNA 합성 반응을 먼저 발견했고, 그 직후에 DNA 합성 반응도 발견했습니다. 우리는 아데닐산(아데노신 일인산, AMP)이 RNA와 유사한 형태로 전환되는 것을 관찰했어요. 티미딘은 DNA와 비슷한 형태로 전환되었고요. 당시에는 RNA 쪽 반응이 활발했기 때문에 재미있다고 생각했습니다. 오초아 그룹이 뉴클레오타이드 이인산을 커다란 폴리머로 전환하는 효소가 존재한다는 사실을 발견했다는 소식을 들었습니다. 우리는 오초아가 아조토박터에서 얻은 결과를 대장균으로 확인할 수 있었지요. 이것은 오초아의 연구를 다른 생물로 추적한 것으로 중요한 발견은 아니었습니다."

"저는 티미딘의 흡수를 좀 더 자세히 조사해 보려고 생각했습니다. 방사활성은 매우 낮았지만, 분명히 흡수가 일어나고 있었지요. 그래서 우리는 티미딘을 티미딘 일인산, 이인산, 삼인산으로 전환하는 효소를 정제하기로 했습니다. 대장균 추출물에는 티미딘이 DNA로 합성되는 과정이 있기 때문에 여러 효소들이 존재할 것으로 예상했습니다. 그중 하나는 뉴클레아제로, 추출물 내 DNA를 네 종류의 뉴클레오타이드로 분해하는 역할을 합니다. 또 하나는 티미딘 일인산을 이인산으로 전환하는 키나제입니다. DNA 폴리머라제 I 외에, 이러한 효소들을 모두 발견하고 규명할 필요가 있었습니다."

Q 주형으로는 무엇을 사용하셨습니까?

A "흉선(胸腺) DNA를 사용했습니다. 우리는 생성된 모든 핵산을 보호하기 위해 DNA를 첨가한 것이지요. 당시 사용한 추출물에서는 합성보다 분해 반응이 훨씬 강하게 일어났습니다. 따라서 DNA는 세 가지 기능을 수행하고 있었습니다. 첫째, 생성된 소량의 핵산을 보호하는 저장소 역할, 둘째, 뉴클레오타이드 삼인산의 공급원 역할, 셋째, 주형과 프라이머(primer, 합성 개시점) 역할입니다. 그러나 당시에는 이러한 역할을 전혀 인지하지 못하고 있었습니다."

"우리의 실험이 이루어진 것은 1955년이었습니다. 당시 DNA가 복제의 주형으로서 어떻게 작용하는지는 왓슨과 크릭의 가설이 이미 나와 있었어요. 그러나 기질(基質)이나 주형으로부터 지령을 받는 효소계가 실제로 존재할 것이라고는 거의 믿기 어려운 상황이었습니다. 그때까지 알려져 있던 효소계 중에는 그런 예가 전혀 없었으니까요. 기존에 발견된 효소들은 모두 매우 특이적인 반응만을 수행하도록 설계된 것처럼 보였으므로, 대부분의 생화학자는 우리의 실험 결과를 쉽게 믿지 않았습니다. 왓슨과 크릭의 논문에서도 효소의 존재는 전혀 예견되지 않았습니다. 그들은 주형 DNA의 사슬과 뉴클레오타이드라는 건축 블록이 나란히 배열되기만 하면, 마치 지퍼가 닫히듯 자연스럽게 복제가 이루어진다고 생각했던 것이지요."

Q 왓슨과 크릭의 논문이 발표되었을 때, 직관적으로 옳다고 생각하

셨습니까?

A "아주 흥미로운 질문이지만, 당시 제 연구와는 그리 직접적인 관련이 없다고 생각했습니다. 저는 뉴클레오타이드가 어떻게 집합해 가는가 하는 문제에 더 큰 흥미를 가지고 있었지요. DNA를 주형으로 이용하는 효소나 무세포계를 발견한 것이 행운이라고는 생각하지 않습니다. 일종의 뉴클레오타이드를 DNA 사슬에 첨가하면 어떤 반응이 일어날 수 있지 않을까 하는 생각을 갖고 있었어요. 실제로 네 종류의 뉴클레오타이드가 흡수되는 반응을 발견했을 때는 매우 놀랐습니다. 이 시점에서는 아직 뉴클레오타이드 삼인산이 기질이라는 사실조차 몰랐지요. 주형이 분해되면서 생성된 기질로 작용하고 있었던 것입니다."

"나중에, DNA로부터 열에 안정한 뭔가가 만들어지고 있다는 사실을 우리 그룹의 박사 연구원이었던 레만(I. R. Lehman)이 밝혀냈습니다. 거칠게 추출한 실험계에는 이미 뉴클레아제와 키나제 활성이 존재하고 있었지요. 그리고 열에 안정한 분획에서는 티미딘 삼인산(TTP) 외에 세 가지 뉴클레오타이드 삼인산(ATP, GTP, CTP)이 포함되어 있다는 것도 알았지요. 중요한 일은 우리가 이러한 연구를 전통적인, 다소 고리타분한 생화학적 접근 방식으로 수행하고 있었다는 것입니다. 즉, 세포를 분쇄하여 추출물을 분획하고, 적절한 에세이(assay, 검정·정량)법만 갖추면, 세포가 수행하는 거의 모든 과정을 시험관 안에서 재구성할 수 있다고 확신했지요. 그 확신은 지금까지도 변함이 없습니다."

"DNA 합성 연구를 진행할 수 있었던 것은 센트루이스 워싱턴 대학의 동료였던 프리드킨(M. Friedkin) 덕분이었습니다. 그는 탄소 14로 표시된 티미딘을 제공해 주었지요. 프리드킨은 염기인 티민과 당인 데옥시리보스를 결합시키는 효소를 발견해, 방사성 티미딘을 처음으로 만들어 냈습니다. 저는 그에게 티미딘을 사용한 효소학 실험을 해 보면 좋겠다고 생각했지만, 그는 동물과 조직을 이용한 실험을 하고 있었지요. 최초의 실험에서 산에 불용성 분획에서 얻은 카운트는 백그라운드에 비해 25~30 정도로, 그리 대단한 수치는 아니었습니다. 반년쯤 지나 DNA 연구로 다시 돌아왔을 때, 그는 방사성이 약 5배 더 높은 티미딘을 주었습니다. 그것을 사용하자 약 150카운트 정도가 나와서 매우 고무적으로 느껴졌습니다. 그래서 저는 생성물을 DNA 분해효소로 처리해, 방사성 티미딘이 DNA에 특이적으로 흡수되고 있음을 확인할 수 있었습니다."

Q DNA 폴리머라제 I을 발견하신 뒤로 DNA 복제연구에만 한결같이 매달려 오신 이유는 무엇인가요?

A "아직 끝나지 않았기 때문입니다."

Q 얼마나 걸릴 거라고 생각하십니까?

A "영원할 겁니다."

콘버그는 표정 하나 바꾸지 않고 그렇게 대답했다.

Q DNA 폴리머라제 I의 결실 변이주(缺失變異株)가 분리되었다는 뉴스

를 들으셨을 때는 어떤 기분이었습니까?

A "DNA 폴리머라제 I이 정말로 존재하지 않는다고는 생각하지 않았습니다. 저는 지금도 폴리머라제 I은 중요한 복제 효소라고 믿고 있습니다. 물론 이제는 폴리머라제 I이 복제 과정에서 어떤 역할을 하긴 하지만 핵심적인 역할은 아니라는 점도 알고 있지요. 실제로 제 아들이 폴리머라제 I이 결여된 변이주에서 다른 폴리머라제, 즉 폴리머라제 II, 폴리머라제 III을 발견했습니다."

Q 다른 사람이 아니고, 아드님이 그걸 발견했다는 점에 대해서는 어떻게 생각하셨습니까?

A "그건 정말 행복했습니다. 다른 사람이 발견한 것보다는 역시 제 아들이 한 게 더 반가운 일이었지요. (웃음) 당시 케언즈(J. Cairns)를 비롯한 많은 연구자들은 제가 기술한 DNA 폴리머라제가 사실 그다지 중요한 것이 아니라는 점을 밝혀내려는 데 열을 올리고 있었습니다. 『네이처(Nature)』지에서는 논설을 통해 DNA 복제에는 전혀 관계가 없다는 주장까지 실었을 정도였습니다. 물론 그것은 매우 극단적 견해였지만요."

Q 아드님에게 생화학을 하라고 권유하신 적이 있으신가요?

A "아니요. 톰은 그때 줄리어드 음악원에 다니며 프로 첼로 연주자였습니다. 동시에 컬럼비아 대학에도 다니고 있었지만, 저와 함께 실험실에서 일해 본 적은 없었지요. 그런데 손가락에 작은 종양이 생겨서 첼로를 연주할 수 없게 되었어요. 그일을 계기로 그는 실험 일을 해 보기

로 결심한 것입니다. 당시 교수님으로부터 제가 공격을 받고 있다는 이야기를 들었고, 그렇다면 DNA 폴리머라제가 이들 변이주에 존재하는지 여부를 스스로 조사해 보기로 마음먹었지요."

Q 그는 혼자서 연구를 시작했었군요.

A "그렇습니다. 하지만 그 전에 제가 영국에 있을 때, 그로부터 전화가 온 적이 있었어요. 하버드의 리처드슨(C. C. Richardson)이 변이주의 DNA 폴리머라제 활성을 발견하려 했지만 성공하지 못했다는 이야기를 전해주더군요. 그런데도 그는 그 도전에 다시 나섰고, 결국 성공했습니다."

콘버그는 젊은 시절인 1946년부터 뉴욕대 의학부에서 연구를 시작했으며, 후에 함께 노벨상을 수상하게 되는 오초아 밑에서 연구 경험을 쌓았다.

Q 오초아 선생님께 연구하면서 어떤 점을 배우셨습니까?

A "그는 효소 연구를 어떻게 하는지를 가르쳐 주셨습니다. 저에게는 가장 중요한 스승입니다. 또 낙관적인 태도가 얼마나 중요한지도 배우게 되었지요. 실험을 할 때는 잘될 거라고 믿는 마음가짐이 중요합니다. 하지만 결과가 잘 나왔다고 해서 무조건 믿어서는 안 되고 반드시 비판적으로 살펴봐야 합니다. 저는 티미딘과 추출물을 반응시킬 때도 잘되리라고 믿고 있었습니다. 그러나 잘되지 않아서 다시 한번 시도했

지요. 처음에는 간에서, 다음에는 골수종(骨髓腫) 세포에서, 그리고 결국은 대장균에서 성공할 수 있었습니다. 여러 번 실패를 겪었기 때문에, 성공한 것이 정말 DNA인지, 단지 DNA의 성질을 가진 무언가인지 거듭 의심하고 확인했습니다. DNA 분해효소를 사용해 보고, 다른 여러 가지 방법도 시독했지요. 만약그것이 정말 DNA라면, 뉴클레오타이드는 어디서 온 걸까? 저는 넣지 않았으니 어딘가에서 생겨난 것이겠지요. 이렇게 계속해서 의문을 던지며 실험을 진행했습니다."

"어째서 제가 큰 발견을 하는 행운을 가질 수 있었느냐? (웃음). 뭔가 재미있는 발견을 하거든 가장 엄밀하게 비판해 보아야 합니다. 정말 진실인지 말이지요. 그리고 반드시 반복해서 확인해야 합니다. 오초아의 이런 성격은 인상적이었습니다. 오초아와 함께 일하면서 그를 관찰하다 보면, '나도 뭔가 발견을 할 수 있지 않을까' 하는 생각이 들곤 했습니다.

중요한 공헌을 하고 싶다면 천재가 되거나, 아니면 다른 사람과는 다른 무엇이 되어야 한다고들 하지요. 그렇게 생각하면 맥이 풀리고 실망하게 될지도 모릅니다. 하지만 오초아처럼 매우 지적이고, 인간적으로도 재미있는 사람과 함께 일하면서 그의 성공을 지켜보고 있노라면, '나도 성공할 수 있지 않을까' 하는 용기가 생기곤 했습니다. (웃음)"

Q 분자생물학이나 생화학 분야에서 큰 성과를 이루기 위해 가장 중요한 것은 무엇이라고 생각하십니까?

A "그건 욕구와 동기라고 생각합니다. 그리고 저는 상식도 매우 중

요하다고 말하고 싶어요. 모든 인간에게는 지성이 있다고들 하지요. 상식이란 무엇이 중요한지와 무엇이 중요하지 않은지를 구별해 내는 감각입니다. 이를테면, 방사활성이 1㎖당 150단위가 있었다고 합시다. 여기에 1.26mg의 물질이 들어 있으면 컴퓨터로 계산했을 때 1mg당 119.0476단위라는 값이 나옵니다.(콘버그는 내가 선물한 전자계산기를 조작해 보였다), 1mg당 119.0476단위라는 값이 나옵니다. 그런데 이 값을 그대로 '119.0476단위'라고 보고서에 적어낸다면, 상식이 있는 사람이라면 그게 얼마나 우스운 일인지 알 겁니다. 하지만 학술지를 보다 보면, 분석 결과를 119.04라는 숫자로 내놓는 경우를 종종 보게 됩니다. 정말 운이 좋은 경우지요. 실제로는 119.04±10퍼센트쯤 되는 값일 테니까요."

Q 그런 사람들은 상식이 없는 셈이군요.

A "저는 그렇게 생각해요."

Q 대부분의 사람들은 위대한 과학자는 오히려 상식적이지 않다고 생각하는 듯합니다만…….

A "이를테면, 1953년이나 1954년에는, DNA가 너무 복잡하기 때문에 추출물에서 DNA를 합성하는 계(系)를 만들어 낼 수 있으리라고는 생각하지 않았어요. 상식적으로 보면, 그런 일을 시도해 보는 건 어리석은 일이었겠지요. 그런 의미에서 보면 저도 어리석다는 말을 들었을지도 모르고, 다른 사람들과는 달랐다고 말할 수 있을 겁니다."

"그러나 저는 그렇지는 않아요. 선천적으로 수학에 뛰어난 사람이라든가, 본질을 추출해 내는 데 재능이 있는 과학자는 예술가와 닮은 점이 있습니다. 또 생어(F. Sanger)처럼 실험기술이 선천적으로 뛰어난 사람들도 있지요. 저는 과학이 예술과 매우 흡사하다고 생각합니다. 과학은 기술된 일련의 조작을 그대로 따라가는 엔지니어링과는 달라서 일정한 형식이 없습니다."

"이를테면, 제가 가장 자랑스럽게 생각하는 업적은 DNA 합성이 아니라 보조효소 NAD(니코틴아미드·아데닌·디뉴클레오타이드) 합성입니다. 그게 제가 이룬 중요한 발견이라고 생각해요. 처음에는 효소를 정제해서 그것이 NAD를 두 부분으로 분해한다는 사실을 밝혔습니다.

휴가에서 돌아온 어느 날, 이 효소를 정제하는 작업에 지쳐 있었어요. 그래서 문득 NAD는 아데닐산(AMP)과 니코틴아미드·리보스·인산으로 구성된다는 걸 떠올리고, ATP와 니코틴아미드·리보스·인산, 그리고 효모(酵母)나 간(肝) 추출물을 한데 섞어보기로 했습니다. 그랬더니 반응이 일어났고, 오늘날 알려진 일련의 반응이 일어나면서 무기(無機) 피로인산이 유리되었습니다. 정말 흥분되는 순간이었어요. (웃음)"

Q 선생님은 실험에 집중해 있을 때보다 지쳤을 때 아이디어가 잘 떠오르나요?

A "아닙니다. 그때는 지쳤다기보다는 심심하고 따분해하고 있었다고 해야겠지요. 그래서 뭔가 다른 일을 한번 해볼까 하는 생각이 들었던 겁니다. 중요한 일이라고 생각하면 끝까지 꾸준히 밀고 나가야 합니다. 하지만 때로는 더 재미있어 보이는 일에도 손을 대보곤 하는데, 대개는

별다른 결과가 나오지 않지요. 그런데 이번 경우에는 정말로 흥분되는 일이 일어났고, 그로부터 일련의 실험으로 이어지는 길이 열리게 되었습니다."

"학생들을 지도하다 보면, 그들이 얼마나 참을성이 있는지 늘 마음에 걸립니다. 저는 제 자신이 그다지 참을성이 강한 편은 아니라고 생각해요. 그게 좋을 수도 있고 나쁠 수도 있습니다. 인내는 매우 중요한 덕목이지요. 하지만 때로는 참지 않는 것도 필요합니다. 뭔가 평범한 것과는 다른 일을 시도해 보게 되거든요. 창조적인 과학을 할 때는 선택의 방식이 예술과 아주 비슷하다고 생각합니다."

Q 그렇다면 과학자도 예술가처럼 선천적인 재능이 중요한 것이라고 할 수 있겠습니까?

A "질이나 소재(素材) 등이 다릅니다. 무엇을 어떻게 연구해야 하는지에 대한 정해진 형식도 없고, 그것을 가르쳐 줄 컴퓨터도 없다는 점을 말하고 싶은 겁니다. 어떤 일에 싫증이 나서 다른 일을 해 보고 싶다고 생각할 때, 그 선택의 방식은 예술과도 닮아 있는 것이지요."

"12년 전, DNA 합성에서 새로운 사슬이 어떻게 출발하는지에 대해서는 전혀 알지 못했습니다. 우리가 연구하고 있던 대장균과 고초균(枯草菌)에서는 아무런 실마리도 잡히지 않았지요. 그래서 저는 작은 염색체를 본격적으로 연구하기 시작했습니다. 처음에는 M13 파지로, 그 다음에는 øX174 파지로 옮겨갔습니다."

Q 차원이 다른 일을 시작하는 게 중요하다고 생각하셨던 건가요?

A "그렇습니다. 모두가 며칠 사이에 M13 작업을 시작했어요. 몇 년 동안이나 풀지 못했던 문제였는데, 금방 중요한 발견을 할 수 있었습니다."

Q 앞으로의 분자생물학은 어떻게 전개되어 갈 것이라고 보십니까?

A "우리는 생명의 더욱 복잡한 과정에 대한 분자적 세부를 계속 밝혀나갈 것입니다. 발생과 분화, 중추신경계의 이해 같은 일반적인 과제까지도 그에 포함될 것입니다. 지금은 뇌의 생화학적 원리나 기능에 대해서는 거의 알지 못하고 있습니다. 그러나 신경계라고 해서 소화기나 근육에서 밝혀낸 원리들과는 본질적으로 다르게 이해해야 할 이유는 없다고 생각합니다."

Q 최근의 DNA 합성과 관련하여 성장인자와 암의 관계가 주목받고 있습니다. 어떻게 생각하십니까?

A "잘 모르겠어요. 암은 매우 복잡한 현상입니다. 인간은 물론, 동물도 워낙 복잡해서 우리는 그것의 생화학을 아직 이해하지 못하고 있습니다. 지금은 암유전자 연구가 막 시작된 단계입니다. 이를테면, 왜 암세포에서 DNA 합성이 시작되고, 성인의 정상세포에서는 멈추는지조차 모르고 있습니다. 아마도 지금 대장균 연구에서 알고 있는 것과 같은 방대한 정보가 축적되기 전까지는 알 수 없겠지요. 우리는 아직 대장균도 이해하고 있지 못해요. 그래도 대장균에 대해서는 조금씩 이해에 접근하고 있다고 생각합니다."

콘버그의 교과서 『DNA 복제』(DNA Replication, 1980년판)는 무

려 724쪽에 달하는 방대한 저작이다. 인용 문헌과 저자 색인에는 총 2,789명의 이름이 실려 있다. 흥미롭게도 저자 색인을 들여다보면 아들의 이름은 있지만, 콘버그 자신의 이름은 없다. 그러나 각 페이지의 각주를 살펴보면 곳곳에서 콘버그의 논문이 인용되고 있다.

교과서의 저자는 인용문헌 색인에는 이름을 싣지 않는 관습이라도 있는 걸까? 문득 곁에 놓인 커다란 교과서를 펼쳐 보니, 저자의 이름과 관련 논문들이 곳곳에 실려 있었다.

어쩌면 자신의 논문이 인용된 페이지를 일일이 색인에 올리다 보면, 그 수가 너무 방대해지기 때문이었을까? 결국 이 책은 바로 콘버그 자신이 걸어온 연구의 발자취라고 해도 과언이 아닐 것이다…….

4 노벨 생리학·의학상 2

- J. 레더버그 (1958년)
- D. 볼티모어 (1975년)
- J. 액설로드 (1970년)
- D. 허블과 T. 비셀 (1981년)
- A. 코맥 (1979년)

노벨 생리학·의학상 금메달 뒷면

강력한 수단을 확립

- 1958년, 미생물에 대한 유전생화학의 발전 -

조슈아 레더버그
(Joshua Lederberg)

- 1925년 5월 23일, 미국 뉴저지주 몽클레어 출생
- 1944년 컬럼비아 대학교 졸업
- 1947년 박사학위 취득, 위스콘신 대학교 조교수
- 1954년 위스콘신 대학교 교수
- 1959년 스탠퍼드 대학교 교수
- 1978년 록펠러 대학교 학장

레더버그(J. Lederberg)가 노벨상 수상 연구로 이어진 박테리아 접합 실험의 아이디어를 착상한 것은 1945년, 그가 스무 살 때였다. 이듬해에는 테이텀(E. L. Tatum, 미국) 아래에서 실험을 성공적으로 수행했다. 연구 결과는 이듬해인 1947년, 그가 스물두 살 때 발표되었으며, 이는 그의 박사학위 논문이기도 했다. 노벨상 수상자 중에서도 매우 조숙한 연구자였다고 할 수 있다.

당시 박테리아가 단순히 분열을 통해 증식만 하는지, 아니면 접합(接合)을 통해 유전자를 교환하는 과정이 존재하는지는 분명하지 않았다. 레더버그는 특정 아미노산이나 비타민을 스스로 합성하지 못하는 대장균 변이주(變異株)를 사용해 접합 여부를 조사했다. 이러한 균주는 해당 아미노산이나 비타민을 함유하고 있는 배지(培地)에서만 생육할 수 있다. 레더버그는 이러한 성질을 '유전적 마커(marker)'로 삼아, 배지 조건을 조절하여 균주의 생육 여부를 확인하고, 이를 통해 균주를 분리하거나 유전적 변화를 관찰할 수 있었다.

레더버그는 비오틴(메티오닌과 비타민 B 계열 복합체)을 합성하지 못하는 변이주와, 프롤린과 트레오닌을 합성하지 못하는 변이주를 혼합한 뒤, 이들 영양소를 모두 함유한 배지에서 배양했다. 이후 이 배양액을 어떠한 영양소도 포함하지 않은 배지로 옮겼다. 두 종류의 세균에 변화가 없다면 아무것도 자라지 않아야 했다. 그러나 성장하는 세균이 나타났고, 이는 두 세균의 결함이 수복(修復)되었음을 의미했다.

돌연변이에 의해 결함이 수복될 가능성도 있지만, 접합에 사용된 두 종류의 균주는 모두 두 가지 결함을 지닌 변이주였다. 동시에 두 유전자에서 돌연변이가 일어날 확률은 매우 낮다. 따라서 두 변이주 사이에서 유전자의 교환이 일어나 결함이 해소된 균이 나타난 것으로 해석된다. 의도한 대로의 결과였다.

이 발견은 박테리아 또한 유전자를 주고받는, 즉 고등동물의 성(性)에 대응하는 과정이 있음을 의미한다. 현재는 인공적인 유전자 재조합 기술이 가능해져 큰 주목을 받고 있지만, 레더버그가 발견한 것은 자연 상태에서 박테리아에 유전자 재조합이 일어난다는 사실이었다. 이후 접합을 이용한 대장균 유전자 지도 작성 연구가 레더버그를 비롯한 여러 연구자들에 의해 활발히 이루어졌다. 접합의 활용은 유전학적 해석을 위한 강력하고 기본적인 수단이 되었다. 현재 대장균은 유전적 특성이 가장 잘 밝혀진 생물 중 하나로 꼽힌다.

레더버그와 함께 수상한 테이텀과 비들(G. W. Beadle, 미국)은 유전학과 생화학을 결합하는 연구를 수행했다. 레더버그가 접합 실험에 사용한 결함 변이주를 이용해 유전자를 해석하는 방법을 개발한 것이 비들과 테이텀이었다. 박테리아의 영양 요구와 관련된 결함은 효소의 결실(缺失)과 연관되어 있었다. 비들과 테이텀은 이를 바탕으로 '1유전자 1효소설'을 내세웠다. 또한 두 사람은 붉은곰팡이를 연구 재료로 사용하여, 종래에 초파리가 중심이었던 유전학 연구의 영역을 미생물 유전학으로 확장하는 데 기여했다. 비들, 테이텀, 레더버그 세 사람은 미생물 연구를 통한 유전생화학의 발전에 기여한 공로로 1958년 노벨 생리학

· 의학상을 공동 수상했다.

노벨상 수상 이후 이미 26년이 흘렀고, 레더버그는 뉴욕 맨해튼에 위치한 록펠러 대학교 학장직을 맡고 있었다. 학장실이 있는 건물은 정문을 들어서면 바로 왼편에 자리하고 있다. 이곳은 대학원생이 약 100명 정도 재학 중인 대학원 중심의 대학으로, 박사후 연구자와 교수진 외에는 구성원이 거의 없으며, 의학과 생물학 분야 연구에 주력하고 있다. 정문에는 '록펠러 의학 연구소로서 1901년에 창설'이라는 문구가 새겨져 있다. 대학으로 전환되기 이전 연구소 시절의 오래된 건물들은 부지 구석, 이스트강 강변을 따라 늘어서 있다. 일본의 노구치 히데요(野口英世)가 황열병(黃熱病)을 비롯한 각종 전염병을 연구했던 곳이다. 오즈월드 T. 에이버리(O.T. Avery)가 유전물질임을 밝힌 폐렴쌍구균의 형질전환 실험도 바로 이 연구소에서 이루어졌다.

학장실은 널찍한 방으로, 벽면을 따라 천장까지 닿는 서가가 이어져 있어 주변을 압도하는 분위기를 자아냈다. 레더버그는 흰색 반소매 와이셔츠에 감색 넥타이, 감색 바지 차림이었다. 젊은 시절 사진에 비해 꽤 여윈 듯했지만, 여전히 인상적인 체구를 지니고 있었다. 머리숱은 적어졌고, 뺨에서 턱까지 이어지는 구레나룻은 새하얗게 세어 있었다. 레더버그가 큰 몸을 의자에 기대자, 의자에서 삐걱거리는 소리가 났다.

Q 최초의 연구는 어떤 주제였습니까?

A "저는 컬럼비아 대학교 동물학과의 젊은 강사였던 라이언(F. J.

Ryan)과 함께 연구를 시작했습니다. 열여섯 살에 컬럼비아 대학교에 입학했을 때, 라이언은 박사후 연구원으로 스탠퍼드 대학교 테이텀 연구실에서 일하고 있었습니다. 제가 열일곱 살이었던 1942년에 라이언이 컬럼비아로 돌아와 강사로, 이어서 조교수로 부임했습니다. 저는 곧 그를 찾아가 사사하고 싶은 인물이라고 생각했지요. 라이언은 테이텀으로부터 생화학적 유전학과 붉은곰팡이에 관한 연구 경험을 가지고 돌아왔고, 참신한 아이디어도 많이 가지고 있었습니다. 그때부터 저는 붉은곰팡이에 대해 많은 것을 배웠습니다. 실험실에서 기구를 닦거나 세척하는 일을 도우며 연구를 시작했습니다. 당시에는 배양에 사용하는 한천을 쉽게 구할 수 없었기 때문에, 사용한 한천을 깨끗이 세척해 재사용해야 했습니다. 한천을 다시 삶아 쓰는 작업에 꽤 많은 시간을 들였던 기억이 납니다. 제 첫 번째 연구라면 바로 그 한천 재생 작업이었죠. (웃음) 시중에서 판매되는 한천보다 더 깨끗하게 재생해 사용하는 것이었는데, 생각보다 중요한 일이었습니다."

"당시 또 하나의 흐름은 에이버리의 연구에서 비롯되었습니다. 그 연구 결과는 1944년 2월 1일 처음 발표되었지요. 저는 학부생이었지만 대학원 세미나에 참여하고 있었기 때문에 그 내용을 접할 수 있었습니다. 그건 우리가 지금 분자유전학이라고 부르는 분야의 효시였습니다. 화학물질이 세포의 성질을 바꾸는 건 근본적인 과정이며, 생물학에서도 가장 중요한 사건이라고 저는 생각했습니다. 그래서 저는 에이버리가 폐렴쌍구균에서 보여준 연구 방향을 따라, 붉은곰팡이를 활용하는 실험을 해 보자고 라이언에게 제안했습니다."

"제가 에이버리의 논문을 손에 넣은 건 1945년 1월이었습니다. 그 해 봄까지 붉은곰팡이의 한 계통에서 DNA를 추출해 다른 계통의 붉은곰팡이를 전환시킬 수 있는지 여부를 실험했습니다. 그 실험을 시도한 이유는, 당시까지 박테리아에서 유전자라는 개념 자체가 명확히 정립되어 있지 않았기 때문입니다. 에이버리의 실험 이후 박테리아 유전자를 더 명확히 규정하려면 화학물질이 가장 유효한 단서라고 생각되었기 때문입니다. 붉은곰팡이 유전학에 대해서는 제가 이미 충분히 잘 알고 있었기에, 이 실험에 적합한 생물이라고 판단했지요."

"이 실험들은 잘되지 않았습니다. 매우 특수한 기술이 필요해서, 3년이 지나서야 비로소 성공한 연구자가 나왔지요. DNA를 세포 안으로 넣기 위해서는 특수한 환경조건이 필요합니다. DNA 분자가 들어갈 수 있도록 세포막을 적절히 열어주고, DNA가 손상되지 않도록 보호하며, DNA를 주의 깊게 조제해야 합니다. 당시에는 이러한 조건 중 어느 하나도 알려져 있지 않았습니다. 여러 가지 요소를 동시에 이해하고 갖추지 못한 상황에서는 실험을 원활하게 진행하는 것이 매우 어려운 일이었지요."

"그러나 붉은곰팡이를 이용한 연구는 유전자 재조합을 어떻게 관찰할 것인가에 대한 기본적인 방법론을 확립하는 데 기여했습니다. 붉은곰팡이에서는 특수한 성장인자가 포함된 배지에서만 성장할 수 있는 변이주를 사용할 수 있습니다. 이러한 계통은 대사 과정에 유전적 결함이 있기 때문이지요. 어떤 계통에서는 대사의 한 단계가 차단되고, 다른 계통에서는 또 다른 단계가 차단되어 있습니다. 이러한 계통들을 접합하면 일반 배지에서도 성장할 수 있는 야생형 계통을 얻을 수 있습니다. 이것이 기본적인 방법론입니다."

"우리가 시도한 방법은, 아미노산인 류신(Leucine)을 합성하지 못하는 계통을 류신이 포함되지 않은 배지에 접종한 뒤, 류신을 만들 수 있는 야생형 계통에서 추출한 DNA를 첨가하는 방식이었습니다. DNA가 세포 내로 흡수되면, 류신이 없는 배지에서도 성장이 가능해집니다. 그러나 우리가 DNA가 실제로 세포에 들어갔다는 명확한 증거를 얻지 못한 이유 중 하나는, 류신 의존성 변이주가 때때로 자연적으로 야생형으로 되돌아가는 돌연변이를 일으키는 특성이 있었기 때문입니다."

"DNA로 형질을 전환시키는 실험은 잘되지 않았지만, 우리는 우연히 그때까지 알려지지 않았던 자연복귀 돌연변이를 발견하게 되었습니다. 우리의 방법은 매우 강력했기 때문에 좀처럼 일어나지 않는 현상이 발생했을 때도 즉각적으로 그것을 밝힐 수가 있었던 것이지요. 그래서 저와 라이언이 함께 최초의 과학논문은 붉은곰팡이의 자연복귀 돌연변이에 관한 것이었습니다. 이런 종류의 실험에서는 무엇보다도 대조를 신중하게 설정하는 것이 매우 중요합니다."

"또 한 가지 측면에서는 박테리아의 유전자에 대해 명확한 개념을 갖는 것이 중요했습니다. 박테리아가 정말로 접합을 하는지 여부를 반드시 확인해야만 했지요. 문헌을 조사해 보니 그 누구도 설득력 있는 사례를 제시하지 못했다는 걸 알게 되었습니다. 누구도 박테리아에 성(性)이 있는지 없는지를 검증할 수 있는 강력한 방법을 사용하고 있지 않았던 것입니다. 하지만 저는 붉은곰팡이 연구를 통해 강력한 방법이 있다는 걸 알고 있었지요. 변이주를 사용해 접합을 시도하고, 마커(marker)의 분리 여부를 조사하는 방법이었습니다. 이 아이디어를 9월에 테이텀에게 편지로 알렸습니다."

Q 테이텀과 처음 만난 것은 언제였습니까?

A "테이텀에게 박테리아 접합 실험을 제안하는 편지를 보낸 뒤, 라이언이 저에게 테이텀이 있는 곳에서 일정 기간 연구해 보는 것이 어떻겠냐고 권해 주었습니다. 그의 소개로 예일 대학교로 가게 되었지요. 1946년 3월이었습니다. 6월에는 대장균 K-12주(株)를 이용한 최초의 실험이 성공했습니다. 7월에는 콜드 스프링 하버 심포지엄에서 그 결과를 발표했습니다."

Q 처음 테이텀을 만났을 때의 인상은 어땠습니까?

A "그는 매우 친절하고 온화한 사람이었어요. 저는 아직 스무 살이었는데, 그가 연구실에 자리를 마련해 주어서 정말 고마웠습니다."

Q 박테리아 접합 실험을 계획하셨을 때는 어떤 점에 특히 주의하셨습니까?

A "확실한 결과를 얻기 위해서는 대조를 어떻게 설정하느냐가 가장 중요했습니다. 실험 자체에는 한 달이 걸렸지만, 대조 조건을 확립하는 데는 두 달 반이나 소요되었습니다. 두 계통의 배지를 실제로 섞기 전

에 어떤 현상이 일어날 수 있는지를 확실히 해 두기 위해서였지요. 실험 기법이 엄격하고 대조가 확실하게 설정되어 있으면, 혼동하기 쉬운 결과에 현혹되는 일은 없습니다. 저는 비판적인 반응이 있으리라는 건 예상하고 있었습니다. 이 발견은 놀라운 것이었고, 박테리아 성질에 관한 기존의 전통적인 관점과 전면적으로 상반되는 내용이었기 때문입니다."

"그때까지 박테리아의 생활사에 대한 연구들도 있었지만, 수준이 높지 않은 연구들이었기 때문에 저는 전혀 주의를 기울이지 않았습니다. 전체적인 연구 동향을 매우 비판적으로 바라보고 있었지요. 물론 제 자신의 연구도 비판적으로 검토하고 있었지만, 다른 연구자들이 범했던 것과 같은 오류는 되풀이하지 않으려 노력했습니다."

"콜드 스프링 하버에서 발표했을 때의 반응은 '저 젊은 녀석은 도대체 뭘 말하려는 거지?' 하는 분위기였어요. 하지만 저는 연구를 매우 신중하게 준비하고 있었습니다. 강력한 대조를 갖추고, 누구도 의심할 수 없는 증거를 확보하고, 결과가 절대적으로 진실하다는 확신이 들기 전까지는 주목을 받거나 관심을 끌고 싶지 않다고 생각했지요."

"돌이켜 생각해 보면 큰 행운이었습니다. 그 학회는 제2차 세계대전이 끝난 이듬해인 1946년 7월에 열렸는데, 과학이 부흥하고 국제적인 교류가 다시 시작되던 시기였지요. 이 학회는 유전학과 미생물학 분야에서 전후 최초로 열린 대규모이자 중요한 회의였습니다. 이 분야의 주요 인물들이 모두 모였지요. 르보프(A. M. Lwoff), 모노(J. L. Monod), 델브뤼크(M. Delbrück), 루리아(S. E. Luria) 같은 연구자들 앞에서 발표할 수 있었던 것은 정말 값진 경험이었습니다."

"그들의 비판은 과학적 토론의 원칙에 따라 이루어질 것이었기에 저는 오히려 긍정적으로 받아들였어요. 토론에 귀 기울이고 비판을 듣는 한편, 제 답변도 충분히 들어야 한다고 생각했습니다. 공개적이고 비판적인 토론을 통해 논리에 기반한 의견을 형성하는 것이 중요하니까요. 이런 기회가 없었다면 많은 사람들은 논문으로만 내용을 접하고 '정말 맞는지 모르겠다'고 생각하며 비판이 훨씬 뒤로 미뤄졌을지도 모릅니다. 이번에는 이 분야의 주요 인물들이 모두 참석해 있었기 때문에 몇 시간 안에 충분한 논의가 가능했던 것은 정말 행운이었어요. 저는 이런 상황을 예상하고 있었기에, 어떤 비판에도 충분히 대응할 수 있는 결과를 반드시 갖추어야 한다고 생각하며 신중하게 준비해 놓고 있었습니다."

"최초의 논문에는 새로운 현상을 알리는 데 필요한 논리적 단계가 모두 포함되어 있었습니다. 물론 세부적인 부분은 그 시점에도 여전히 남아 있었고, 이를 해결하는 데는 몇 년이 걸렸습니다. 박테리아는 어떻게 유전물질을 교환하는가? 배양액을 통해 이루어지는가? 세포에서 세포로 직접 전달되는 것인가? 이러한 질문들이었지요. 근본적인 현상은 서로 다른 유전적 표지를 가진 박테리아를 함께 배양하면 유전적 마커의 교환이 일어난다는 것이었습니다. 바로 이 점이 그 학회에서 결정적으로 받아들여졌습니다."

Q 당신보다 먼저 박테리아의 접합을 생각한 사람은 없었군요.

A "정확하게 말하면 그건 진실이 아닙니다. 상상하고 있던 사람들은 있었습니다. 그러나 그들의 실험은 전혀 설득력이 없었습니다."

Q 훌륭한 실험 기술이 있으셨기 때문에 가능했던 것이겠지요.

A "기술 때문이 아니었습니다. 저는 전혀 새로운 접근을 시도한 것입니다. 변이주를 사용하고, 대조를 만들고, 강력한 결과를 얻었으며, 해석에 애매한 점이 없었지요. 이전 연구자들은 현미경으로 박테리아를 관찰하는 데 의존했기 때문에 매우 제한적이고 단편적인 관찰을 바탕으로 생활사를 기술하고 있었고, 전혀 설득력이 없었습니다. 저에게는 그해 여름에 나온 듀보스(R. J. Dubos)의 책이 큰 도움이 되긴 했지만, 스무 살이나 스물한 살 무렵까지는 다른 사람이 대학원 6년 동안 할 만한 분량의 문헌을 읽고 실험도 해 보았습니다. 적어도 그 무렵에는 과학에 관한 한 제가 순진하다고는 할 수 없었지요."

Q 선생님은 서른세 살이라는 젊은 나이에 노벨상을 수상하셨지요.

A "하지만 그 연구를 시작한 때부터 12년이나 지나 있었어요. (웃음) 1950년대와 1960년대에는 노벨상에 대해 지금처럼 크게 떠들어 대지는 않았습니다. 저는 그저 연구에 바빴을 뿐이지요."

Q 노벨상을 받을 것이라고는 예상하지 않으셨습니까?

A "그렇지요. 상을 받을 거라고는 생각하지 않고 있었기 때문에 정말 놀랐습니다. 당시에는 생물학 분야에서 근본적인 발견에 노벨상이 주어진 사례가 모건(T. H. Morgan)과 멀러(H. J. Muller) 정도였는데, 그들은

이미 한 분야를 구축한 것으로 평가받고 있었던 훨씬 이전 세대의 연구자들이었으니까요."

모건은 염색체의 유전 기능을 발견한 공로로 1933년에, 멀러는 X선에 의한 인공 돌연변이를 발견한 공로로 1946년에 각각 노벨 생리학·의학상을 수상했다. 이들은 현대 유전학의 시조라 해도 손색이 없는 대가들이다.

Q 노벨상을 받고 나서 인생이 바뀌셨습니까?

A "사람들이 제게 코멘트를 요청하는 일이 많아졌지요. 유명해지면 아마 과학 연구에는 방해가 될지도 모른다고 생각했어요. 하지만 저는 이미 중요한 단계에 접어들어 있었고, 위스콘신 대학에서는 유전학과 의학을 융합하는 중요한 연구를 막 시작하고 있었습니다. 수상 발표 이전에 스탠퍼드 대학교로부터 교수직 제안을 받았는데, 수상 소식이 발표되었을 때는 마침 짐을 꾸리고 있는 중이었지요. 스탠퍼드에서 새로운 학과 부문을 시작하기로 한 것은 이미 결정된 일이었습니다. 제 노벨상 수상은 유전학에 대한 대중의 관심을 불러일으켰습니다. 저는 이 기회를 잘 활용해야 할 중대한 책임이 있다고 생각했기 때문에, 일반 대중을 대상으로 과학의 확실성을 알리고자 힘썼습니다."

Q 유전학자나 생화학자에게 가장 필요한 건 무엇일까요?

A "자신을 창조적으로 발전시킬 수 있는 환경이 필요합니다. 저는 라

이언 같은 사람이 있었고, 창조적인 분위기의 연구실에서 일할 수 있었던 덕분에 매우 운이 좋았어요. 그들에게 때로는 엉뚱한 시도도 해 볼 수 있는 자유를 주는 것이 중요합니다. 박테리아를 접합시킨다는 것은 당시로서는 전혀 터무니없는 아이디어였으니까요. 저는 지금도 그런 분위기를 이곳 록펠러 대학교에서 만들어 가려고 노력하고 있습니다. 창조적인 사람들에게 최상의 연구 환경을 제공하려고 노력하고 있습니다. 창조적인 연구가 이루어지기 위해서는 연구가 어느 정도 진행되고 있는지를 지나치게 관리하기보다는, 연구자가 스스로 주도적으로 일할 수 있도록 맡겨 두는 것이 중요합니다."

Q 지금은 어떤 연구를 하고 계십니까?

A "저는 개인 연구실이 없습니다. 이 캠퍼스에서 다른 교수들이 진행하는 연구를 이해하고, 서로 교류하며 협력하려고 하고 있어요. 창조성의 한 요소는 독창성이지만, 또 다른 요소는 우호적인 비판입니다. 그래서 저는 동료들 사이에서 비판적인 토론이 활발히 이루어지도록 노력하고 있습니다. 아이디어를 검증하거나, 새로운 실험의 가능성을 탐색하거나 합니다. 저는 이러한 조화를 이루려고 노력합니다. 연구자들이 외부의 잡음으로부터 보호받으며, 조용히 자신의 연구에 몰두할 수 있도록 돕고자 합니다."

레더버그는 이제 연구의 최전선에서는 한발 물러나 있다. 학장으로서 학내의 여러 가지 문제, 대외적인 활동 등으로 매우 분주해 보였다.

1984년 말에는 록펠러 대학교에 연구비를 기부하는 일본 기업과의 세미나에 참석하기 위해 대학 스태프들과 함께 일본을 방문하기도 했다.

그는 역사적 문헌을 발굴해 도서관에 보존하는 일에도 힘을 쏟고 있다고 말했다. 조숙한 천재였던 그는 젊은 시절 이미 연구의 정점에 올랐고, 이제는 그 역사적 성과를 되새기고 남기려는 단계에 와 있는 것일까.

편견이 없는 유연한 사고

- 1975년, 종양 바이러스 연구 -

데이비드 볼티모어
(David Baltimore)

- 1938년 3월 7일, 미국 뉴욕 출생
- 1960년 스와스모어 대학교 졸업
- 1964년 록펠러 대학교에서 박사학위 취득
- 1965년 소크 연구소 연구원
- 1968년 매사추세츠 공과대학교(MIT) 부교수
- 1972년 MIT 교수

암은 어떻게 발생하는가? 이는 많은 사람들에게 매우 흥미로운 문제 중 하나이다. 암을 유발하는 요인 가운데 하나로 바이러스가 존재한다는 사실은 비교적 오래전부터 알려져 있었다.

라우스 육종, 후지나미 육종으로 알려진 닭의 암이 그 대표적인 사례이다. 미국의 프랜시스 페이턴 라우스(Francis Peyton Rous)와 일본의 교토(京都) 제국대학의 후지나미(藤浪鑑)는 각각 독립적으로 닭의 육종을 발견하고, 그 암이 바이러스에 의해 발생한다는 사실을 밝혔다. 1910년대 초의 일이다. 이후 연구를 통해 두 가지 육종이 서로 다른 종류의 것임이 밝혀졌다.

라우스는 이 발견으로부터 반세기 이상이 지난 1966년에 발암성 바이러스 발견의 공로로 노벨 생리학·의학상을 수상했다. 당시 일본의 후지나미는 이미 세상을 떠난 뒤였다. 이는 노벨상의 암 연구와 관련된 불행한 역사적 에피소드로 꼽힌다. 1926년 노벨 생리학·의학상은 암의 원인에 관한 연구에 주어졌지만, 이후 해당 연구가 오류로 판명된 바 있다. 그 사건 이후 노벨위원회는 암 연구에 대한 수상에 신중해졌고, 이로 인해 라우스의 수상이 이렇게 늦어진 것이라고 주커먼(H. Zukerman)은 『과학 엘리트』에서 언급하고 있다.

암을 일으키는 바이러스(종양 바이러스)는 어떻게 작용하는 것일까? 이에 대한 연구는 1950년대에 들어 활발히 진행되기 시작했다. 바이러스는 단백질 껍질에 싸인 유전자라고 할 수 있다. 바이러스 자체는 유전자를 복제하는 능력도, 겉껍질인 단백질을 합성하는 능력도 없다. 숙주 세포에 기생하여 그 생화학적 장치를 빌려 증식하는 것이다.

바이러스는 유전자로서 DNA를 갖는 것과 RNA를 갖는 것으로 나뉜다. 이탈리아 출신의 미국인 레나토 둘베코(R. Dulbecco)는 DNA를 유전자로 갖는 DNA 종양 바이러스가 숙주 세포의 유전자 DNA에 이식되는 것을 발견했다. 바이러스가 숙주 유전자에 이식된 결과, 정상세포가 암세포로 변한다는 것도 밝혀졌다.

한편, RNA 종양 바이러스는 어떻게 작용하는 걸까? 미국의 하워드 테민(H. M. Temin)은 1960년대부터 바이러스 RNA의 정보가 DNA에 역전사되고, 그 DNA가 숙주 유전자 DNA에 삽입된다는 가설을 제시하고 있었다. 그러나 당시에는 유전정보의 흐름은 DNA→RNA→단백질로만 진행된다고 하는 센트럴 도그마가 견고하게 자리 잡고 있었던 탓에 테민의 가설은 쉽게 받아들여지지 않았다.

데이비드 볼티모어(D. Baltimore)는 오랫동안 폴리오(소아마비) 바이러스 등 RNA 바이러스를 연구해 왔다. 1970년, 그는 RNA 종양 바이러스에 감염된 세포에서 RNA를 합성하는 효소(RNA 폴리머라제)의 존재 여부를 조사하는 동시에, DNA를 합성하는 효소(DNA 폴리머라제)도 함께 분석해 보았다. 그 결과, 바이러스 RNA를 주형으로 하는 DNA 폴리머라제를 발견했다. 같은 시기 테민과 일본의 미즈타니(水谷哲)도 각각 독립적으로 동일한 결과를 얻고 있었다. RNA 종양 바이러스의 경우, 바이러스 RNA를 복사한 DNA가 숙주 유전자 DNA에 삽입된다. 테민의 가설이 마침내 실증된 것이다.

볼티모어와 테민이 발견한 DNA 폴리머라제는 RNA의 정보를 DNA로 전사하는 효소이다. 이 효소는 '역전사 효소'라고 불리게 되었다. 이는 비록 일부이긴 하지만 센트럴 도그마가 깨진 사례로 기록되었다.

역전사 효소를 갖는 RNA 종양 바이러스를 '레트로바이러스'라고 부르며, 레트로바이러스 연구를 통해 발암기구의 이해가 크게 진전되었다. 레트로바이러스 유전자의 전사 일부가 정상 세포 속에도 존재한다는 사실이 밝혀졌다. 이것이 이는 '암유전자 (oncogene)'이다.

현재까지 십수 종 이상의 암유전자가 발견되었으며, 이러한 암유전자가 어떻게 변화할 때 세포가 암으로 전환되는지에 대한 연구가 활발히 진행되고 있다. 인류는 암의 원인에 급속히 다가가고 있다는 인상이 짙다.

한편 테민과 볼티모어 등이 발견한 역전사 효소는 오늘날 유전자 공학 분야에서 매우 자주 사용되는 필수적인 도구로 자리 잡았다. 연구자들에게는 없어서는 안 될 핵심 기술이 된 것이다.

볼티모어, 테민, 둘베코 세 사람은 종양 바이러스 연구로 1975년 노벨 생리학·의학상을 공동 수상했다. 종양 바이러스 유전자가 숙주 유전자에 삽입됨으로써 암이 발생한다는 메커니즘을 밝힌 것이 그 핵심 성과였다.

시간은 20분. 이것이 볼티모어가 내건 조건이었다. 그는 인터뷰 시간을 항상 20분으로 정해두는 듯했다. 20분 동안 과연 무엇을 들을 수 있을까? 그래도 만나주지 않는 것보다는 나았다. 쉽지 않은 인터뷰가 될 것이라는 점은 각오하고 있었다. 사진에서 본 수염을 기른 모습은 마치 그리스도를 연상케 했다. 혹시 성격이 까다로운 사람이 아닐까 하는 선입견도 들었다.

매사추세츠 공과대학(MIT) 연구실을 찾아가 보니 그런 걱정은 전혀 할 필요가 없었다. 그는 매우 친절하게 이야기를 들려주었고, 이따금 웃음도 지었다. 다만 시간이 빠듯한 듯해 되도록 서둘러 진행하기로 했다. 그래도 사진 촬영까지 포함해 약속한 20분을 훨씬 넘겨, 거의 두 배에 가까운 시간을 내주었다.

시작에 앞서 인터뷰의 취지를 설명하자, 그가 먼저 이야기를 꺼내기 시작했다.

A "저는 1961년에 록펠러 대학교 대학원생으로서 연구를 시작했는데, 동물 바이러스에 흥미를 갖고 있었어요. 동물 바이러스는 고등동물 세계의 일부를 연구할 수 있는 가장 작은 생물이라고 생각했기 때문입니다. 1960년 당시를 돌이켜보면, 대부분의 연구가 박테리아나 박테리아 바이러스를 대상으로 이루어졌고, 동물 바이러스의 생화학이나 분자생물학은 사실상 없었습니다. 저는 자원해서 거의 존재하지 않는 분야에 뛰어들게 된 셈입니다."

"우선 실험 방법을 개발해야 했습니다. 그리고 폴리오바이러스에 대한 초기 발견도 이루었지요. 폴리오는 질병으로서는 이미 해결된 바이러스였지만, 분자생물학자의 관점에서는 여전히 매우 흥미로운 연구 대상이었기에 저는 폴리오바이러스 연구에 집중하기로 했습니다. 생물계에서 RNA가 유전물질인 유일한 영역으로서, RNA 바이러스는 생물학적인 소우주를 이루고 있었기 때문이지요. 그래서 저는 동물 바이러스, RNA 바이러스, 생화학 연구에 본격적으로 뛰어들게 되었습니다. 이 모든 과정은 대학원생 시절에 이루어진 일이었습니다."

"그 뒤 박사후 연구자로서 이곳 MIT와 뉴욕, 캘리포니아 등 여러 곳을 돌며 저만의 연구 기법과 폴리오바이러스 계통을 다듬고 발전시켰습니다. 1966년에 한 여성 연구자로부터 박사후 연구원으로 일하고 싶다는 편지를 받았습니다. 당시 그녀는 수포성 구내염 바이러스(vesicular stomatitis virus, VSV)를 연구하고 있었어요. 제가 폴리오바이러스 연구에 사용하던 방법들이 VSV 연구에도 적용될 수 있었기 때문에 그녀는 제 연구실에서 함께 일하고 싶었던 것이지요. 그래서 저는 캘리포니아에서 그녀와 함께 연구하게 되었습니다."

Q 그녀의 이름은요?

A "앨리스 황(Alice S. Huang)입니다. 지금은 제 아내예요. (웃음) 그녀는 폴리오바이러스 연구를 계속하다가 1968년에 저와 함께 이곳으로 왔고, 아마 1년쯤 뒤에 결혼했습니다. 우리는 VSV를 연구하기로 하고 대학원생들과 여러 가지 실험을 진행했지요. 그녀는 VSV와 폴리오바이러스 사이에 근본적인 차이가 있다는 걸 발견했습니다. 그 차이는 바이러스 내부의 RNA 사슬이 폴리오바이러스에서는 단백질 합성을 직접 지령하는 반면, VSV에서는 단백질 합성에 직접 관여하지 않는다는

것이었습니다. 다시 말해, 처음 상태의 RNA는 넌센스 RNA였고, 다른 사슬로 전사된 후에야 의미를 갖게 되는 구조였던 것이지요. 그런 바이러스가 감염될 수 있다는 사실 자체가 정말 당황스러운 문제였어요. 세포로 들어온다고 해도 처음 상태의 RNA는 단백질을 지령할 수 없으니까요."

"그녀는 전사를 하는 효소가 바이러스 내부에 있는 게 아닐까 하고 말했어요. 1970년 초에 우리는 그 효소를 찾았습니다. 곧 그걸 발견해 논문을 발표했지요. 그리고 저는 다른 바이러스에도 같은 메커니즘이 있을지 모른다고 생각했습니다. 실제로 같은 메커니즘을 발견하게 되었어요. 그중에서도 가장 흥미로웠던 건 RNA 종양 바이러스였습니다. 이유는 두 가지입니다. 하나는 그 바이러스들이 암을 일으킨다는 점이고, 또 하나는 테민을 비롯한 여러 연구자들이 논문에서 바이러스 증식 과정에서 DNA 중간체가 존재할 가능성을 논의하고 있었기 때문입니다. 그래서 지금은 레트로바이러스라고 불리는 바이러스에 RNA로부터 DNA를 전사하는 효소가 존재하는지 여부를 확인해 보기로 했던 것이지요."

"일단 그런 아이디어가 떠오르면 실험 자체는 매우 간단합니다. 저는 운 좋게도 NIH(미국 국립보건원)에서 바이러스를 구할 수 있었고, 그것을 생화학적으로 조사했어요. 1970년 5월까지 그 효소가 존재한다는 걸 발견했고, 6월에 논문을 발표했습니다. 같은 시기 테민도 독립적으로 동일한 발견을 해서, 우리는 거의 동시에 논문을 발표하게 되었지요. 그리고 그 뒤 노벨상을 받게 되었습니다."

"저한테 재미있었던 건, 그게 암 바이러스를 대상으로 한 첫 번째 실험이었다는 점이에요. 그 이전까지는 폴리오나 VSV처럼 세포를 죽이는 바이러스만 연구했지, 세포를 전환시키는 바이러스는 아니었거든요. 암 연구와는 전혀 관계가 없었고, 레트로바이러스도 이번이 처음이었어요. 정말 좋은 출발이었지요. 그때 저는 서른두 살이었습니다."

Q 선입감이 없었던 것이 오히려 행운이었군요.

A "네, 정말 그렇습니다. DNA가 관여한다고 실제로 믿고 있었던 건 테민뿐이었어요. 이 분야의 다른 연구자들은 모두 의심하고 있었지요. 사실은 발견되기를 기다리고 있었고, 누구라도 발견할 수 있었을 것입니다. 실제로 DNA 중간체가 관여한다고 믿기만 한다면, 이틀이면 실험할 수 있습니다. 어쩌면 사흘 정도 걸릴 수도 있지만, 기본적으로는 이틀이면 충분해요. 매우 간단한 실험이었거든요. 제가 평소에 하던 RNA 합성 관찰과 같은 종류의 실험이었기 때문에 준비가 되어 있었습니다."

Q RNA와 DNA 합성, 두 가지 가능성을 저울에 올려놓고 실험하신 건가요?

A "그렇지요. RNA 의존 RNA 폴리머라제도 찾아보려고 했던 거예요. DNA 중간체가 있을 거라고 생각하긴 했지만 확신이 없었죠. 실험이 복잡해지면 괜히 헛수고가 될 수도 있으니까요. 그래서 처음에는 RNA 의존 RNA 폴리머라제를 찾는 실험부터 했는데 아무것도 나오지

않았어요. 그다음에 DNA 폴리머라제를 찾는 실험을 진행했지요."

Q 테민은 메인주의 잭슨(Jackson) 연구소에서 열린 여름 학교에서 당신의 선생님 격이었다고 들었는데, 그때 그와 만나신 건가요?

A "그렇습니다. 그는 저보다 네 살 위예요. 그때 저는 고등학생이었고, 그는 대학생으로 고등학생들을 지도하고 있었지요. 저는 열여섯인가 열일곱쯤 됐던 것 같아요. 그는 정식 교사는 아니고 조교였는데, 우리가 어떤 질문을 던져도 전부 대답해 줬어요. 그래서 우리끼리는 그를 '구루(guru, 힌두교의 도사)'라고 불렀죠."

Q 그때 처음 만나신 건가요?

A "네, 우리는 둘 다 메인주에 살고 있었기 때문에 거기서 얼굴을 마주치게 된 것입니다."

Q 둘베코와는 소크 연구소에서 함께 일하셨지요?

A "얼마 동안이었어요. 제가 뉴욕에서 박사후 연구자였을 때, 어느 날 둘베코가 저를 불러서 '만약 흥미가 있다면 소크 연구소에 오지 않겠느냐'고 제안했어요. 그는 실험실 공간과 급여, 연구비는 제공하지만 독립적으로 연구해도 괜찮다고 했지요. 그래서 저는 소크 연구소로 갔는데, 둘베코와 직접 함께 연구를 한 적은 없었고, 단지 그의 곁에서 연구했던 것뿐이에요. 논문을 함께 발표한 적은 한 번도 없었어요."

Q 둘베코에 대해서는 어떤 인상을 받으셨나요?

A "그는 훌륭한 인물이었습니다. 과학에 열정적이고 머리도 아주 영리했어요. 유행에 휘둘리지 않고 자기가 하고 싶은 연구를 하면서도 정

말 뛰어난 성과를 내는, 정말 보기 드문 사람이었지요. 그는 개방적이고 정직한 사람이기도 했어요. 저에게 무엇을 해야 한다고 강요한 적도 없었고, 제가 하고 싶은 대로 연구하도록 전적으로 맡겨주었습니다."

Q 선생님과 테민, 둘베코의 만남은 훗날 세 분이 함께 노벨상을 수상하게 되는, 어쩌면 운명 같은 인연이었다는 느낌이 듭니다만.

A "운명인지 어떤지는 모르겠어요."

Q 행운이었을까요?

A "과학에는 늘 어느 정도의 행운이 따르기 마련입니다. 우리의 연구는 암의 원인이라는 커다란 문제와 관련되어 있었습니다. 둘베코의 실험도 우리와 비슷한 시기에 이루어졌지요. 1970년 이전까지 중심적인 문제는 암세포와 정상세포 사이에 어떤 차이가 있는가 하는 것이었습니다. 이 질문에는 두 가지로 답할 수 있습니다. 암세포가 정상세포와는 전혀 다른 행동을 보인다는 사실은 이미 잘 알려져 있습니다. 암세포가 둘로 분열하면 암세포가 되고, 그 세포가 다시 분열해도 암세포가 됩니다. 암세포의 성질은 무한히 전달될 수 있지요. 정상세포도 마찬가지로, 자신의 성질을 유지하며 증식합니다."

"이러한 현상이 일어나는 데는 두 가지 설명이 가능합니다. 하나는 유전적으로 다르다는 것입니다. 세포 내 유전자가 서로 다르며, 각각 그 유전자를 그대로 전달한다는 것이지요. 또 하나는 분화(分化)의 문제입니다. 피부 세포는 언제나 피부 세포로, 간세포는 늘 간세포로 분화합니다. 하지만 세포의 유전자는 동일합니다. 바로 에피제네틱스

(epigenetics, 후생학·발생기구학)라고 불리는 분야에서 다루는 문제입니다. 유전자의 산물이 서로 다른 세포 유형의 안정적인 성질을 만들어내는 것이지요. 결국 암 연구에서 중심이 되었던 질문은, 이러한 현상이 에피제네틱한 현상이냐, 유전적인 현상이냐 하는 것이었습니다."

"이 질문에 답하는 데 가장 좋은 도구는 바이러스입니다. 암을 유발하는 바이러스가 세포를 암화시키는 과정에서 유전적 변화를 일으키는지, 후생적 변화를 일으키는지가 본질적인 문제였지요. 만약 유전적 변화라면, 바이러스는 실제로 세포 속에 삽입되어 그 안에서 안정적으로 존재하게 될 것입니다. 그게 우리가 찾아내고자 했던 것이었습니다. 둘베코는 DNA 바이러스를 연구하고 있었지요. DNA 바이러스는 세포 속으로 비교적 쉽게 들어가 세포의 DNA에 삽입되어, 결국 세포의 일부가 되어 버립니다. 이 점은 그의 실험을 통해 확인되었습니다. 하지만 레트로바이러스는 그렇게 명확하지 않았습니다. 레트로바이러스는 RNA 바이러스이므로 안정적인 변화를 일으키기가 어렵지요. DNA는 안정한 변화를 일으키지 않아요. 무엇이 암세포의 안정된 변화를 일으키는지가 핵심 문제였습니다. 우리와 테민 연구팀의 실험을 통해 매우 명쾌한 답을 얻을 수 있었습니다. 실제로 유전자의 변화였던 것입니다. 이후 모든 연구 결과가 우리의 해석을 뒷받침했고, 우리는 그에 대한 더욱 깊이 갖게 되었습니다. 암유전자도 발견되었습니다. 이는 모두 저와 둘베코의 초기 연구의 연장선상에 놓여 있는 성과입니다. 그렇기 때문에 학문적으로는 형제와 같은 관계였지만, 실제로 함께 연구한 적은 없었습니다."

(Q) 테민과는 어떤 관계입니까?

A "테민과는 몇 년 동안 이야기가 없었습니다. 특별히 친한 친구는 아니지만 서로 잘 알고 있습니다. 1968년경 어느 학회에서 만난 적이 있었는데, 그 후로는 얼굴을 볼 기회가 전혀 없었습니다. 그래도 그의 연구에 대해서는 잘 알고 있었고 논문도 읽었습니다. 제가 그 발견을 했을 때 테민의 연구와도 관련이 있을 것 같아 전화를 걸었지요. 그때서야 그가 그 문제를 계속 연구해 오고 있었다는 사실을 처음 알게 되었습니다."

(Q) 테민과도 학문적인 형제 관계라고 할 수 있겠습니까?

A "그렇지요. 우리는 각각 다른 접근 방법으로 그 발견에 이르렀습니다. 둘베코는 DNA 바이러스를 연구했고, 테민은 몇 년 동안 이러한 바이러스에 집중해 왔습니다. 저는 동물 바이러스의 생화학적 연구를 해 왔지요. 10년 넘게 동물 바이러스의 생화학 분야을 발전시켰 왔습니다. 그래서 저는 문제를 생화학적 관점에서 바라보고 있었습니다. 우리 세 사람은 각자의 위치에서 도약할 수 있었던 것입니다."

(Q) 암유전자에 대해 많은 사실들이 밝혀지면서, 암의 메커니즘을 이해하는 날도 머지않아 올 것 같다는 느낌이 듭니다. 어떻게 생각하십니까?

A "유전자가 암세포를 만들어 내는 데 관여하고 있는 점에 대해서는 이제 매우 많은 걸 알게 된 단계에 와 있습니다. 아마도 암이 형성되는

생화학적 과정에 대해서도 곧 이해할 수 있게 되겠지요. 유전자의 산물이 무엇이며, 그것이 어떤 역할을 하고 있는지를 밝혀내야 합니다. 그 부분은 여러분이 생각하는 것보다 빠르게 진전되고 있습니다. 앞으로 5년 이내에 큰 진보가 있지 않을까 생각합니다. 다만 5개월 안에는 어려울 것 같네요. (웃음)"

Q 앞으로 어떤 연구를 하실 계획이십니까?

A "저는 지금 세 가지 주제를 계속 연구하고 있습니다. 첫째는 폴리오바이러스에서 RNA가 어떻게 복제되는지를 계속 조사하고 있습니다. 우리는 폴리오바이러스를 다루는 유전학적 방법을 개발하여, RNA 바이러스 유전학 전반에 새로운 접근법을 시도하고 있습니다. 둘째는 암을 유발하는 바이러스에 대해, 유전학적 연구에서 생리학적 연구로 방향을 전환하려 하고 있습니다. 유전자가 관련되어 있다는 점은 알고 있지만, 유전자의 산물이 어떻게 작용하는지는 아직 밝혀지지 않았습니다. 그래서 단백질의 작용을 밝히기 위해 유전학적 방법을 활용해 연구를 진행하고 있습니다. 특히 티로신 특이적 단백질 키나제와 관련된 암유전자 연구가 중심입니다. 이 효소는 단백질을 인산화하는 역할을 합니다. 암유전자가 실제로 이러한 작용을 하고는 있지만, 세포 내에서 생리적 의미는 아직 알려져 있지 않습니다."

"세 번째는 지금 가장 집중하고 있는 주제로, 면역글로불린 유전자의 형성과 그 조절 문제입니다. 저는 이 문제를 분화의 관점에서 보고 있습니다. 간세포(幹細胞, 미분화 세포)에서 어떻게 분화가 이루어지는지를 밝히는 데 집중하고 있습니다. 그리고 지금 주로 하고 있는 또 다른 일은 새로운 연구소를 설립하는 것입니다. 이 근처에 건립 중이며, 7월쯤에는 그쪽으로 옮겨갈 예정입니다. 15~20개 부문으로 발생생물학 연구를 진행할 계획입니다."

Q 현재 성장인자와 그 수용체가 암유전자와의 관계에서 주목을 받고 있습니다만…….

A "어떤 종류의 암유전자가 성장인자와 성장인자 수용체에 관련되어 있는 건 분명합니다. 하지만 모든 암유전자가 관련되어 있는 것은 아닙니다. 그렇지만 이것은 매우 중요한 진전이라고 생각합니다. 세포가 암화하는 경로를 확립하고 있기 때문이지요. 그러나 성장인자와 수용체가 실제로 어떻게 작용하는지는 아직 밝혀지지 않았습니다. 그러므로 이는 문제의 해결이라기보다, 해결의 실마리를 찾은 단계라고 할 수 있습니다."

인터뷰가 진행된 것은 1984년 4월이었다. 볼티모어의 연구실이 위치한 건물 바로 근처에는 그가 곧 옮겨갈 예정인 화이트헤드(A. N. Whitehead) 연구소 건물이 세워지고 있었다. 외관은 거의 완성된 상태였다. 볼티모어는 여전히 한창 일할 나이였기에, 새로운 연구소에서도 변함없이 정력적인 연구를 이어갈 것이다.

실험의 암시를 추적

- 1970년, 신경 말초부에서의 신경전달물질의 발견과 그 저장, 해리, 비활성화 기구에 대한 연구 -

줄리어스 액설로드
(Julius Axelrod)

- 1912년 5월 30일, 미국 뉴욕 출생
- 1933년 뉴욕 시립대학교 졸업.
  이후 뉴욕 의과대학에서 실험 조수로 근무
- 1935년 공업 위생연구소 근무
- 1946년 골드워터 기념병원 연구원
- 1949년 미국 국립보건원(NIH) 연구원
- 1953년 국립정신위생연구소(NIMH) 약학부장 대리
- 1955년 박사학위 취득 후 약학부장으로 임명

우리의 신체는 신경의 네트워크를 통해 정보가 전달되고 기능이 유지되고 있다. 중추신경계인 뇌는 물론, 체내 곳곳의 말초신경도, 신경세포(뉴런, neuron)가 시냅스(synapse) 접합으로 연결되어 회로를 형성한다. 신경세포의 흥분은 전기적 신호이지만, 시냅스에서는 이 흥분에 의해 신경전달물질이 분비된다. 신경전달물질은 신경 종말에서 방출되어 시냅스 간극(10만분의 수mm)을 확산하며, 리셉터(recepto, 수용체)에 도달한다. 그렇게 되면 리셉터가 있는 쪽의 뉴런(표적세포)은 이에 반응해 전기적으로 흥분한다.

시냅스에서는 전기적이 아닌 화학적 전달이 이루어진다. 이 과정에서 작용하는 대표적인 신경전달물질로는 아세틸콜린이며 노르아드레날린이 잘 알려져 있다.

노르아드레날린은 교감신경계의 말단에서 분비되는 신경전달물질이다. 혈압을 상승시키는 등의 아드레날린과 유사한 작용을 한다. 아드레날린과 노르아드레날린은 도파민과 함께 카테콜아민으로 분류되는 물질군에 속한다. 카테콜아민은 화학구조상의 공통된 특징에 따라 하나의 그룹으로 묶이며, 생체 내에서 신경전달물질이나 호르몬으로 작용한다.

액설로드(J. Axelrod)의 수상 연구는 카테콜아민 대사에 관한 것이다.

신경계의 반응은 매우 짧은 시간 안에 변화한다. 신경전달물질은 시냅스에서 방출된 후 빠르게 비활성화되지 않으면 안 된다. 카테콜아민 대사와 관련해서는 모노아민옥시다제(MAO)라는 효소가 알려져 있었으

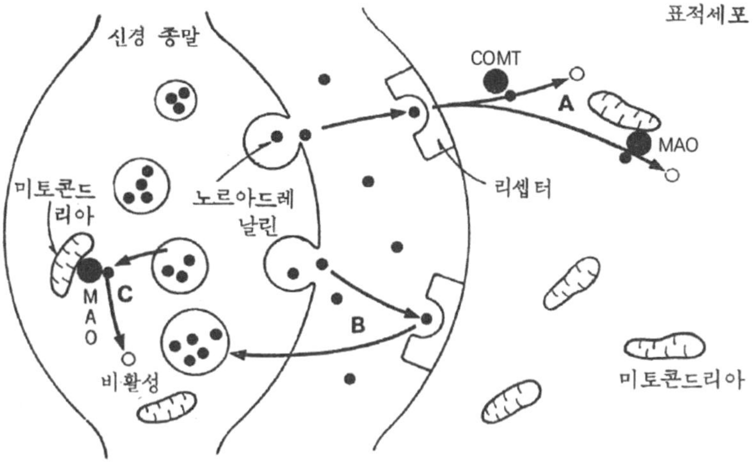

노르아드레날린은 신경 종말의 소포(小胞)에서 시냅스 간극으로 방출된다. 표적세포의 수용체에 결합한 노르아드레날린은 A의 과정에서 COMT나 MAO에 의해 비활성화되거나, B 과정에서 다시 소포에 재흡수되어 비활성화된다. 신경 종말에서는 C 과정을 통해 MAO에 의해 비활성화가 이루어진다.

나, 액설로드 연구팀은 카테콜-O-메틸 트랜스퍼라제(COMT)라는 효소를 발견하여, MAO와는 다른 대사 경로가 있다는 것을 밝혀냈다. 또한 노르아드레날린이 교감신경으로 재흡수된다는 사실을 밝혀내어, 재흡수, 저장, 대사 과정에 이르는 상세한 기전이 해명되었다.

신경전달물질 연구는 정신병의 메커니즘과 밀접한 관련이 있다. 액설로드는 신경전달물질과 관련된 다양한 약물의 영향을 조사했다. 이러한 연구 방법은 생화학과 약리학이 결합된 하나의 새로운 영역을 개척해 왔다. 이 같은 연구로부터 조울병이나 정신분열병 등 정신질환의 생화학적인 메커니즘이 다루어지게 되었고, 향정신약이라는 새로운 약물이 개발되었다. 향정신약은 오늘날 정신병 치료에서 중요한 비중을 차지하고 있다.

액설로드는 카츠(B. Katz, 영국), 오일러(U. S. von Euler, 스웨덴)와 함께 신경 말초부에서의 신경전달물질 발견과 연구로 1970년 노벨 생리학·의학상을 공동 수상했다. 카츠는 아세틸콜린이, 오일러는 노르아드레날린이 신경전달물질임을 밝혀냈다.

액설로드는 오랫동안 실험 조수로 일했으며, 본격적으로 연구를 시작한 것은 서른세 살 때였다. 노벨상 수상 연구가 된 노르아드레날린 대사 연구를 시작한 것은 마흔다섯 살 때였다. 박사학위를 받은 것도 마흔이 넘은 뒤의 일이었다. 노벨상 수상자 가운데서도 만성형(晩成型) 인물로서 보기 드문 사례이며, 마흔 이후에도 결코 늦지 않다는 점에서 중년이나 그보다 더 나이든 사람들에게 큰 용기를 주는 존재이다.

미국 국립정신위생연구소(NIMH)는 메릴랜드주 베서스다에 있는 국립보건원(NIH) 안에 있다. 액설로드의 연구실은 NIH 병원이 들어선 가장 큰 건물 안에 있었다. 흰 가운을 입은 사람들이 총총걸음으로 오가는 복도를 지나 액설로드의 연구실에 도착했다.

약속한 시간이었지만 액설로드의 모습은 보이지 않았다. 회의가 아직 끝나지 않았다고 한다. 그가 사용하는 방은 좁은 공간에 실험실까지 겸하고 있었다. 분액깔때기와 플라스크 등 다소 고풍스러운 실험기구들이 눈에 띄었다. 그대로 방에서 기다리고 있는데, 쥐가 들어 있는 바구니를 든 연구원 두 사람이 들어왔다. 그들은 "지금부터 일어나는 일은 보지 않으시는 게 좋을 겁니다"라며 다른 방으로 안내해 주었다. 아무래도 쥐들은 단두대로 끌려온 듯했다.

세미나용 방에서 기다리고 있자니 액설로드가 나타났다. 파란색 셔츠 위에 올리브색 스웨터를 걸치고 있었다. 안경의 왼쪽 렌즈는 검게 덮여 있었다. 악수를 나눈 그의 손은 부드럽고 따뜻했다. 온화한 웃음을 머금고 있었다. 왼쪽 눈이 불편한 것은 50여 년 전 실험 조수 일하던 시절, 실험 중 사고로 암모니아가 눈에 들어갔기 때문이라고 말했다.

Q 선생님이 노르아드레날린의 대사 연구를 시작하시려던 무렵, 그 분야에 대해 거의 아무것도 몰랐다는 사실을 알고서 놀랐다는 이야기를 들었습니다만…….

A "1955년에 NIMH에 들어갔습니다. 이 연구소의 주된 목표는 뇌가 어떻게 작용하는지를 이해하는 것과, 정신분열병이나 조울병 같은 정신질환을 이해하는 것이었습니다. 당시에는 뇌의 생화학에 대해서는 아무것도 모르고 있었어요. NIMH는 우수한 연구자들을 모으려 애썼지만, 연구를 어떤 방향으로 진행해야 할지에 대해서는 아무런 지시도 하지 않았습니다. 모아들인 연구자들은 스스로 방향을 잡을 수 있을 것이라고 생각했던 것이지요. 하지만 예를 들어 정신분열병에 대해서는 정말 아무것도 몰랐습니다. 정신분열병은 매우 복잡한 문제이고, 지금도

잘 알지 못합니다. NIMH는 정신분열병 연구에 큰 관심을 두고 있었기 때문에 연구자들을 고용했지만, 결과적으로는 시간 낭비였어요. 당시에는 정신분열병을 이해하기에는 시기가 아직 성숙하지 않았다는 사실을 미처 깨닫지 못했던 것이지요."

"생화학자인 제가 고용된 이유는 여러 가지 독물의 대사를 연구하고 있었고, 특히 망상증(paranoia)과 같은 정신병을 일으키는 암페타민(amphetamine) 대사를 연구하고 있었기 때문이었을 것입니다. 저는 모르핀 대사에도 흥미를 가졌고, 모르핀과 암페타민을 대사하는 효소도 발견했지만, 정신병에 대해서는 좀 더 깊이 연구해야겠다고 생각하고 있었습니다."

암페타민은 머리를 맑게 하고 행복감을 느끼게 하며, 쉽게 피로해지지 않게 하는 등의 각성제 효과를 지닌 물질이다. 그러나 반복해서 사용하면 중독이 되어 정신분열병과 유사한 증상을 나타내게 된다. 모르핀은 진통제로 알려져 있지만, 마찬가지로 반복 사용 시 중독을 유발한다. 암페타민과 모르핀은 모두 뇌에 작용하는 물질인데, 후에는 이들과 유사한 화학구조를 가지면서 특정 기능을 수행하는 물질이 뇌 안에 존재한다는 것을 알게 되었다.

A "어느 날 세미나에 연구소장이 와서, 캐나다의 두 정신의학자가 발표한 흥미로운 관찰 결과를 소개했어요. 아드레노크롬(adrenochrome,

아드레날린이 산화되면서 생성되는 물질)에 의해 정신분열병과 유사한 환각이 발생한다는 내용이었지요. 그 두 사람은 아드레날린의 이상 대사가 정신분열병의 원인이라고 주장했습니다. 저는 무척 흥분했어요. 아드레날린의 화학구조가 제가 연구하고 있던 암페타민과 비슷했기 때문입니다. 그래서 문헌을 찾아보았는데, 아드레날린에 대해서는 거의 알려진 게 없다는 사실을 알게 되었지요. 그것이 제가 이 분야의 연구를 시작하게 된 계기였습니다."

"그 후 넉 달 동안 추가 시험을 해 보았지만, 아드레날린을 아드레노크롬으로 전환하는 효소는 발견되지 않았습니다. 하지만 효소에 의해 아드레날린의 수산기(OH)에 메틸기(CH_3)가 첨가되는 대사를 발견했어요. 저는 그때까지 전혀 알려지지 않았던 효소, 카테콜-O-메틸 트랜스퍼라제(COMT)를 발견한 것입니다. 공동 연구자들은 방사성 노르아드레날린을 만들어 정신분열병 환자에서는 정상과 다른 대사 경로가 있는지를 조사했어요. 그러나 차이점은 발견되지 않았습니다. 캐나다 연구자들의 주장이 틀렸던 것이지요."

"노르아드레날린은 신경전달물질 중 하나인데, 신경전달물질은 빠르게 비활성화되지 않으면 안 됩니다. 그때 제가 생각한 건, 효소가 비활성화 과정에 관여하는 것이 아닐까 하는 점이었어요. 아드레날린 대사에는 주로 두 가지 효소가 관여합니다. 하나는 제가 발견한 COMT이고, 또 하나는 모노아민옥시다제(MAO)입니다. 이들 효소를 저해하면 혈압을 높이는 노르아드레날린을 주사해도 혈압 상승이 금세 멈춥니다. 그러므로 생체는 노르아드레날린을 비활성화하는 또 다른 경로를 가지고 있는 것입니다."

"저는 친구로부터 방사성 노르아드레날린을 구했습니다. 비활성화 메커니즘을 밝히기 위해 먼저 방사성 노르아드레날린을 실험동물에 주사해 보았어요. 혈압 상승은 수초간 지속되었지만, 노르아드레날린은 변화하지 않은 채 몇 시간이나 체내에 머물러 있었습니다. 이것이 최초의 실마리였어요. 다음으로 확인한 것은 노르아드레날린이 머무르는 조직이었는데, 그 조직은 노르아드레날린을 함유한 교감신경이 많은 조직이었습니다. 이어서 우리는 신경을 어떻게 조사할 것인지에 대해 많은 토론을 거듭했습니다. 고양이의 신경절(神經節)을 추출해 한쪽은 파괴하고, 다른 한쪽은 그대로 두었습니다. 방사성 노르아드레날린을 주사하자 신경을 파괴한 쪽에서는 흡수가 일어나지 않았습니다. 이것이 노르아드레날린이 교감신경으로 다시 흡수되어 비활성화가 일어난다는 최초의 증거였고, 전혀 새로운 아이디어였습니다. 그 후에는 방사성 노르아드레날린을 주사한 뒤 신경의 전자현미경 사진도 촬영했어요."

"이런 일들을 알게 된 뒤, 어떤 종류의 독물 작용도 설명할 수 있지 않을까 하는 생각이 들었어요. 그중 하나가 코카인이었습니다. 쥐에게 코카인을 주사한 뒤 심장을 추출해서 절편을 만들고, 방사성 노르아드레날린을 가한 뒤 일정 온도로 유지하자, 노르아드레날린은 신경으로 흡수되지 않았습니다. 코카인이 흡수를 방해한 것이지요. 노르아드레날린이 신경에 흡수되지 않고, 조직에서 계속 자극을 주는 것이 바로 코카인의 작용 원리였습니다. 이런 결과는 정신병 연구에도 중요한 문제를 제기할 수 있겠다는 생각이 들었습니다."

코카인은 마취제로 사용되지만, 호흡수와 맥박이 증가하는 등의 반응이 나타난다. 급성 중독 시에는 환각, 실신 등이 발생하고, 심한 경우 호흡곤란으로 사망에 이를 수 있다. 만성 중독에서는 정신장애 등이 발생한다.

A "행동에 영향을 주는 약물을 모두 조사했습니다. 그중 하나가 항울제라고 불리는 약물군이었어요. 항울제도 노르아드레날린의 재흡수를 저해한다는 사실을 발견했습니다. 또 당시에는 조울병 치료에 MAO의 저해제가 사용되고 있었는데, 이것도 비활성화를 방해한다는 것을 알게 되었지요. 그래서 정신과 의사는 조울병이 뇌 속 노르아드레날린의 이상으로 인해 발생할지도 모른다고 말하게 된 것입니다."

"그리고 우리는 방사성 노르아드레날린을 사용해 암페타민이 노르아드레날린을 유리시킨다는 사실을 발견했고, 이후 암페타민은 파라노이아(paranoia, 편집증, 과대망상증)를 유발한다는 것도 밝혀냈어요. 이는 노르아드레날린과 구조가 유사한 도파민이 유리되어 일어나는 현상입니다. 도파민이 유리되면 도파민 리셉터를 자극하게 되지요. 신경전달물질이 신경에서 유리되면 세포 표면의 리셉터를 막아, 마치 열쇠가 자물쇠를 여는 것처럼 세포를 활성화합니다. 다른 연구자들이 밝혀낸 바에 따르면, 정신분열병 치료에 사용되는 약물은 도파민 리셉터를 차단합니다. 대부분의 정신분열병은 파라노이아 증상을 동반하지만, 암페타민보다는 항정신병제를 사용해 파라노이아를 치료할 수 있습니다. 이것이 바로 우리의 대사 연구의 근본적인 발견입니다. 물론 아직은 시작 단계에 불과합니다."

Q 연구를 시작하기 전에 세워두신 전략이 있었을까요?

A "아니요. 전략은 실험을 시작하면서 자연스럽게 생기는 것입니다. 문제는 매우 복잡하기 때문에 아이디어는 있어도 구체적인 계획은 세우지 않습니다. 무엇인가를 시작하면 그 과정에서 계속해서 해야 할 일이 생기게 마련이지요. 실험을 하면 해답보다도 더 많은 의문이 생깁니다. 완전히 해명되는 문제란 없는 법이에요."

Q 실험을 거듭할 때마다 다음 단계의 방향이 점점 더 분명해지는 것이군요.

A "그렇습니다. 실험을 하다 보면, 다음에 무엇을 해야 할지를 실험 자체가 시사하게 되지요. 그 흐름을 따라가다 보면 자연스럽게 전략이 잡히는 것입니다. 물론 대부분의 실험을 잘 안 되지만요. (웃음) 그래도 그중에는 잘 진행되는 실험도 있습니다. 그런 경우에는 중요한 연구 노선으로 삼아 계속 이어갑니다."

Q 잘 안 된 실험에서도 배울 점이 있지 않을까 하는 생각이 듭니다만…….

A "때로는 잘 안 된 실험이 많은 중요한 것을 가르쳐 주지요. 하지만

때로는 과감하게 그만두고 다른 방향으로 나아가야 할 때도 있습니다. 언제가 그런 때인지를 알아채는 것이 중요해요. 많은 과학자들이 여러 가지 일을 하면서도 고집을 부리느라 그 시점을 놓치고, 결국 시간만 낭비하게 되는 경우가 많지요. 실험에서는 흔히 예상치 못한 일이 벌어지곤 하는데, 그런 점이 또 실험의 묘미이기도 합니다."

Q 중요한 기술은 효소학과 방사성 물질의 사용이었군요.

A "그렇습니다. 하지만 연구를 할 때에는 자신만의 방법과 기술이 필요합니다. 다른 사람이 사용한 방법이라도 자신의 목적에 맞게 개량하지 않으면 안 되지요. 방사성 물질의 활용은 매우 강력한 수단입니다. 조직 속에서 노르아드레날린에 어떤 변화가 일어나고 있는지를 알아내기 위해서는, 그 양이 매우 적기 때문에 방사성 노르아드레날린이 꼭 필요했습니다. 그리고 물질을 분리하는 기술도 중요하지요. 크로마토그래피는 다양한 방사성 물질을 분리하는 데 매우 중요했습니다. 하지만 제가 정말 중요하다고 생각하는 건 기술 자체가 아니라, 그걸 어떻게 활용하느냐입니다."

Q 당신은 노벨상 수상자 중에서는 '슬로 스타트'였다고 생각됩니다만.

A "글쎄요. 그런 편이지요. 대학을 졸업했을 때는 의사가 되고 싶었는데, 의과대학에 진학할 수가 없었습니다. 그래서 실험실에서 일을 하게 되었지요. 연구가 목적이 아니라 식품 검사를 위한 시설이었어요. 실험실에서는 틀에 박힌 일을 했고, 박사학위도 아무것도 없었습니다. 그곳에서 몇 해 동안 일했습니다."

"서른세 살 때 우리 그룹은 페나세틴이나 아세트아닐리드 같은 진통제를 만들고 있었는데, 이들 진통제로 많은 사람이 혈액병인 메트헤모글로빈혈증(methemoglobinemia)에 걸리는 문제가 일어났어요. 왜 이런 병이 생기는지 알고 싶었지요. 보스가 저에게 이 문제를 다뤄보고 싶으냐고 물었는데, 저는 경험이 없었기에 뉴욕 대학교의 생화학자와 약학자에게 보내주었습니다. 우리는 이들 진통제가 메트헤모글로빈혈증을 일으키는 이유가 아닐린으로 대사되기 때문이라는 사실을 밝혔어요. 또 이들 진통제는 N-아세틸-p-아미노페놀이라는 또 다른 물질로 전환된다는 것도 발견했습니다. 이 화합물이 두통 치료에 효과가 있다는 사실도 밝혀, 이 물질을 사용해야 한다고 제안했지요."

"이 일이 제 첫 연구였는데, 연구가 재미있어지면서 그때부터 대사 연구를 본격적으로 시작하게 되었어요. 박사학위가 없으면 연구자로서 인정을 받기 어렵지만, 당시 몇 편의 논문을 발표한 덕분에 NIH로 올 수 있었습니다. 저는 브로디(B. B. Brodie)와 함께 일하고 있었는데, 이후 혼자서 암페타민 등의 대사 연구를 하게 되어 약물을 대사하는 효소를 발견했습니다. 그러나 아무리 논문을 써도 박사학위가 없었기 때문에 승진이 불가능했어요. 그때가 마흔 살이었지요. (웃음) 그래서 1년간 휴직하고 박사학위를 따기 위한 공부를 했고, 마흔두 살에 박사학위를 취득해 NIMH로 옮겨갔습니다."

Q 물리학이나 수학 분야에서는 위대한 연구가 젊었을 때 이루어진다고들 하는데, 생화학이나 약학에서는 그 말이 꼭 들어맞지 않는군요.

A "그렇습니다. 오랫동안 연구를 계속할 수 있습니다. 지난 80년 동안 이루어진 가장 위대한 연구 중 하나는 카스텔라가 일흔네 살 때 완성한 아편 관련 발견이라고 생각합니다. (웃음) 저도 아드레날린 연구를 시작한 것이 마흔다섯 살 때였으니까요."

Q 아드레날린과 노르아드레날린 대사에 대해 밝혀진 내용들은 어떤 것이 있습니까?

A "여러 가지 질병이 이상으로 인해 발생한다는 점이지요. 이를테면 조울병이 그렇습니다. 도파민 과다작용은 정신분열병을 일으키고, 파킨슨병(Parkinson's disease)은 도파민 대사 이상이 원인입니다. 아마도 다른 주목할 만한 질환들도 마찬가지일 것입니다. 또 고혈압의 일부는 아드레날린의 대사 이상과 관련이 있으며, 고혈압 치료에 사용되는 많은 약물은 뇌와 카테콜아민 연구에서 얻은 지식을 바탕으로 개발되었습니다. 많은 사람들이 스트레스를 받을 때 아드레날린을 많이 분비합니다. 현재까지 알려진 신경전달물질은 약 40종에 이르며, 정상적인 생리 상태를 이해하게 되었을 뿐만 아니라, 다양한 질병을 해명하고 그 치료에 활용되는 새로운 약물 개발에도 기여하고 있습니다."

Q 인류는 언젠가 정신병으로부터 완전히 해방될 수 있을까요?

A "그건 알 수 없지요. 일본에서는 상황이 어떤지 모르지만, 사람들이 서로 접촉하며 살아가는 한 미국과 마찬가지로 스트레스는 계속 존재하겠지요. 고혈압처럼 정신병도 누구에게나 일어날 수 있는 문제입니다."

액설로드는 매우 온화하고 친절한 사람이라는 인상이었다. 정말 많은 고생을 겪어온 인물이라는 느낌도 들었다. 그가 진통제에 의한 메트헤모글로빈혈증 문제에 부딪치지 않았더라도 연구자의 길로 들어설 기회는 아마 다른 방식으로도 있었을 것이다. 그러나 서른세 살에 찾아온 이 기회는 그에게도 결정적인 전환점이었다.

"똑바로 매진해야 할 시기를 알아야 한다"는 그의 말은 매우 함축적이다. 그는 늦게 시작하더라도 좋은 기회는 충분히 있다는 사실을 몸소 보여주고 있다.

가설로부터의 탐험

- 1981년, 대뇌피질 시각영역에서의 정보 처리 연구 -

데이비드 허블
(David Hubel)

- 1926년 2월 27일, 캐나다 온타리오주 윈저 출생
- 1947년 맥길 대학교 졸업
- 1951년 의학박사 학위 취득
- 1952년 몬트리올 신경학 연구소 연구원
- 1954년 미국 월터 리드 육군연구소 입소
- 1958년 존스 홉킨스 대학교 연구원
- 1959년 하버드 대학교 의과대학으로 이직
- 1967년 하버드 대학교 의과대학 교수

토르스텐 비셀
(Torsten Nils Wiesel)

- 1924년 6월 3일, 스웨덴 웁살라에서 출생
- 1954년 의학박사 학위 취득, 카롤린스카 연구소 연구원
- 1955년 미국 존스 홉킨스 대학교 연구원
- 1958년 존스 홉킨스 대학교 조교수
- 1959년 하버드 대학교 의과대학으로 이직
- 1960년 하버드 대학교 조교수
- 1967년 하버드 대학교 교수
- 1983년 록펠러 대학교 교수

인간의 뇌는 약 140억 개의 세포로 이루어져 있다. 뇌는 생체 기관 중에서도 가장 복잡한 구조를 지닌다. 인지, 기억, 사고 등 뇌가 수행하는 고도한 과정의 메커니즘을 밝히는 일은 현대 생물학의 최대 과제 가운데 하나이다.

허블(D. Hubel)과 비셀(T. Wiesel)의 연구는 대뇌의 시각영역을 대상으로 이루어졌다. 시각계에서는 빛의 정보가 눈의 망막에서 전기적 정보로 변환되어, 대뇌의 외측슬상체(外側膝狀體)를 거쳐 대뇌피질(大腦皮質) 시각영역으로 전달된다. 시각영역에서 이 정보가 분석됨으로써 우리는 '사물이 보인다'고 인식하게 된다.

두 사람의 연구는 실험동물의 시각영역 신경세포에 전극을 삽입하고, 눈에 다양한 광자극(光刺激)을 주었을 때 세포가 어떻게 반응하는지를 조사한 생리학적 연구이다.

1958년, 존스 홉킨스 대학교 쿠플러(S. Kuffler) 아래에서 두 사람의 공동 연구가 시작되었다. 최초의 주요 발견은 직선 모양의 자극에 반응하는 '단순세포'의 발견이었다. 그들은 동물에 광자극을 가할 때 슬라이드 글라스에 검은 점을 그려 사용하고 있었다. 어느 날 슬라이드 글라스를 삽입하자, 갑자기 신경세포의 강한 전기적 흥분이 기록되었다. 슬라이드 글라스의 가장자리가 검은 선으로 되어 있었고, 그것이 세포를 자극하고 있었던 것이다.

망막에서도, 대뇌 시각영역에서도 각 신경세포는 전체 시야 중 극히 일부분만을 담당하고 있다. 수많은 세포로부터의 정보가 통합되어 전체 시야가 구성된다. 망막의 각 세포는 점 모양의 빛에 반응한다는 것이 알려져 있었다. 이는 망막의 한 세포가 광자극을 감지하는 범위(수용영역이라 한다) 안에서 중심부 자극에는 흥분하고, 주변부 자극에는 억제되기 때문이다(그 반대로 중심부에서 억제되고, 주변부에서 흥분하는 경우도 있다). 망막과 외측슬상체, 그리고 외측슬상체에 직접 연결된 시각영역의 피질세포(皮質細胞)는 모두 이러한 방식으로 작용하며, 점 모양의 광자극에 반응한다.

이것에 대해 허블과 비셀이 발견한 단순세포는, 점 모양의 광자극에 반응하는 세포들이 직선 모양으로 배열된 수용영역을 가지고 있으므로 직선 모양의 광자극에 반응한다고 볼 수 있다. 이후 그들은 시각영역에서 '복잡세포(複雜細胞)'를 발견했다. 단순세포가 특정 방향의 직선에 선택적으로 반응하는 것과 달리, 복잡세포는 수용영역 안에서 선의 정확한 위치에는 크게 민감하지 않다. 또한 선이 차지하는 영역이나 움직임에 따라 반응이 달라지는 '초(超)복잡세포'도 발견했다.

허블과 비셀의 연구는 서로 다른 종류의 신경세포들이 차례로 정보를 처리함으로써 윤곽 지각(知覺)이 형성된다는 사실을 밝혀냈다. 시각계는 이처럼 성질이 다른 세포들로 구성된 계층적 네트워크를 통해, 단계적인 정보 처리를 거쳐 지각이 형성되는 구조로 이루어져 있다고 볼 수 있다.

또한 두 사람은 대뇌피질 시각영역의 표면에 있는 세포에서부터 내부 세포에 이르기까지, 전극을 삽입하며 기록하는 실험을 진행했다. 그

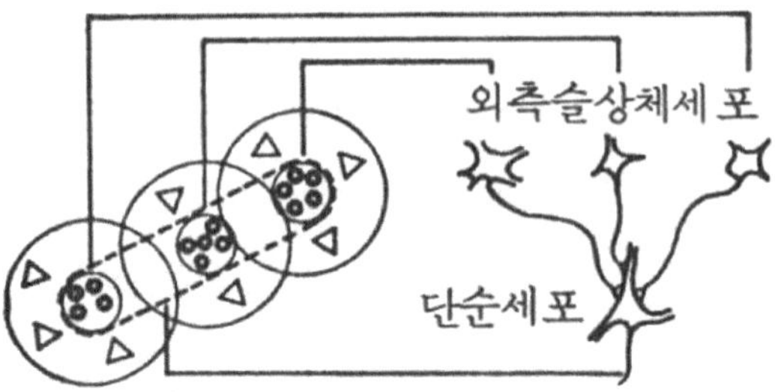

외측슬상체의 세포는 ○부분의 자극에 대해 흥분하고, △부분에서는 억제되는 수용영역을 갖는다. 그림과 같은 세 개의 세포가 피질의 하나의 세포에 이어져 있으면, 그 세포는 점선처럼 길쭉한 흥분성 수용영역을 갖게 된다.

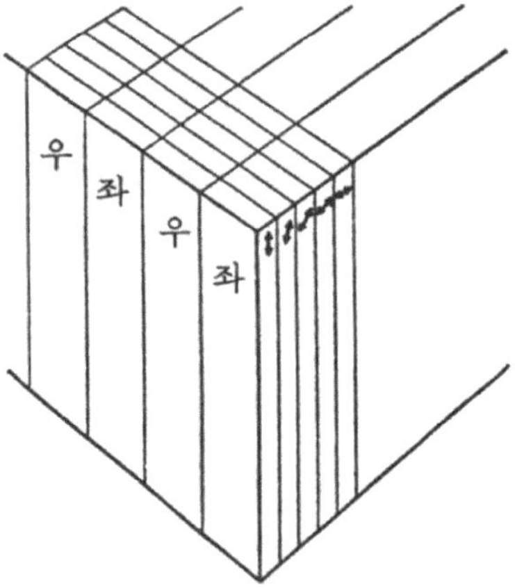

좌측 아래의 실험으로부터 도출된 피질세포의 모델

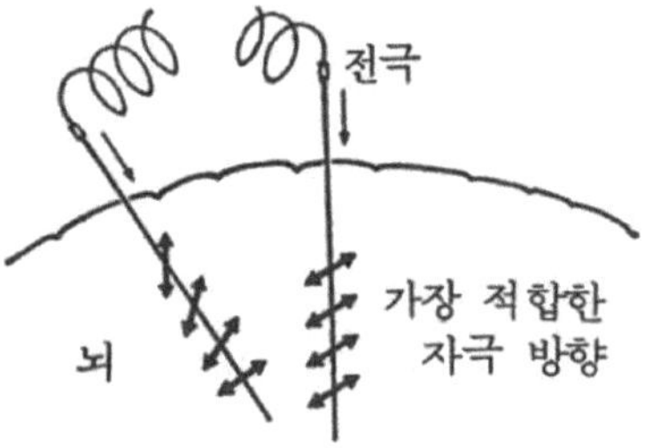

대뇌피질에 전극을 삽입하는 실험

결과, 세포가 가장 잘 반응하는 직선 방향은 피질의 표면부터 깊은 층까지 일정하게 유지되는 것으로 나타났다. 한편, 전극을 비스듬히 삽입해 수평 방향을 따라 가장 적합한 자극의 변화를 조사해 본 결과, 최적자극이 되는 직선의 각도가 연속적으로 변화한다는 사실이 밝혀졌다.

이러한 실험을 통해, 시각영역의 피질세포들은 특정 방향의 직선 자극에 가장 잘 반응하는 성질에 따라 기둥 형태로 배열되어 있으며, 인접한 기둥들은 반응하는 방향이 조금씩 다른 채로 연속적으로 배치되어 있다는 신경세포 배열 모델이 만들어졌다. 또한 일정한 방향의 자극을 보인 뒤, 뇌의 활동 부위를 방사성 물질로 표시하는 해부학적 방법을 통해서도 이 모델을 지지하는 결과가 얻어졌다.

허블과 비셀의 연구에 의해 윤곽 지각의 구조가 완전히 밝혀진 것은 아니지만, 그 실마리를 제공했다는 점에서 그 의의는 매우 크다.

또한 두 사람은 신경계 발달 연구에서도 탁월한 업적을 남겼다. 고양이 새끼의 한쪽 눈을 가린 채로 사육하면, 그 눈으로부터 전달되는 시각 정보 경로에 변화가 생긴다는 사실을 발견했다. 이후 원숭이를 대상으로 한 연구에서는, 발달 초기에는 환경의 영향을 강하게 받는 시기가 있지만, 신경계의 회로 자체는 유전적으로 거의 결정되어 있다는 결과를 얻었다.

허블과 비셀은 공동 연구를 시작한 지 얼마 지나지 않아 쿠플러가 하버드 대학교로 자리를 옮기면서, 그를 따라 하버드로 함께 이동했다. 이들의 공동 연구는 약 20년에 걸쳐 이어졌지만, 1983년 비셀이 록펠러 대학교로 자리를 옮기면서 그 콤비는 해체되었다.

비셀의 연구실은 록펠러 대학교의 좁은 캠퍼스 안에 있는, '타워 빌딩'이라 불리는 가장 높은 건물에 자리하고 있었다. 실험실 창문 너머로는 이스트강 위에 놓인 커다란 다리가 보였고, 그 위로는 자동차 행

렬이 끊임없이 이어지고 있었다. 실험대 위에는 대형 실체현미경(實體顯微鏡)이 놓여 있었으며, 그 옆에는 하나하나의 신경세포가 어떻게 연결되어 있는지를 보여주는, 그려지다 만 스케치가 놓여 있었다.

비셀의 연구실은 고상한 취미의 책상과 테이블이 놓인, 매우 쾌적한 공간이었다. 그가 앉은 자리의 뒷벽에는 추상화처럼 보이는 그림이 걸려 있었는데, 자세히 들여다보니 수묵화였다. 그 옆 선반에는 어느 나라의 것인지는 알 수 없지만, 방패 모양을 한 장식물과 돌로 만든 인형, 도자기 등이 놓여 있었다. 모두 민예품이었다. 나비를 본뜬 벽걸이 장식도 색다른 느낌을 주었다.

비셀은 가느다란 체크무늬 셔츠 위에 수수한 녹색 스웨터를 입고, 푸르스름한 바지를 매치한 차림새였다. 검은 머리카락은 이마 쪽이 약간 벗겨졌지만, 전체적으로는 길게 다듬어져 있었다. 그는 이따금 커다란 눈을 위로 치켜뜨며 날카로운 시선을 보내곤 했다. 비셀은 "30~40분 정도라면" 하며 인터뷰에 응해주었지만, 이야기를 나누는 동안 점차 흥이 올라 "계속해도 좋다"면서 결국 1시간 남짓 인터뷰에 응해주었다. 도중에는 직접 차를 따라주는 모습도 보였는데, 매우 상냥하고 온화한 인물이라는 인상을 주었다.

Q 소년 시절에는 스포츠에 열중하시다가, 열일곱 살부터 갑자기 열심히 공부를 하셨다고 들었습니다. 특별한 계기가 있었나요?

A "그건 성숙도의 문제였겠지요. 스포츠와 함께 공부에도 어느 정도

흥미는 있었지만, 그 시기쯤에 좋은 학생이 되고 싶다는 생각이 더 강해졌던 것 같습니다. 애초에 저의 관심은 의학 분야에 들어가는 것이었습니다. 스웨덴에서도 일본과 마찬가지로 의과대학에 들어가는 것은 매우 어렵습니다. 의사가 되려면 공부를 열심히 해야 하니까요. 과학에 대한 본격적인 관심은 의과대학에 들어간 후에 생겼습니다."

"의과대학에서 생리학을 가르치신 분은 버너드(C. G. Bernherd)와 유명한 오일러(U. S. von Euler)였습니다. 오일러는 액설로드(J. Axelrod), 카츠(B. Katz)와 함께 1970년 노벨 생리학·의학상을 수상했지요. 그는 노르아드레날린이 신경전달물질임을 밝혀낸 업적으로 잘 알려져 있습니다. 이 두 생리학 교수님의 영향으로 저는 과학에 흥미를 갖게 되었습니다. 학생 시절에는 밤이나 주말의 여가 시간을 이용해 실험을 하면서 차츰 실험에 익숙해졌지요. 하지만 1955년에 미국으로 건너간 것이 저에게는 큰 전환점이 되었습니다. 저는 박사후 연구원으로 존스 홉킨스 대학교 쿠플러 교수에게 가서, 그분이 1980년에 돌아가실 때까지 함께 연구했습니다."

Q 의과대학에 진학하신 건, 의사가 되기 위해서였습니까?

A "그렇습니다. 아버지께서 정신과 의사셨기 때문에, 저도 자연스럽게 정신질환에 흥미를 갖게 되었습니다. 의과대학 1학년 때는 정신병원에서 야간 간호사로 일하기도 했지요. 저는 미국으로 오기 전 약 2년 동안 정신과 의사로 근무했는데, 그동안 '과연 내가 정말로 환자들에게 도움이 되고 있는 걸까'라는 의문이 들었습니다.

그 당시에는 향정신약(向精神藥) 같은 약물이 아직 개발되기 전이어서, 사용할 수 있는 치료법이라곤 인슐린 쇼크나 전기 쇼크 정도였지요. 정신요법(psychotherapy)만으로는 큰 효과를 기대하기 어려웠습니다. 그래서 저는 '내가 과학 분야에서 어떤 기여를 할 수 있을까'를 시험해 보고자 결심했고, 그 길이 지금까지 이어지고 있는 것입니다."

Q 미국에 오신 뒤, 쿠플러에게서는 어떤 것을 배우셨습니까?

A "쿠플러 교수는 처음에 눈이 빛에 반응하는 방식을 연구하고 있었습니다. 특히 눈에서 뇌로 정보를 전달하는 망막의 신경절 세포에 관한 연구였지요. 제가 그의 연구실에 들어갔을 때, 그는 세포 단위의 연구를 함께할 사람을 찾고 있었어요. 주된 연구 주제는 고양이의 시각계통이었습니다.

당시에는 저를 포함해 두 명의 박사후 연구자가 함께 있었고, 우리는 하나의 세포로부터 신경 신호를 기록하는 방법을 배웠습니다. 그중 가장 중요한 것은, 쿠플러가 사고하고 실험을 설계하는 방식을 가르쳐 주셨다는 점입니다. 그의 가장 큰 장점은 단순함이었습니다. 그는 항상 핵심적인 질문을 던졌고, 그에 대한 직접적인 해답을 찾으려 했습니다. 실험 결과에 대해서는 반드시 정직하게 보고해야 했습니다. 실패했다면, 그 사실을 그대로 말하는 것이 원칙이었지요. 이러한 정직한 과학적 토론을 기반으로 한 협력 관계는 저에게 매우 큰 도움이 되었습니다. 저 역시 지금도 그의 연구 스타일을 따르고 있습니다. 쿠플러는 매우 자극을 주는 인물이었고, 미국의 신경생물학자 중 처음으로 일본 연구자들과의 교류를 시작한 사람이기도 합니다. 그는 많은 일본인 연구자들을 초청해 함께 연구하게 했습니다."

Q 허블과 처음 만났을 때는 어떤 인상을 받으셨습니까?

A "1958년, 허블이 제 연구실을 찾아왔습니다. 그보다 앞서 저는 뇌세포로부터 기록을 얻기 위한 전극 제작 방법을 배우기 위해, 허블의 연구소를 방문한 적이 있었지요. 우리는 유사한 문제를 연구하고 있었는데, 그는 뇌의 세포에서, 저는 눈의 망막 세포에서 신경 신호를 기록하고 있었습니다. 그렇기 때문에 우리의 경험은 서로를 보완해 주는 상보적(相補的)인 것이었습니다. 함께 연구를 시작하자 일은 빠르게 진전되었습니다. 석 달 만에, 우리는 하나의 중요한 발견을 하게 되었습니다. 대뇌피질 세포의 감수성이 자극되는 선의 방향에 대해 특이적이라는 점이었습니다."

Q 성격적으로는 어떠했습니까?

A "역시 성격 면에서도 상보적인 부분이 있었다고 생각합니다. 우리 둘은 매우 다릅니다. 어떻게 다르냐는 걸 표현하기는 매우 어렵지만요. (웃음) 허블은 의과대학에 들어가기 전에 수학과 물리학 쪽에서 탄탄한 훈련을 받았습니다. 저는 그에 비하면 수학이나 물리에는 약한 편이지요. 또 그는 캐나다에서 태어나 미국에서 자랐기 때문에 영어도 저보다 훨씬 능숙했습니다. 그래서 연구 결과를 논문으로 정리하고 쓰는 데 그의 역할이 매우 중요했습니다."

Q 성격 면에서는 어떠셨습니까? 누가 더 성미가 급하다든가…….

A "저는 꽤 인내심이 강한 편입니다. 장거리 주자에 가깝지요. 하지만 우리 둘에게 공통된 점이 하나 있다면, 실험에 대해 토의하는 능력이었다고 생각합니다. 매일 실험을 진행하며 아이디어를 내고, 연구를 어떻게 이끌어 갈지에 대해서도 매우 높은 수준의 상호작용이 가능했습니다.

서로 아이디어를 주고받으며 많은 성과를 만들어 낼 수 있었던 것은, 매우 만족스러운 일이었습니다. 실험이 뜻대로 되지 않을 때도 우리 둘 다 쉽게 낙담하지 않았고, 늘 분명한 목적의식을 가지고 있었습니다. 그리고 허블이 해낸 일은 모두 중요한 것이었습니다."

Q 연구실 밖에서도 교류가 있었습니까?

A "사회적인 교제는 거의 없었습니다. 매일 연구에 몰두하는 것만으로도 충분했지요. 오히려 그것이 현명한 일이었다고 생각합니다."

Q 하지만 20년 이상이나 공동 연구를 이어간 건 드문 경우이지요.

A "저도 그렇게 생각합니다. 우리 두 사람 모두 여전히 할 일이 많았고, 연구에는 긴 시간이 필요하다는 것을 잘 알고 있었습니다. 1960년대 중반, 스웨덴으로 돌아와 교수직을 맡지 않겠느냐는 제안을 받기도 했지만, 공동 연구를 계속하고 싶어서 거절했습니다.

그러다 1976년 무렵부터 서로의 연구 관심이 조금씩 달라지기 시작했고, 결국 공동 연구는 마무리되었습니다. 저는 1973년에 쿠플러 교수의 뒤를 이어 주임 교수가 되었고, 허블도 다른 임무를 맡게 되면서 둘 다 점점 바빠졌습니다. 그렇게 시간이 흐르면서, 더 이상 일정이 맞지 않게 되어버린 것이지요."

Q 록펠러 대학교로 옮기신 건 언제였습니까?

A "1983년 여름입니다. 몇 가지 이유가 있었는데, 허블과는 5년 넘게 공동 실험을 하지 않고 있었고, 또 다른 이유는 쿠플러 교수가 돌아가셨다는 점이었습니다. 하지만 가장 큰 이유는, 제 아래에 있는 젊은 연구자들을 위해 더 넓은 공간과 더 나은 연구 설비가 필요했기 때문입니다. 하버드에서 대여섯 명 정도가 함께 옮겨왔습니다.

이곳에서는 우리 연구팀이 한 층 전체를 사용하고 있고, 각자 자신만의 연구를 펼칠 수 있는 공간이 확보되어 있습니다. 저는 연구실의 책임자이고, 세 명의 조교수가 각자의 연구 프로젝트에 몰두하고 있습니다. 마치 꿀벌들이 새로운 둥지로 이주해 온 것 같은 느낌이지요."

Q 쿠플러가 하신 일과 비슷하군요.

A "네, 그렇습니다. 그가 존스 홉킨스 대학교에서 하버드 대학교로 옮겨온 것과 흡사하죠."

Q 뇌는 매우 복잡한 기관인데, 어떤 전략으로 연구를 진행하셨습니까?

A "1950년대 중반에는 미소전극(微小電極)을 사용할 수 있게 되면서, 뇌 속의 단일 신경세포에 전극을 삽입해 그 활동을 기록할 수 있게 되었습니다. 눈의 말초신경계에 있는 단일 세포로부터의 기록은 이미 이루어지고 있었지만, 뇌에서의 기록은 우리가 연구를 시작하던 무렵 처음으로 가능해졌기에, 말 그대로 전혀 새로운 세계를 개척한 셈이었지

요. 미소전극과 해부학 분야에서 전자현미경이 도입된 것은 매우 중요한 기술적 전환점이었습니다."

(Q) 결국 중요한 건 그 도구를 어떻게 활용하느냐는 아이디어일 텐데요?

A "아이디어 자체는 하틀라인(H. K. Hartline, 미국, 1967년 생리학·의학상 수상)과 쿠플러가 이미 눈을 대상으로 진행하던 연구에 바탕을 두고 있었습니다. 그들은 망막에서 작은 광점(光點)에 반응하는 종류의 세포를 발견했지요. 우리는 그 시각 정보가 뇌로 어떻게 전달되는지를 밝히고자 했습니다. 뇌는 눈에서 시상(視床), 피질(皮質)로 이어지는 계층적 구조를 따라 잘 조직되어 있으므로, 각 계층 간에 정보가 어떻게 전달되는지를 단계적으로 추적할 수 있었습니다. 여러 계층에서 단일 신경세포의 반응을 기록하며, 다양한 색깔과 형태의 광점 자극을 눈에 제시해 관찰하는 방식이 우리가 선택한 기본 전략이었습니다. 이 도구를 활용해 '뇌'라는 작은 우주를 탐험하고 있다고 말할 수 있겠지요."

"나중에는 다양한 해부학적 방법들도 사용할 수 있게 되었습니다. 신경세포들 사이의 관계를 하나하나 추적해 나가는 작업과 같은 것이지요. 우리는 가능한 모든 기술을 활용합니다. 하지만 우리가 해 온 일의 대부분은, 과학이 흔히 '가설을 세우고 그것을 검증하는 과정'이라고 정의되는 방식과는 조금 다릅니다. 우리가 일반적으로 해 온 일은 관찰하고, 그로부터 무언가를 배우는 일이었습니다. 그래서 피질이 어떻게 작용하는지를 어느 정도 알게 되면, 다음에는 그것이 발생 과정에서 어떻게 형성되어 왔는지를 질문하게 됩니다. 그렇게 해서 새로운 실험을 구상할 수 있게 되는 것이지요. 이는 탐험적인 연구 과정을 통해서만 가능한 일입니다."

Q 최초에 '단순세포'를 발견하셨을 때, 슬라이드 글라스의 가장자리가 자극을 주어 세포가 반응해 매우 놀라셨다고 말씀하신 적이 있는데요?

A "그건 정말 우연한 관찰이었어요. 슬라이드 글라스의 가장자리가 망막을 특정 방향으로 가로질러 지나가자, 세포가 반응했지요. 그래서 우리는 자극의 방향을 바꾸어 가며 실험을 해 봤습니다. 그 발견은 허블이 한 것입니다."

Q 거미원숭이 '조지'를 사용해, 최적 자극에 반응하는 세포들이 같은 방향성을 가지고 기둥 모양으로 배열되어 있다는 사실을 발견하셨을 때도, 역시 우발적인 사건이었습니까?

A "그건 아니었습니다. 몇 개의 세포를 동시에 기록해 보았더니, 언제나 특정한 방향에 반응했지요. 당시 존스 홉킨스 대학교의 마운트캐슬(V. Mountcastle) 교수가 감각계의 일부 영역에서 피질세포들이 군집을 이루고 있다는 사실을 발견하고, '주상 배열(柱狀配列)'이라는 용어를 제안했습니다. 우리는 그 세포 군집을 함께 관찰하면서, 이 기둥 구조가 어떻게 작용하는지를 밝혀냈습니다."

Q 실험이 오랜 시간 일관된 작업으로 계속되었다고 들었는데, 언제나 그런 방식이었습니까?

A "보통 아침 8시쯤 실험을 시작해서, 순조롭게 진행되면 다음 날 새벽 4시까지 계속되곤 했습니다. 그렇게 긴 실험은 주 2회 정도 진행했

지요. 지금도 저는 젊은 연구자들과 함께 이러한 실험을 이어가고 있습니다. 다만 요즘은 장시간 실험은 주 1회 정도로 줄었고, 한 번의 실험 시간도 예전보다 훨씬 짧아졌습니다. 아무래도 예전처럼 오래 버티기 힘들기도 하고, 해야 할 다른 일들도 많아졌기 때문입니다."

Q 시각 정보(視覺情報) 처리에 대해서는 앞으로 어떤 발전을 기대할 수 있을까요?

A "과학의 발전을 예측하는 일은 언제나 쉽지 않습니다. 1950년대와 1960년대에는 미소전극이 획기적인 발전을 가능하게 해주었고, 1970년대에는 해부학적 접근이 중요해졌습니다. 제가 흥미를 가지고 있는 한 가지 방향은, 신경세포들이 서로 연결되어 형성하는 회로(回路)입니다. 지금은 세포 간의 연결을 기록할 수 있는 기술도 개발되어 있습니다. 세포 안에 색소를 주입하면 수상돌기(樹狀突起)와 축삭(軸索)을 포함한 전체 신경세포가 염색되어, 전자현미경으로 관찰할 수 있게 되지요.

이렇게 보면, 뇌를 마치 라디오나 텔레비전의 회로처럼 바라볼 수도 있습니다. '이건 흥분성 접합(興奮接合)이고, 저건 억제성 접합(抑制接合)이다'라는 식으로 말입니다. 최근에는 생리학과 해부학을 결합함과 동시에, 면역화학(免疫化學) 기법도 활용하고 있습니다.

신경세포 간의 정보 전달은 화학물질에 의해 이루어지기 때문에, 항체를 이용하면 어떤 화학물질이 관여하는지 알 수 있고, 해당 세포가 흥분성인지 억제성인지도 파악할 수 있습니다. 이렇게 매우 복잡한 과정을 거쳐 시각영역이 어떻게 구성되어 있는지를 점차 밝혀 나가고 있는 중입니다."

Q 세포 수가 워낙 많아서 연구가 무척 힘들 것 같습니다.

A "네, 그렇습니다. 시각영역에는 수억 개에 이르는 신경세포가 존재하지만, 그렇다고 해서 수억 가지의 세포 유형이 있는 것은 아닙니다. 세포의 종류는 대략 100종 정도로 추정됩니다. 따라서 시각영역 전체를 관찰할 필요는 없고, 일부만 살펴봐도 충분한 정보를 얻을 수 있습니다."

Q 노벨상을 받게 되리라고 예상하셨습니까?

A "많은 사람들이 우리가 노벨상을 받게 될 거라고 말하곤 했지요. 하지만 실제 수상은 전혀 예상하지 못했던 일이었습니다. 과학적 공헌이라는 것은 본질적으로 객관적으로 측정하기 어려운 일입니다. 이 분야에는 수많은 연구자들이 중요한 기여를 해왔고, 저 역시 제 자신이 다른 이들과 특별히 다르다고 생각해 본 적은 없습니다."

Q 수상 이후 가장 달라진 점은 무엇입니까?

A "과학적인 측면에서는 크게 달라진 점이 없다고 생각합니다. 수상 전부터 이미 록펠러 대학교로부터 초청 제안을 받았고, 동료들 역시 예전처럼 거리낌 없이 제게 반론을 제기합니다. 가장 큰 변화라면, 아마도 과학을 지원할 수 있는 영향력이 생겼다는 점이겠지요. 예를 들어, 연구 자금과 관련된 의회 공청회에 참석하면, '노벨상 수상자'라는 이유만으로 의회 관계자들이 제 말에 주목해 줍니다. 또한 강연을 위해 지방 도시를 방문하면, 지역 언론의 인터뷰 요청도 많아졌습니다. 이런

변화들은 긍정적인 면이라고 생각합니다.”

Q 부정적인 면은 무엇입니까?

A “여러 곳에서 강연이나 세미나에 초청을 받게 됩니다. 저는 규모와 상관없이 정중히 응하는 것이 바람직하다고 생각하지만, 연구실을 비울 수는 없기 때문에 초청 횟수는 한 달에 한 번 정도로 제한하고 있습니다.”

Q 선생님이 노벨상 수상자로 선정된 이유는 무엇이라고 생각하십니까?

A “우리의 연구는 ‘뇌가 어떻게 작용하는가’에 대한 이해에 중요한 기여를 했다고 생각합니다. 좋은 연구를 위해서는 기본적인 지성과 함께 행운도 필요하지요. 준비된 지성은 기회를 포착하지만, 그렇지 못하면 그 기회를 놓쳐버릴 수도 있지요.”

인터뷰가 끝난 뒤, 비셀은 책상 위에 놓여 있던 작은 오뚝이를 집어 들었다. 한쪽 눈이 그려져 있지 않은 달마(達磨) 인형이었다.

“일본에 갔을 때 이걸 발견했어요. 우리가 한쪽 눈을 가리고 진행했던 실험과 닮았다고 생각해서 샀지요.”

그는 그렇게 말하며 미소를 지었다.

하버드 대학교의 대부분 학부는 찰스강을 사이에 두고 보스턴과 인접한 케임브리지에 위치해 있으나, 의과대학은 보스턴 시내에 자리하고 있었다. 널찍한 잔디밭을 삼면에서 둘러싸듯, 오래된 석조건물이 여러 채가 들어서 있었다. 지상에 드러나 있는 것은 층수는 3층에서 5층 정도였지만, 지하 부분도 수로처럼 땅을 파서 만든 구조로 되어 있어, 지상에서도 쉽게 보였다. 이는 서구에서 흔히 볼 수 있는 건축 양식이었다.

입구는 A관 쪽이라고 안내받아 그쪽으로 갔더니, 수위가 제지했다. 허블과 면담 약속이 있다고 말하자 수위는 전화를 걸었고, 비서가 마중을 나올 테니 이곳에서 기다리라고 했다. 기다리는 동안 몇몇 사람이 건물 안으로 들어갔는데, 수위는 일일이 신분증을 꼼꼼히 확인하고 있었다. 잠시 후 허블의 비서가 나와 함께 건물 안으로 들어갔다. 지하로 내려가 한참을 걸었다. 몇몇 건물은 지하 터널로 서로 연결되어 있었다. '역시 추운 지역에서는 참으로 편리한 구조이군' 하고 실없는 생각을 하며 그를 따라갔다. 엘리베이터의 층수 표시 장치는 숫자가 적힌 둥근 다이얼이 회전하는 방식이었는데, 처음 보는 방식이라 꽤 흥미로웠다.

블루 계열의 세로줄 무늬 셔츠에 보라색 스웨터, 검은 바지를 입은 허블이 방 앞으로 나왔다. 마른 체구에 금발은 제법 희어졌지만, 눈썹만큼은 여전히 금발 그대로였다. 검은테 안경 너머로 파란 눈동자가 반짝였다.

"곤니찌와, 오하이리 구다사이(こんにちは、お入りください)."

그가 건넨 첫마디는 일본어였다. 조용한 성격이지만, 그는 매우 폭넓은 취미를 지닌 사람이었다. 피아노, 리코더, 플루트를 연주하고, 목공과 사진에도 능숙했다. 스키, 테니스, 실내 구기 등 스포츠에도 능하며, 어학 역시 그의 취미 중 하나였다. 시간이 나면 사전을 읽으며 언어를 익혔고, 그의 레퍼토리에는 프랑스어, 독일어, 일본어까지 포함되어 있었다. 실제로 일본을 방문했을 때는 일본어로 강연을 한 적도 있을 만큼, 상당한 실력을 갖추고 있었다.

허블의 방은 사무실이자 실험실을 겸하고 있었다. 실험동물에게 광자극을 투사하는 스크린과 각종 측정 장비, 복잡하게 얽힌 배선들이 눈에 띄었다. 우리는 창가의 테이블에 마주 앉아 인터뷰를 시작했다. 문득 창밖을 바라보니, 창문 중앙에 볼록렌즈처럼 부풀어 있는 유리 한 장이 있었다. 그 렌즈를 통해 주변 풍경이 색다르게 압축되어 들어왔고, 그 모습이 무척 인상적이었다.

Q 어릴 적부터 화학과 일렉트로닉스에 흥미가 있어 여러 가지 실험을 하셨다고 들었습니다.

A "네. 고등학생 시절, 집 지하실에 실험실을 차려 놓고 화학과 일렉트로닉스를 실험했습니다. 일렉트로닉스는 당시 좋은 참고서가 거의 없어 독학하기가 쉽지 않았지만, 화학은 아버지가 화학자이셔서 자연스럽게 많은 것을 배울 수 있었습니다."

Q 일렉트로닉스 분야에서는 주로 어떤 실험을 하셨나요?

A "주로 오디오용 앰프를 만들었습니다. 당시에는 하이파이 시대가 막 시작되던 때라, 양질의 앰프를 구하기가 어려웠지요. 그래서 직접 제작할 수밖에 없었습니다. 또 하나는 단파 송수신기였는데, 아마추어 무선 교신은 거의 하지 않았습니다. 워낙 할 일이 많아 따로 시간을 내기 어려웠거든요."

Q 그 밖에 특별히 하셨던 활동은 무엇이 있나요?

A "피아노를 배우며 음악 공부도 했습니다. 책도 많이 읽었고요."

Q 일렉트로닉스를 다루시면서, 만든 장치가 제대로 작동하지 않았던 경우도 있었다고요?

A "거의 대부분이 그랬습니다. (웃음) 어떤 장치는 전혀 움직이지 않아서, 작동하게 만들려고 무척 애썼지요. 하지만 결국 끝내 성공하지 못한 경우도 있었습니다. 나중에 전자공학에 대해 더 많이 배우고 나서야 '아, 그때 이게 문제였구나' 하고 이해할 수 있었어요. 당시에는 정보를 얻기가 워낙 어려워서, 어쩔 수 없이 손을 놓아야 했던 일도 있었지요."

Q 당시라면, 진공관을 사용하던 시절이었겠네요?

A "네, 제가 기억하는 건 모두 진공관을 이용한 전자장치였습니다. 트랜지스터를 제대로 공부할 시간은 없었지요. 하지만 지금은 IC 칩이 사용되는 시대가 되었습니다."

Q IC 칩은 다리(핀)만 제대로 연결하면 작동한다던데요?

A "정말 그렇지요. (웃음) 제 연구실에는 전자공학 전문가가 있어서, 저는 사실상 아무 걱정 없이 연구에 집중할 수 있습니다. 하지만 적어

도 어떤 일이 어떻게 진행되고 있는지, 그리고 앞으로 무엇이 예상되는지는 알고 있어야 한다고 생각합니다."

Q 선생님은 타고난 실험과학자라는 인상을 받습니다.

A "(쓴웃음) 글쎄요. 하지만 어릴 적에 취미로 했던 실험들은 사실 계획도, 목적도 없이, 잘 알지도 못한 채 그저 해 본 것들이었습니다. 그래서인지 만족스럽지 못한 경우가 많았지요. 실제로 저는 의과대학에 들어가고, 서른 살이 될 때까지는 의미 있는 실험을 제대로 해 본 적이 없었습니다."

Q 월터 리드 육군 연구소에서의 경험이 매우 컸다고 말씀하신 적이 있는데요?

A "정말 그랬습니다. 지금은 그 정도는 아닐지도 모르지만, 1950년대 당시에는 신경생물학 연구소 가운데 월등히 뛰어난 곳이었어요. 소장이던 리오치(D. Rioch)는 정신의학자이자 신경해부학에도 정통한 인물이었죠. 그는 여러 분야의 연구자들을 모아 하나의 연구 그룹을 꾸렸고, 그 전통은 지금까지도 이어지고 있습니다.

그곳은 정말 좋은 환경이었습니다. 사람들은 친절했고, 무엇보다도 결과를 반드시 내야 한다는 압박이 없었어요. 덕분에 실험 기술을 익힐 수 있는 시간이 충분히 주어졌고, 하고 싶은 연구를 자유롭게 할 수 있는 독립성도 보장됐습니다. 심지어 반년 동안이나 제가 무엇을 하고 있는지 아무도 묻지 않았을 정도였죠. 그래서 제가 실험 결과를 내놓았을 때, 다들 꽤 놀랐을 겁니다. (웃음) 그만큼 자유로운 분위기였어요.

NIH(미국 국립보건원)와 가까운 위치에 있어 두 연구소 간에는 정기적인 회의와 활발한 교류가 있었고, 세계 각국의 연구자들이 자주 방문했습니다."

Q 그다음에는 존스 홉킨스 대학교에서 쿠플러와 만나셨지요. 그는 선생님께 아주 중요한 인물이었을 것 같습니다.

A "맞습니다. 그는 저에게 정말 중요한 인물이었습니다. 월터 리드 연구소 시절 저를 이끌어 준 포르티즈(M. G. F. Fortes)와 마찬가지로, 쿠플러도 신경생물학자로서 비슷한 성향을 지니고 있었고, 저는 이 두 사람에게서 가장 큰 영향을 받았다고 생각합니다.

쿠플러는 저와 비셀이 공동 연구를 시작했던 연구실의 책임자였습니다. 그는 연구자들을 철저히 독립적으로 일할 수 있도록 배려하면서도, 매우 온화한 방식으로 연구를 지도했지요. 사람들의 장점을 세심하게 알아보고 아낌없이 격려하는 포용력도 지닌 인물이었습니다.

무엇보다도 그는 탁월한 과학적 심미안을 지니고 있었습니다. 어떤 연구가 중요한지, 어떤 것이 그렇지 않은지를 분별하는 능력은 과학에서 매우 중요한 자질입니다. 자칫하면 중요하지 않은 일에 시간을 허비하기 쉽기 때문이지요."

Q 특히 뇌를 연구할 때는, 그 대상이 워낙 복잡하기 때문에 어떤 전략을 세워야 할지 매우 어려울 것처럼 느껴집니다.

A "물론입니다. 신경생물학은 크게 두 분야로 나눌 수 있습니다. 하나는 개별 신경세포가 어떻게 작용하는지를 연구하는 것이고, 다른 하

나는 저처럼 뇌 속에서 세포 집단이 어떻게 작용하는지를 연구하는 것입니다. 후자의 경우, 개별 세포의 작용에는 크게 신경을 쓰지 않고, 세포들 간의 상호작용에 주목합니다. 이 연구에는 앞선 세포 수준의 연구가 토대가 되지만, 반대로 세포에 대한 연구는 뇌 전체를 고려하지 않아도 가능합니다."

"물론 뇌는 매우 복잡하지만, 우리가 분명히 알고 있는 사실들도 있습니다. 2~3년 정도 연구해 보면, 전략을 세우는 일이 그리 어렵지 않다는 걸 알게 될 겁니다. 무엇이 이미 이루어졌고, 무엇이 이제부터인지를 알 수 있게 되지요. 저는 도저히 할 수 없을 것 같은 일이나, 재미없을 것 같은 일은 기계적으로 배제하고 있습니다. 물론 때때로 다른 사람이 그걸 해내는 걸 보고 놀라긴 합니다만. (웃음) 누구나 흥미를 느낄 수 있고, 그다지 오랜 시간이 걸리지 않을 만한 것을 다루려 합니다. 물론 해결에 10년쯤 걸릴 듯한 어려운 문제라고 해도 전망이 분명하다면 오히려 좋을 수 있습니다. 그런 일은 아무도 하려 들지 않기 때문에, 잘만 되면 큰 성공이 될 수 있으니까요.

하지만 그런 연구에는 운과 용기가 필요합니다. 보통은 몇 가지 일을 동시에 진행하고 있습니다. 주식으로 말하자면, 큰 이익은 없지만 안정적인 종목이 있는가 하면, 투기적인 종목도 있는 셈이지요. 저는 양쪽 모두를 감안할 필요가 있다고 생각합니다."

Q 선생님은 몇 가지 주제를 병행해서 연구하고 계신가요?

A "늘 그렇게 하고 있습니다. 같은 동물을 사용해서 두 가지 실험을 동

시에 할 수 있으니까요. 시간을 낭비하지 않아서 효율적입니다. 생리학 실험을 진행하면서 동시에 해부학 연구를 병행하는 경우도 흔하지요."

Q 비셀과의 공동 연구에 대해 여쭙고 싶습니다. 비셀은 정신의학 분야에 밝고, 선생님은 수학과 물리학에 강하다고 들었습니다. 이런 차이가 공동 연구에 큰 도움이 되었을까요?

A "글쎄요, 굳이 보충하자면 우리 둘 다 신경생리학에서 경험을 쌓았고, 저도 한때는 정신의학에 흥미를 가졌던 적이 있습니다. 아마 비셀과 저, 둘 다 임상적인 배경은 꽤 비슷했을 겁니다. 수학이나 물리학 공부가 왜 중요한지는 잘 모르겠지만, 저는 중요하다고 생각합니다. 제가 신경생리학에 흥미를 가지게 된 것도 대부분 기하학적이거나 공간적인 관계 때문이었지요.

다만, 실제 연구에서 수학이나 물리학을 쓰는 일은 거의 없습니다. 제 연구는 대부분 정성적인 것이어서 수학적으로 정량화되어 있지는 않거든요. 그래도 지금도 수학은 취미로 계속하고 있습니다. 사고방식이라는 건 어떤 훈련에 의해 영향을 받는 것일 수도 있지만, 그건 너무 복잡해서 설명하기 어렵습니다.

저는 실험 장비를 다루거나, 장치를 만드는 걸 좋아합니다. 화학은 잊어버렸고요. 요즘은 컴퓨터로 작업을 좀 하고 있습니다. 아마 재미있기 때문이겠지요. 실제로 도움이 되기도 하고요."

Q 컴퓨터는 뇌의 모델을 만드는 등의 작업에 사용하시는 건가요?

A "아니요, 실험에 도움이 되도록 쓰고 있습니다. 화면 위에서 움직

이는 빛점을 동물에게 보여주는 실험을 하고 있는데, 그 과정에서 빛을 켰다 끄거나, 움직이게 하거나, 파장을 바꾸는 등의 조작을 컴퓨터로 간단하고 자동적으로 할 수가 있습니다. 또한 신경세포가 반응하여 내는 신호도 컴퓨터를 이용해 기록하고 있습니다. 그 덕분에 자극과 반응 간의 관계라는 최종 결과를 좀 더 쉽게 관찰할 수 있게 되지요."

(Q) 기술적인 측면뿐만 아니라, 성격적으로도 잘 맞았다고 비셀에게서 들었습니다.

A "아마 가장 중요한 점은, 우리 둘 다 과학에 대해 같은 태도를 지니고 있었다는 사실일 겁니다. 대범하게 말해서, 우리는 같은 문제에 자연스럽게 흥미를 느끼고 있었지요. 그렇기 때문에 어떤 실험을 할지를 두고 의견이 엇갈린 적이 단 한 번도 없었습니다. 또 하나는 우리가 두 살 차이였고, 모두 서른 살 무렵에 공동 연구를 시작했다는 사실입니다. 나이가 비슷했기 때문에 선후배 관계가 아니라, 동등한 동료로 함께 일할 수 있었지요. 보스와 제자의 관계가 아니었다는 건 연구하는 데 큰 장점이었습니다. 하지만 이는 단순히 나이의 문제가 아니라 오히려 태도의 문제라고 생각합니다. 함께 연구하려면 같은 입장에 서 있어야 합니다. 논문을 쓰기 위한 정보도 서로 공유해야 하고, 어떤 실험을 할지에 대한 일상의 결정들도 서로 합의되어야 하니까요."

"성격에 어떤 공통점이 있어야 한다고 말할 수도 있겠지만, 솔직히 말해 저는 비셀과 꽤 다른 면이 많다고 생각합니다. 그러나 과학에 대한 태도만큼은 정말 잘 맞았지요. 지금도 우리는 다른 사람들의 연구에 관해 토론을 나누곤 합니다. 그게 좋은 일인지, 별로인 일인지에 대해서는 금세 의견이 일치하거든요. 물론 모든 게 다 똑같이 맞는 건 아닙니다. 그렇게까지 맞으면 오히려 재미없지요. (웃음)"

Q 서로가 바빠지면서 공동 연구가 어려워지셨군요.

A "네, 그래요. 이를테면, 비셀은 공동 연구의 마지막 5년 동안을 주임 교수로 일했어요. 그게 큰 부담이었죠. 저는 그런 행정적인 일은 되도록 줄이려고 했습니다. 요즘 그가 새로운 연구 환경에서 어떻게 하고 있는지는 잘 모르지만, 비셀은 큰 연구 그룹을 이끌고 있습니다. 저는 소규모 그룹으로 일하고 있고, 기술자를 제외하면 연구자라곤 저와 또 한 사람뿐입니다."

Q 그건 꽤 작은 규모군요.

A "네, 그렇습니다. 하지만 아주 효율적이에요."

Q 쿠플러에게 가셨을 당시에는 경제적으로도 어려우셨다고 들었습니다.

A "네, 그렇습니다. 임상의학 트레이닝 기간에는 누구든 완전히 무급이에요. 그래서 아내가 일을 해야 했죠. (웃음) 우리가 연구를 시작할 무렵엔 NIH의 지원을 받게 되어 있었기 때문에, 그렇게까지 나쁘진 않았습니다. 제가 쿠플러의 연구실에 갔을 때, 그는 재정 문제에 전혀 관심이 없어서 좀 곤란하긴 했어요. 그래도 그는 뭐든 터놓고 이야기할 수 있는 분이었기 때문에, 그 상태가 오래가진 않았습니다. 그는 매우 동정심 깊은 사람이었고, 멋진 유머 감각도 지니고 있었어요."

Q 노벨상 수상 강연집에서, 쿠플러가 선생님의 논문 원고를 손질한 사진을 본 적이 있습니다.

A "그렇습니다. 그걸 늘 벽에 걸어 두었었는데……. 어디에 뒀는지 모르겠네요."

허블은 액자에 넣어 두었던 원고를 찾아왔다. 제법 색이 바래 있었지만, 타이핑된 원고의 행간마다 손으로 빽빽하게 수정한 흔적이 남아 있었다.

Q 이게 실물이군요.

A "네, 그래요. (웃음) 그는 논문을 쓰는 일에 관해서는 매우 엄격했습니다. 어느 날, 쿠플러와 공동 연구자가 논문 세 편을 막 발송하려는 참이었는데, 그 직전에 제게 한번 읽어봐 달라고 하더군요. 저는 쿠플러가 제 논문에 했던 것처럼, 그들의 논문에도 수정을 가했습니다. 결국 그들은 논문을 다시 고쳐 써야 했지요.

그러나 쿠플러는 자신이 남의 글을 고치는 것처럼, 다른 사람이 자기 글을 고치는 것도 기꺼이 받아들였습니다. 우리는 언제나 논문을 서로 보여주며 검토했습니다. 많게는 열 번씩 나 고친 적이 있었어요. 그 그렇게 고치고 고치다 보면 점점 더 글이 명쾌해지는 겁니다. 다른 사람의 시선으로 문제점이 하나하나 분명하게 드러나게 되지요."

Q 단순세포를 처음 발견하셨을 때는, 우연이었나요?

A "세포가 어떤 특성을 가지고 있을 거라는 점은 알고 있었습니다. 그 특성이 아주 복잡하지는 않을 것이라 생각했지요. 그러나 어떤 특성일지는 예측할 수 없었습니다. 누구든 그런 세포에 대해 생각할 수 있는 모든 가능성을 차근차근 연구하다 보면, 언젠가는 실마리를 잡게 될 겁니다. 우리가 할 수 있었던 이유는, 아마도 복잡하고 값비싼 장비를 꼭 쓸 필요는 없다고 여겼기 때문일 겁니다. 왜냐하면 세포가 예상대로 반응하면 정확한 기록을 얻을 수 있지만, 그렇지 않으면 아무런 답도 얻지 못하니까요."

"이건 좀 설명하기 어려운 부분이네요. 같은 세포를 연구하던 다른 그룹은 아주 복잡한 장비를 만들어 실험을 진행하고 있었습니다. 예를 들어 자극으로 선을 만들어 내긴 했지만, 그 선은 한 방향에서만 제시되었고, 위치도 자동으로 아주 정밀하게 조정되도록 되어 있었지요. 한 그룹은 사선을, 다른 그룹은 수직선을 사용했는데, 서로의 결과를 공유하지 않다 보니, 이상하게도 각자 다른 방향만을 다루게 되는 상황이 되어버렸습니다. 결국 그들은 자극의 방향을 우연에 맡기고 있었던 셈이었지요.

우리는 슬라이드 투영기를 손으로 조작해서 원하는 대로 방향을 바꿀 수 있었습니다. 그렇기 때문에 자극의 방향이 수평이든 수직이든 전혀 문제가 되지 않았지요. 다른 사람들이 해답을 얻지 못한 이유는 단순합니다. 그들의 장치가 너무 복잡하고 정교했기 때문이에요. 우리는 훨씬 '슬로피(sloppy)' 장치를 쓰고 있었습니다. '슬로피'는 일본어로 하면 '간단(簡單)하다'는 의미가 될까요? (웃음)"

허블이 일본어 표현을 언급했다.

(Q) 그렇습니다. 간단한 장치가 좋다는 건 의식하고 계셨군요.

A "간단한 장치에는 융통성이 있지요. 게다가 실험 초기에 복잡한 장비를 만드는 데 시간을 들이고 싶지 않았습니다. 또 하나 중요한 건, 우리의 의도를 동물에게 강요하기보다는, 어떤 장치를 쓰는 게 좋은지를 동물에게 배우고자 했다는 점입니다. 우리가 배우려 했던 것을 다른 사람들은 배우려 하지 않았던 겁니다.

복잡한 장치는 세포의 장시간 기록을 가능하게 합니다. 그것이 필요하다는 건 알고 있었고, 어느 시기에는 그 일을 했었지요. 그러나 자극을 주는 장치만큼은, 우리는 처음부터 줄곧 단순한 것을 써 왔습니다. 현미경의 슬라이드 글라스에 검은 테이프를 붙여 슬릿을 만들고, 그 위에 슬라이드 투영기로 자극을 비췄습니다. 이후에는 슬릿을 자동으로 바꿀 수 있는 장치를 만들었는데, 그 장치 제작에는 일주일 정도밖에 걸리지 않았습니다. 일주일이면 다양한 실험을 해 볼 수 있지요."

(Q) 최초에 쓰셨던 장치는, 버려진 것을 무단으로 가져오신 거라던데요, 그 장치를 언제까지 사용하셨습니까?

A "네, 맞습니다. 한 달 정도 썼는데, 정말 큰 도움이 되었어요. 어떤 장치가 더 필요한지를 그 경험이 알려줬지요. 쿠플러의 연구실에는 잡

동사니가 가득했기 때문에, 필요한 게 있으면 그냥 가서 가져오기만 하면 되었지요. (웃음) 잡동사니들 속에서 주워 온 것들 중에는 지금까지도 쓰고 있는 것도 있습니다."

Q 많은 사람들이 뇌를 연구하고 있는데, 선생님과 비셀이 노벨상에 해당할 만한 연구가 가능했던 이유는 무엇이라고 생각하십니까?

A "부분적으로는 운이 좋았기 때문이라고 생각합니다. 뇌 속에서 대답을 얻을 수 있는 부분을 대상으로 삼았고, 그 주제는 이전까지 아무도 다루지 않았던 것이었습니다. 두 번째 이유는, 하나의 문제를 무려 22년 동안 계속해서 연구했다는 점입니다. 지금도 여전히 그 문제를 붙들고 있습니다. 보통 연구자들은 하나의 문제를 해결하면 곧 다른 주제로 옮겨갑니다. 때로는 그것이 바람직한 일이기도 하지요. 하지만 뇌 연구에서는 하나를 알게 되면 자연스럽게 다음 것을 알게 됩니다. 시간이 흐를수록 더 깊은 의문에 도달할 수 있게 되지요.

또한, 아무도 우리와 같은 방식으로 연구를 수행하지 않았습니다. 쿠플러가 가장 유사했지만, 그의 연구는 눈에만 한정되어 있었지요. 우리는 그의 방법을 뇌 연구에까지 확장한 것입니다. 우리는 다른 누구보다도 10년이나 먼저 이 문제에 착수했고, 줄곧 한 가지 주제를 계속 다뤄왔습니다. 1~2주 간격으로 뭔가 새로운 것을 발견해 왔다는 점에서 보면, 결코 느린 연구는 아니었지만, 전체적으로 보면 매우 느린 진행이었지요."

"다른 사람의 일까지는 잘 모르겠습니다만, 하나의 세포를 대상으로 한 연구는 엄밀하고, 물리적·화학적인 접근이 가능하기 때문에 과학적 만족감을 얻을 수 있습니다. 반면, 뇌를 연구하려면 방대한 해부학 지식을 익혀야 하는데, 이 과정은 꽤 지루하게 느껴질 수 있습니다. 실험 방식도 세포 연구처럼 엄밀하다기보다는 비교적 대범한 편이라, 순수하게 과학적 성향이 강한 사람들은 이런 실험을 선호하지 않지요. 게다가 큰 동물을 다루는 일은 번잡하고, 의학적인 지식도 요구됩니다. 한 세포의 물리적·화학적 특성을 연구하는 사람들 대부분은 의학적 지식이 부족한 경우가 많습니다. 우리는 운 좋게도 과학과 의학, 양쪽을 모두 공부할 수 있었습니다. 물론 이유는 여러 가지가 있겠지만, 무엇보다도 '행운'을 무시할 수는 없겠지요. (웃음)"

Q 선생님은 취미가 매우 다양하고, 여러 분야에서 뛰어난 능력을 발휘하고 계십니다. 이런 성향은 선천적인 것일까요?

A "잘은 모릅니다. 사람은 누구나 유전적인 소질을 지니고 있는 동시에, 여러 가지 일에 흥미를 가지게 되면 자연스럽게 많은 것을 배우게 됩니다. 그렇게 하면서 다양한 사고방식을 몸에 익히게 되는 것이지요. 음악, 수학, 언어, 역사…… 이런 모든 분야에서 타고난 소질과 후천적인 흥미, 두 요소가 모두 작용한다고 생각합니다. 하지만 이런 능력들 사이에 일정한 법칙 같은 것을 만들기는 매우 어렵습니다. 저는 과학적으로는 아주 뛰어나지만, 전혀 취미가 없는 사람도 알고 있습니다."

Q 비셀은 어떻습니까?

A "그도 광범한 관심을 가지고 있어요. 저와는 조금 다른 점이 있다

면, 그는 정치나 국제 문제 같은 분야에 흥미를 가지고 있고, 다양한 책을 읽고 있어요. 저는 주로 소설(픽션)을 읽는 편이고, 그는 주로 논픽션을 읽는 것으로 보입니다. 또 그는 음악보다는 미술에 흥미를 느끼고, 저는 미술보다는 음악에 관심이 있습니다. 물론 이건 정도의 차이일 뿐이고, 저도 미술에 어느 정도 흥미는 있습니다"

(Q) 피아노는 어떤 곡을 치십니까?

A "최근 5~6년 동안은 플루트를 배우고 있어서, 피아노는 치지 않고 있습니다. 예전에는 주로 바흐, 베토벤, 쇼팽의 곡을 연주했지만, 유감스럽게도 플루트로는 바흐의 곡밖에 연주할 수 없네요. 모던 재즈도 좋아하긴 하지만, 제가 직접 연주하는 건 클래식입니다."

(Q) 일본어를 배우고자 하신 동기는 무엇이었습니까?

A "처음 일본에 갔을 때, 친구에게서 간단한 일본어 교과서를 받아 몇 가지 말을 할 수 있게 되었고, 그게 무척 즐거웠습니다. 그 덕분에 많은 사람들을 만나고, 여러 곳에 다닐 수 있었지요. 두 번째로는 일본 방문을 앞두고 일본어 수업을 들었습니다. 일본에 머문 기간이 가장 길었던 건 5주 정도에 불과하지만, 일본어를 공부한 지도 어느덧 5년이 지나, 지금은 제 일본어에도 제법 녹이 슬었을 겁니다.

일본어는 영어, 프랑스어, 독일어 등과는 매우 달라서 언어로서 흥미롭습니다. 글씨를 쓰는 방식도 아주 재미있고요. 물론 매우 어렵기는 하지만. 상용한자를 절반쯤 연습했는데 지금은 거의 다 잊어버렸습니다. 한자를 익히면 거의 모든 것을 읽을 수 있겠지만, 한자 공부에는 시간이 많이 걸립니다. 그리고 지금의 저에게는 그 시간이 부족하네요."

Q 일본어 단어는 얼마나 알고 계십니까?

A "글쎄요, 정확히는 모르겠습니다. 일본어 교과서를 일주일 정도만 복습하면 금방 떠올릴 수 있을 것 같은데, 지금은 5년 전에 외운 말들의 절반쯤은 기억나고, 절반쯤은 잊어버린 상태입니다."

Q 일본에서는 어디에서 묵으셨습니까?

A "아사쿠사(淺草)의 한 작은 여관이었어요. 여관 뒤에는 스미다가와(隅田川)가 흐르고 있었지요. 그곳에서 저를 돌봐준 분들 중 대부분은 영어를 거의 하지 못했지만, 세 차례의 방문을 통해 무척 친해졌습니다. 모두들 정말 친절해서 마치 제 집에 있는 것처럼 편안하게 지낼 수 있었어요. 여행 중에는 안내 역할도 해주셨습니다. 제가 '택시를 타고 가면 어떨까요?' 하고 말했더니, 웃으면서 '지카테쓰(지하철)로 가세요'라고 하더군요. 그래서 저는 언제나 공공교통을 이용했고, 덕분에 일본을 더 깊이 즐길 수 있었습니다."

허블은 아사쿠사의 여관 이야기를 매우 즐거운 표정으로 들려주었다. 다다미방에서 이불을 덮고 자고, '일본식 음식'을 젓가락으로 먹었다고 한다. 이쯤 되자 대화는 온통 영어와 일본어가 뒤섞이기 시작했다.

내가 가지고 간 일본어 워드프로세서용 휴대용 컴퓨터를 보여주자, 그는 큰 흥미를 보이며 직접 조작해 보았다. 일본어 사용할 수 있는 휴대용 컴퓨터를 그에게 보여주었다. 그는 매우 흥미를 느끼며 손수 조작

해 보았다. 일본어 가나(かな)와 한자 변환 기능을 시험해 보더니, 연신 "판타스틱(fantastic, 멋지군요)!"이라고 외쳤다.

그는 이렇게 질문하기도 했다.

"한자를 일본 가나로 변환할 수는 없을까요? 한일 사전처럼 말이에요."

하지만 당시 일본어 워드프로세서에는 그런 기능이 없었다. 과연 이 질문은 일본어를 모국어로 사용하는 우리로서는 미처 생각해 보지 못한 것이었고, 외국어로서 일본어를 배우는 사람에게는 꼭 필요한 기능일지도 모른다.

고독이 낳은 목표

- 1979년, 컴퓨터를 이용한 X선 단층 촬영 기술 개발 -

앨런 코맥

(Allan M. Cormack)

- 1924년 2월 23일, 남아프리카공화국 요하네스버그 출생
- 1944년 케이프타운 대학교 졸업
- 1946년 케이프타운 대학교 강사
- 1947년 영국 케임브리지 대학교 연구원
- 1950년 케이프타운 대학교 강사
- 1956년 미국 하버드 대학교 연구원
- 1957년 터프츠 대학교 조교수
- 1964년 터프츠 대학교 교수

의료기술의 전자화는 최근 들어 매우 눈부신 발전을 이루고 있다. 특히 진단 기술 분야에서는 CT 스캐너가 혁명적이라 할 만한 성과로 주목받고 있다. CT(Computed Tomography, 컴퓨터 단층 촬영)는 컴퓨터를 이용해 인체를 고리 모양으로 절단한 것처럼 단면 영상을 얻는 장치이다.

의학 분야에서는 신체의 단면 영상을 촬영하는 데 CT가 활용되며, 그중에서도 X선을 이용한 X선 CT가 가장 널리 보급되어 있다. 오늘날에는 머리의 단면을 촬영한 X선 단층 영상을 흔히 볼 수 있게 되었다.

X선으로 체내 영상을 얻을 수 있는 이유는, X선이 인체를 통과할 때 뼈나 기타 조직에 따라 흡수율이 다르기 때문이다. 이러한 차이에 따라 영상이 필름이나 검출기에 형성된다.

그러나 이와 같은 X선 사진은 평면에 대한 투영도만을 제공할 뿐, 단면 정보는 얻을 수 없다. 특정 조직 속의 암 같은 병변은 정상 조직과의 X선 흡수율 차이가 미세하므로 단순 투영도로는 병변을 식별하기 어려운 경우가 많다.

하지만 CT를 사용하면 단면 영상을 얻을 수 있어, 병변과 정상 조직 사이의 미세한 차이도 훨씬 쉽게 발견할 수 있게 되었다. 단층 영상을 촬영할 때는 X선을 조사하는 방향을 하나의 평면에서 360도 회전시키며, 여러 방향에서의 흡수량을 측정한 뒤, 이를 컴퓨터로 계산하여 2차원 단면 영상을 재구성한다.

이 방법은 각 방향에서 측정한 X선의 흡수도를 바탕으로, 평면 위 각 지점에서의 흡수값을 계산할 수 있는 수학적 식이 성립 가능한지를 따지는 수학적 문제로 귀결된다. 남아프리카공화국의 원자핵물리학자 앨런 M. 코맥(Allen M. Cormack)은 병원에서 방사선 치료 과정을 지켜보다가, 생체처럼 부위에 따라 흡수율이 다른 물체에서 각 점의 흡수값을 역산할 수 없을까 하는 의문을 품고 이 문제에 착수했다. 단면이 원형인 물체에 대한 수학적 식은 이미 1825년부터 알려져 있었고, 코맥은 목재와 알루미늄판으로 단순한 모형을 만들어, 이 식을 통해 X선 흡수 단면도를 실제로 구할 수 있음을 확인했다.

코맥은 이 문제를 더욱 일반화해 단면이 아닌 비대칭 구조의 물체로 문제를 확장해 다루기 시작했다. 그는 이 식 또한 이미 해석되어 있을 것이라 생각하고 문헌을 찾아봤지만, 끝내 찾지 못해 스스로 해석하게 되었다.

이후 그는 비대칭 구조를 가진 모형을 만들어, 자신이 해석한 식을 적용하여 단면 영상을 얻을 수 있음을 확인했다. 이 경우에는 계산이 복잡해져 컴퓨터를 사용하게 되었다. 나중에서야 알게 된 사실이지만, 비대칭 물체의 흡수 단면도를 구하는 수학적 식은 이미 1917년에 해석되어 있었다. 코맥의 X선 CT에 대한 연구 결과는 1963~1964년 사이에 발표되었다.

그러나 이 논문들에 대한 반향은 거의 없었고, 오직 스위스에 있는 눈사태 연구소에서 발췌 인쇄본을 요청한 것이 전부였다. 이는 X선 선원(線源)이나 검출기를 눈 속에 설치할 수 있다면, CT 기법을 이용해 적설 상태를 파악할 수 있을 것이라는 이유에서였다.

한편 영국 EMI(Electrical and Music Industries)사의 기술자 고드프리 뉴볼드 하운스필드(Godfrey Newbold Hounsfield)도 코맥과는 독립적으로, 1969년경부터 단층 영상 촬영 장치의 개발을 시작하여 1973년에 논문을 발표했다. 이 무렵에 이르러서야 CT 스캐너의 두 개척자는 서로의 연구를 인지하게 되었고, 단층 촬영 기술의 중요성도 비로소 인식되었다. 그 결과, 코맥의 연구 역시 마침내 주목을 받게 되었다.

현재의 단층 촬영 기술은 X선뿐만 아니라, 방사성 동위 원소를 이용하는 양전자 방출 단층 촬영(Positron Emission Tomography, PET)과, 자기장을 가해 체내 원자의 자기 공명 영상(Magnetic Resonance Imaging, MRI)을 측정하는 기술에도 활용된다. 이러한 기술들은 오늘날 진단에 필수적인 기술이 되었다.

타프츠 대학교에서의 코맥과의 인터뷰는, 수년간 친분을 쌓아온 이 대학의 아키바 다다토시(秋葉忠利) 부교수의 주선으로 갑작스럽게 성사되었다. 타프츠 대학교는 하버드 대학교와 매사추세츠 공과대학교(MIT)가 있는 미국 매사추세츠주 케임브리지 인근의 메드퍼드(Medford)에 위치해 있다. 캠퍼스는 언덕 꼭대기에서부터 비탈면을 따라 조성되어 있으며, 코맥의 사무실이 있는 건물은 언덕 아래 도로 건너편에 자리하고 있었다.

그의 사무실은 고작 대여섯 평 남짓한 크기였다. 책상 위에는 몇 권의 책이 놓인 작은 선반이 있었고, 맞은편 벽에는 칠판이 걸려 있었다. 창창가에는 철제 캐비닛 두 개만 놓여 있을 뿐, 전체적으로 매우 간소한 공간이었다.

테이프레코더를 둘 공간이 마땅치 않아 결국 그의 책상 위에 놓게 되었다. 약간 통통한 체격의 코맥은 흰 와이셔츠 차림에 넥타이는 매지 않았다. 온화한 표정과 붙임성 있는 태도로, 그는 무척 친근한 인상을 주는 사람이었다.

Q 케이프타운의 병원에서 X선 장치를 보시고, 그것이 충분하지 않다고 판단하신 것이 연구를 시작하게 된 동기였다고 들었습니다만…….

A "그렇습니다. 당시 X선을 조사(照射)하는 치료에 쓰이던 장비는 정말 형편없고 불완전한 수준이었어요. 환자에게 X선을 조사할 때는, 조직이 균일하다고 가정한 상태에서 조사 선량(照射線量)을 결정하는 차트를 사용하고 있었지요.

물론 조직이 균일하다면, 선량 분포는 비교적 쉽게 계산할 수 있습니다. 하지만 허파나 방광, 혹은 머리의 뇌나 구강처럼 내부에 공동(空洞)이 있거나, X선 흡수 특성이 균일하지 않은 조직의 경우에는 그런 방식으로는 선량 분포를 제대로 구할 수 없습니다. 그래서 X선이 인체 내부를 어떤 경로로 통과하면서, 얼마나 흡수되어 감소하는지를 정확히 파악할 필요가 있었지요. 특히 내부에 공동이 있을 경우, 그 부위에서는 X선이 거의 흡수되지 않기 때문에 더욱 그렇습니다.

이런 상황에서 선량 분포를 정확히 파악하려면, 예를 들어 머릿속의 모든 지점에서 흡수 계수를 알아야 합니다. 애초에는 더욱 정밀한 치료 방법을 개발하는 것이 목표였어요. 그런데 그렇게 해서 얻어진 흡수 계수의 분포 지도 자체가 매우 흥미로운 것이더군요. 그 결과, 이 작업이 단층 영상 촬영 장치, 즉 CT 스캐너의 출발점이 된 겁니다."

Q 의료와 관계를 맺으신 것은 언제부터입니까?

A "1956년, 케이프타운의 그로트 슈어 병원에서부터입니다."

Q 그전에는 어떤 연구를 하셨습니까?

A "핵물리학에 흥미가 있었어요. 저는 핵물리학자였기 때문에 6개월 동안 매주 한 번씩 병원에서 방사성 동위원소를 다루는 일을 도와달라는 부탁을 받은 적이 있었습니다. 병원의 물리학자가 캐나다로 떠나면서, 제가 그 업무를 대신 맡게 된 거지요."

Q 그가 떠나지 않았더라면, 선생님의 CT 스캐너 이론은 태어나지 않았을지도 모르겠군요.

A "정말 그렇습니다. (웃음)"

Q 이론을 정립하실 때, 가장 큰 목표는 무엇이었습니까?

A "문제를 푸는 그 자체가 재미있었습니다. 저는 언제나 문제를 푸는 게 목표입니다. 문제를 풀고 논문을 발표하면, 그걸로 끝이고 곧 다음 일로 넘어갑니다. CT 스캐너를 만들 생각은 전혀 없었어요."

코맥은 슬라이드를 꺼내어, CT 스캐너 초기 실험장치의 사진을 보여주었다.

A "간단한 실험을 통해 이 방법이 잘 작동한다는 것을 확인했지요. 수학적으로는 아무리 완벽하게 풀려도, 실제 데이터를 적용해 보면 잘 맞지 않는 경우가 종종 있습니다. 그래서 실제로도 정확하게 작용하는지 반드시 확인할 필요가 있습니다.

X선이 통과하는 경로에 머리를 모방한 샘플을 놓고, 그 샘플을 통과한 X선의 강도를 측정합니다. 그다음 샘플을 회전시켜 여러 각도에서 측정합니다. 아주 약한 강도의 X선을 사용해도 많은 양의 측정 데이터를 얻을 수 있습니다. 이렇게 얻은 측정값으로부터 흡수 계수를 구하게 되는데, 이 과정은 수학적인 문제입니다."

Q 이론을 어떻게 세워야 할지는 금방 떠오르셨습니까?

A "수학적으로 어떤 문제가 될지는 금방 파악했고, 실제로 곧 풀어냈습니다. 그런데 그 문제는 사실 훨씬 이전에 이미 해석되어 있었던 겁니다. 1917년, 1925년, 1936년에 각각 관련 논문이 나와 있었어요. 특히 1936년의 논문은 천문학 분야의 CT 스캐너라고 할 만한 내용이었고, 1950년대에는 전파천문학(電波天文學)에서도 같은 문제가 다루어졌습니다. 1982년에 노벨 화학상을 받은 영국의 에런 클루그(Aaron Klug)도, 전자현미경을 활용해 같은 문제를 연구했지요. 저는 그를 1948년 무렵, 케이프타운에서 알게 되었습니다."

Q 케이프타운이라는 곳이 두 사람의 창조성을 끌어낸 장소였던 걸까요?

A "그건 잘 모르겠지만, 흥미로운 질문이네요. 저는 당시 남아프리카공화국에서 유일한 핵물리학자였습니다. 그처럼 고립된 환경에서 연구

하다 보면, 무엇보다도 스스로 깊이 생각하지 않으면 안 됩니다. 실험 장비가 제대로 갖춰져 있지 않았기 때문에, 무엇을 할 수 있을지를 스스로 고민해야 했지요.

만약 그 무렵 제가 미국에 있었다면, 아마도 큰 가속기를 자유롭게 쓸 수 있었고, 원할 때마다 실험을 할 수 있었을 겁니다. 하지만 그런 장비가 없는 상황에서는 '지금 이 환경에서 할 만한 가치가 있는 실험은 무엇인가?', '나는 지금 무엇을 할 수 있는가?'라는 질문을 늘 던질 수밖에 없었습니다."

Q 선생님의 노벨상은 응용 면에서의 공헌이 매우 크며, 기초 연구 분야 수상자가 많았던 최근의 생리학·의학상 중에서는 좀 색다르게 느껴집니다만…….

A "뇌와 같은 연한 조직을 X선으로 관찰하는 일은, 잘 훈련된 의사에게도 무척 어려운 일이에요. 기존의 X선 장치를 사용해 암을 발견하는 것은 현실적으로 매우 어렵지요. 암은 정상조직과 1~2퍼센트밖에 다르지 않거든요. CT 스캐너는 그런 문제를 훨씬 수월하게 해결해 주었습니다. 처음 CT 기술에 주목한 사람들은 조직 진단을 전문으로 하던 X선 기사들이었어요. 매사추세츠 병원에서 허파 조직을 전문으로 다루던 X선 기사들은 최초의 하운스필드 스캐너에는 큰 흥미를 느끼지 않았습니다. 스캔을 하는 데 5분이나 걸렸기 때문입니다. 그러나 지금은 5초면 됩니다."

Q 확실히 선생님의 연구는 의료 현장에 매우 큰 영향을 미치고 있습

니다. CT 스캐너는 일본의 병원들에서도 놀라운 속도로 도입되고 있습니다.

A "인구 10만 명당 CT 스캐너 수는 일본이 미국보다 많아서, 아마 세계에서 가장 많을 겁니다."

Q 하운스필드의 연구에 대해서는 아무것도 모르고 계셨다고 들었습니다.

A "그와는 스톡홀름의 시상식에서 한 번 만났을 뿐입니다. 하운스필드의 EMI 스캐너에 대해서는 1972년에야 알게 되었어요. 이미 의사들이 실제로 사용하고 있었고, 제가 논문을 발표한 지는 거의 10년이나 지난 뒤였습니다."

Q 어릴 때부터 과학에 관심이 많으셨습니까?

A "네, 아주 어릴 때부터 과학을 좋아했어요. 중학생 시절에는 천문학에 특히 흥미를 가졌지요. 아버지와 형이 전기 기사였기 때문에, 집에서는 기술적인 이야기도 자주 나누곤 했습니다."

Q 그렇다면 중학생 무렵부터 과학자가 되겠다고 생각하셨던 건가요?

A "네, 되고 싶다는 생각은 하고 있었지요. 하지만 당시에는 과학자의 일자리가 매우 적었고, 좋은 대학도 많지 않았기 때문에 과학자가 된다는 건 매우 어려운 일이었습니다. 저는 특히 천문학에 흥미가 있었기 때문에 상황은 더 어려웠어요. 천문학자 자리는 정말 드물었고, 물리나 천문학을 전공하면 대개 고등학교 교사가 되는 길 외엔 별다른 선택지가 없었습니다.

그래서 처음 대학에 들어갔을 때는 과학 분야로 가지 않고 일렉트로닉스를 선택했지요. 그러다가 제2차 세계대전 이후, 기술 계열 교육 과정에 물리와 수학이 많이 도입되기 시작했습니다. 그리고 미국 원자력위원회(AEC)가 출범하면서 직업 기회가 크게 늘어났고, 그 무렵 저는 물리학으로 진로를 옮기게 되었습니다. 하지만 어릴 적에 그렇게 좋아했던 천문학으로 다시 돌아가지는 않았습니다."

Q 물리를 선택하신 건, 물리학 자체를 좋아하셨기 때문인가요?

A "저는 천문학에 흥미를 가지고 있었고, 아서 에딩턴(A. S. Eddington)과 제임스 진스(J. H. Jeans)의 책들을 읽고 있었어요. 에딩턴은 천문학을 이해하려면 물리학, 특히 양자역학과 수학이 꼭 필요하다고 강조했지요. 저는 수학도 물리학도 좋아했기 때문에 자연스럽게 그 길을 택했고, 결국 물리학에 머무르게 된 겁니다."

Q 수학 문제를 푸는 것이 특기셨나요?

A "네, 그렇습니다. 비록 고전적인 수학이긴 했지만요……."

Q 지금은 어떤 연구를 하고 계십니까?

A "CT 스캐너 연구에서 파생된 수학적인 문제를 연구하고 있습니다. 지금까지는 X선이 직선 경로를 따라 진행한다고 가정하고 계산해 왔는데, 만약 X선이 직선이 아니라 쌍곡선 같은 곡선을 따라 진행한다면 어떻게 될까, 하는 문제가 있지요. 그런 상황에서도 이미지를 어떻게 재구성할 수 있을지를 탐구하고 있습니다."

Q 실제 상황에서는 X선이 직선 경로를 따르는 건가요? 장래에는 직

선이 아니라고 가정하고 스캐너를 만들어야 할 가능성도 있습니까?

A "그건 아직 알 수 없습니다. 그런 방향으로 응용될 가능성은 있지만요……."

Q 노벨상을 받게 될지도 모른다고 생각해 보신 적이 있으신가요?

A "전혀 없었습니다. 거기에는 우스운 에피소드가 하나 있어요. 제가 이론을 완성했을 무렵, 한 방사선 연구자가 저를 노벨상에 추천했다고 말한 적이 있었습니다. 그때 그가 이런 말을 했어요.

'스웨덴 사람들은 뢴트겐(W. K. Röntgen) 이후로 우리 방사선 연구자들에게는 별로 주목하지 않고 있어요. 아마 그 이유는, 뢴트겐이 받은 상이 생리학·의학상일 거라고 착각하고 있기 때문일 겁니다. 그런데 사실은 물리학상이었잖아요.' (웃음)"

Q 일본에서 과학자를 꿈꾸는 젊은이들에게 어떤 조언을 해주실 수 있을까요?

A "어려운 질문이네요. (웃음) 하지만 정말로 과학자가 되고 싶다고 생각하는 사람이라면, 어떤 조언이든 의미가 있다고 생각합니다. 그런 마음은 대체로 아주 이른 시기에 생기지만, 안타깝게도 금세 사라지곤 하지요. 물리에 흥미를 갖는 시기는 보통 고등학생 정도일 겁니다. 문과 계열의 경우는 그보다 훨씬 늦게 흥미를 갖는 경우가 많다고 생각해요. 수학도 물리와 마찬가지로, 빠른 시기에 흥미를 느끼게 되는 경우가 많고요. 그런데 지금 젊은 학생들에게 가르치고 있는 물리학은 대부분 과거의 축적된 내용일 뿐, 새로운 지식은 거의 다뤄지지 않고 있습

니다. 시간이 지날수록 배워야 할 지식은 점점 더 많아지기 때문에, 이른 시기부터 자신만의 독창적인 문제를 탐구하는 일은 점점 더 어려워지고 있어요."

"젊은 시절에 독창적인 연구를 이룬 최근의 예로는, 영국의 브라이언 D. 조지프슨(Brian D. Josephson)이 있습니다. 그는 학부생 시절에 '조지프슨 효과(Josephson effect)'를 발견했지요. 그리고 지금까지 가장 어린 나이로 노벨상을 받은 인물은 윌리엄 로런스 브래그(William Lawrence Bragg)로, 수상 당시 나이가 스물다섯이었습니다."

Q 젊은 세대에게 어떤 교육을 하느냐, 어떤 환경을 제공하느냐가 중요하다는 말씀이시군요.

A "그렇습니다. 제가 보기에 가장 바람직하지 않은 것은, 부모가 무의식적으로 아이들이 과학이나 수학 분야로 나아가는 것을 가로막는 경우입니다. 부모가 '나는 수학을 잘 못했으니까' 하고 말하는 것이, 아이들에게는 의외로 큰 상처가 될 수 있어요. 아이들이 흥미를 느끼고 하고 싶어하는 방향으로 자유롭게 나아갈 수 있도록 해주는 것이 중요합니다."

코맥의 연구실에서의 인터뷰는, 마치 늘 배우고 있는 고등학교 물리 선생님에게 모르는 것을 물으러 간 듯한 느낌이었다. 전반적으로 아주 평온한 분위기 속에서 이루어진 대화였다.

이번에 만난 노벨상 수상자들은 대체로 조용한 인품의 소유자들이었다. 누구 하나 잘난 체하지 않았고, 모두가 정중하고 친절하게 응대해 주었다.

그런 조용한 태도 속에서 느껴지는 단정한 인격은, 그 자체로 깊은 매력을 품고 있었다. 무엇인가에서 하나의 정점에 도달한 사람들에게는, 말로 설명하기 어려운 고유의 분위기가 감돌고 있는지도 모른다.

나가며

1984년 5월 14일, 일요일. 드골 공항은 이슬비에 젖어 희뿌연 안개 속에 잠겨 있었다. 구미 지역 노벨상 수상자 스물한 명과의 마지막 인터뷰는 파리 파스퇴르 연구소의 자코브였다. 사흘 전, 금요일에 자코브와의 인터뷰를 마친 뒤에야 비로소 마음을 놓을 수 있었다. 원통형 건물 중앙을 가로지르듯 설치된 에스컬레이터를 타고, 도쿄행 JAL 428편 탑승 수속 카운터로 향했다. 정오가 지난 드골 공항은 한산하고 조용했다.

기내에 들고 들어간 가방 안에는 인터뷰 테이프 27개와 필름 열한 통 남짓이 들어 있었다. 노벨상 외에도 여섯 명의 연구자를 추가로 취재했다. 40일에 걸친 여정의 성과는 손에 묵직하게 느껴질 만큼 충실했다. 매일같이 인터뷰와 이동이 이어지는 숨가쁜 일정이었고, 하루에 두 사람을 인터뷰한 날도 여러 번 있었다. 호텔에서는 밤늦도록 예비 조사에 몰두하는 일이 다반사였다. 몸은 몹시 지쳤지만, 예정된 인터뷰를 모두 무사히 마쳤다는 깊은 성취감에 젖어 있었다.

벌써 10여 년 전, 내가 대학원에 입학하던 무렵, 연구실 책상 옆에 한 편의 논문 복사본을 붙여 두었던 기억이 있다. 그것은 1953년 4월 25일 자 『네이처』지 제171권 737~738쪽에 실린, 왓슨과 크릭의 DNA 이중나선 모델에 관한 최초의 논문이었다.

그 무렵의 내게 왓슨과 크릭은 그야말로 신과도 같은 존재였다. 책상에 붙여 두었던 그 논문 복사본은, 말하자면 '신주'나 다름없는 것이었다.

"생명의 비밀이 한순간에 밝혀진 것입니다"라고 맥스 퍼루츠는 그렇게 말했다. 오늘날 분자생물학의 근본 원리를 꿰뚫은 왓슨과 크릭의 이 논문은, 발표된 지 20년이 지난 당시에도 경외의 대상이었고, 지금도, 그리고 앞으로도 그 의미가 퇴색하는 일은 없을 것이다.

생물학을 배우던 시절, 나는 왓슨과 크릭에게 소박한 동경을 품고 있었다. 그러나 그들로부터 직접 이야기를 들을 기회가 찾아올 것이라고는 꿈에도 생각하지 못했다.

막상 인터뷰를 하게 되면, 단순한 단순한 동경만으로는 끝날 일이 아니다. 독자에게 어떤 이야기를 어떻게 전달할 것인지, 또 이를 위해 어떤 태도와 방식으로 질문해야 할지 깊이 고민하게 된다. 더 이상 상대를 그저 신과 같은 존재로 우러러보기만 해서는 안 되는 자리인 것이다.

그렇다 해도 10여 년 전부터 품어 온 순수한 동경이 사라질 리는 없었다. 오랜 시간 존경해 온 인물들로부터 직접 이야기를 들을 수 있었다는 사실은, 솔직히 말해 무척 기쁘고 뜻깊은 경험이었다.

인터뷰한 노벨상 수상자 대부분은, 교과서나 일반 독자를 위한 저서를 통해 익숙하게 접해 온 인물들이었다. 학생 시절, 마틴 가드너(Martin Gardner)의 『자연계에 있어서의 좌와 우』에서 읽었던 젊은 천재 리정다오(李政道, Tsung Dao Lee)와 양전닝(楊振寧, Chen Ning Yang)이 약한 상호작용에서의 패리티 비보존을 발견한 이야기는 큰 자극이 되었다.

또한 교과서에서 접했던, 니런버그(Marshall Nirenberg)의 유전암호 해독 실험은, 과학에도 이토록 아름답고 인상적인 실험이 존재할 수 있음을 실감하게 했다.

20세기 첫해부터 시작된 노벨상의 역사에는, 때때로 오류 있는 연구에 상이 수여된 사례도 있었지만, 대부분의 수상 업적은 과학의 중대한 도약으로 이어진 뛰어난 성과로 평가받고 있다. 이 점에 대해서는 큰 이견이 없다.

『과학 아사히(科學朝日)』 지면에서 「노벨상의 발상」 기획을 시작하게 된 것은, 훌륭한 연구는 어떻게 탄생하며 과학에서의 비약은 어떤 방식으로 이루어지는지를 깊이 들여다보고 싶었기 때문이다. 인터뷰 대상을 노벨상 수상자로 한정한 이유는, 그들의 업적이 이미 확고한 평가를 받고 있기 때문이었다. 또한 노벨상은 대중적으로 널리 알려져 있어, 많은 독자들이 관심을 가질 수 있을 것이라 기대했다. 더 나아가 과학적 비약을 이끈 발상에 어떤 공통된 패턴이 존재한다면, 그것은 과학이라는 한 분야를 넘어 더 넓은 영역에도 적용될 수 있는 보편적 원리일지 모른다는 생각에서 이 기획은 출발했다.

노벨상을 수상한 연구가 뛰어난 업적이라는 데에는 많은 이들이 동의하는 사실이겠지만, 그에 못지않게 훌륭함에도 불구하고 상을 받지 못한 연구가 존재한다는 것 또한 부인할 수 없는 사실일 것이다.

교과서에서 처음 접했던 메셀슨(M. Meselson)과 스탈(F. W. Stahl, 모두 미국)의 DNA 반보존적 복제 증명 실험은, 니런버그의 실험과 더불어 그 과학적 아름다움이 깊은 인상으로 남아 있다. 이 실험은 1958년에 이루어졌다.

메셀슨과 스탈은 DNA의 복제 과정을 밝히기 위해 무거운 질소 동위 원소(N-15)를 흡수하게 하는 실험계를 만들었다. DNA가 복제될 때, 이중나선이 풀리면서 각 가닥이 주형이 되어 상보적인 염기쌍을 만드는 DNA 사슬이 합성된다는 '반보존적 복제' 모델은 왓슨과 크릭이 제안한 것이다. 이 모델이 옳다면, 새롭게 합성된 DNA 이중나선의 한 가닥은 무거운 질소를, 다른 한 가닥은 가벼운 질소를 포함하게 된다. 그리고 복제가 한 번 더 이루어지면, 두 가닥의 사슬에 모두 무거운 질소를 함유하는 것이 나타날 것이다. 이처럼 서로 다른 질소 동위 원소를 포함한 DNA는 염화세슘 밀도 구배 원심분리법을 통해 분리할 수 있었다. 이중나선의 한 가닥이 가벼운 질소, 또 다른 한 가닥이 무거운 질소의 DNA는 그 중간에 올 것이다. 밀도구배 원심분리의 결과는 예상되는 각각의 띠가 뚜렷하게 나타났다.

메셀슨과 스탈의 실험은 DNA의 반보존적 복제 이론을 명확히 입증한 결정적인 연구였다. 이는 왓슨과 크릭이 제안한 이중나선 모델을 강력하게 뒷받침하는 과학적 증거이기도 했다. 그러나 이처럼 생물학사에 길이 남을 업적에도 불구하고, 메셀슨과 스탈은 끝내 노벨상의 영예를 누리지 못했다.

메셀슨과 스탈의 실험은 왓슨과 크릭의 통찰을 실증한 데 그쳤으며, 과학에 큰 비약을 가져온 것은 아니라는 시각도 있을 수 있다. 그러나 그렇다면, 폐렴쌍구균의 형질전환 실험을 통해 유전물질이 DNA임을 제시하고, 왓슨과 크릭의 발견으로 이어지는 길을 연 에이버리의 연구 역시 비약이라고 평가할 수 없는 것일까? 그는 끝내 노벨상과 인연을 맺지 못했다.

노벨상을 수상하느냐 그렇지 못하느냐는, 종이 한 장 차이일 수도 있다. 수많은 뛰어난 연구를 남기고, 누구나 세계적인 권위자로 인정하는 학자라 하더라도 노벨상과는 끝내 인연을 맺지 못한 경우도 있다. 수상 자격이 있다고 여러 차례 지목되었지만, 끝내 수상에 이르지 못한 이들을 두고 과학계에서는 '무관(無冠)의 수상자'라고 부르며, 미국의 과학사회학자 로버트 머튼(R. K. Merton)과 해리 주커만(H. A. Zuckerman)은 이들을 '마흔한 번째 의자'를 차지한 사람이라 표현했다. '마흔한 번째 의자'란, 정원이 40명인 프랑스 학사원의 의자에서 유래한 표현이다. 주커만은 저서 『과학 엘리트(Scientific Elite)』에서 이 '마흔한 번째 의자'의 의미와 그 대상자들에 대해 자세히 언급하고 있다.

그중에서도 흥미로운 사실은, 수상자의 선정 경과를 일절 공개하지 않는 노벨위원회가 1962년판 『알프레드 노벨 — 인물과 상』에서, 수상 후보자로서 진지하게 고려되었으나 끝내 상을 받지 못한 69명의 명단을 공개했다는 점이다.

이른바 '영원히 마흔한 번째 의자'에 남게 된 이들 중에는, 깁스 자유에너지로 잘 알려진 열역학의 조시아 윌라드 깁스(J. W. Gibbs), 엠덴-마이어호프 경로의 해명에 기여한 생화학자 구스타프 엠덴(G. Embden), 그리고 원소 주기율표를 창안한 드미트리 멘델레예프(D. I. Mendeleev) 등 쟁쟁한 인물들이 이름을 올리고 있다.

이처럼 노벨상에 버금가는 가치를 지닌 뛰어난 연구들은 줄지어 있으며, '마흔한 번째 의자'에 머무느냐, 아니면 영광의 상을 받느냐의 차이는 결국 운이라는 말로밖에 설명되지 않을지도 모른다.

자연과학 분야의 노벨상은 물리학상, 화학상, 생리학·의학상의 세 분야에만 수여되며, 이 범주를 벗어난 연구는 아무리 탁월하더라도 수상 대상이 될 수 없다. 그러나 노벨상과 직접적인 연관이 없는 연구들 가운데에도, 이 책에서 다룬 '비약을 낳은 발상'이라는 주제에 걸맞은 사례는 얼마든지 있을 것이다. 다만 여기서는 누구나 이해하기 쉬운 기준으로서, 노벨상 수상 연구를 중심으로 내용을 구성했을 뿐이다.

또한 과학 연구가 마치 스포츠처럼 선취권을 둘러싼 경쟁으로 치닫고 있다는 점에 대해, 비판의 목소리도 적지 않다. 이러한 경향은 왓슨과 크릭 이후 특히 두드러졌다는 견해도 있다.

과학계에서 최고의 영예로 여겨지는 노벨상이, 이 같은 선취권 경쟁의 격화와 무관하다고는 할 수 없을 것이다. 노벨상을 둘러싼 논의에는 이처럼 그늘진 측면이 존재하는 것도 사실이다. 이 책에서는 그러한 측면을 직접적으로 다루고 있지는 않지만, 관심 있는 독자라면 『노벨상의 빛과 그늘』(『과학 아사히』 엮음, 1981년, 일본 아사히신문사 출간)을 일독해 보시길 권한다.

노벨상 수상 연구의 발상과, 그 연구가 태어난 조건을 밝히고자 하는 의도 아래 실제로 취한 방법은, 바로 당사자에 대한 인터뷰였다. 이 접근법에 있어 큰 참고가 된 것은, 미국의 저널리스트이자 과학사 연구자인 저드슨(H. F. Judson, 존스 홉킨스 대학교 교수)의 작업이었다.

그는 분자생물학의 탄생에 공헌한 과학자들과 반복적인 인터뷰를 진행하여, 방대한 저작 『창조의 제8일째(The Eighth Day of Creation)』를 완성했다. 과학자들의 창조적 숨결을 생생히 전해주는 이 책은, 제목 또한 매우 재치 있게 지어졌다. 저드슨은 이후 분자생물학을 넘어 다른 과학 분야로 탐구의 폭을 넓혔고, 『과학과 창조(The Search for Solutions)』라는 책도 집필했다.

당사자와의 직접적인 인터뷰를 통해 연구가 이루어진 배경, 문제의식, 실제 과정, 그리고 그 연구가 미친 영향까지 면밀히 밝혀내려는 방식은, 감히 흉내 낼 수 없는 것이었지만 내게 큰 자극을 준 것은 분명하다. 이 책에서 인터뷰 대상으로 삼은 노벨상 수상자 가운데는, 저드슨의 저서에 등장했던 인물들도 여럿 포함되어 있다.

또한 주커만은 『과학 엘리트(Scientific Elite)』라는 책에서, 미국의 노벨상 수상자 41인을 인터뷰한 내용을 바탕으로, 그들의 출신 대학과 연구기관, 사제 관계, 수상 연구가 이루어진 환경 등을 과학사회학적으로 분석하고 있다. 이 책 역시 매우 큰 참고가 되었다.

과학사회학자인 주커만에게는 자연스러운 접근이겠지만, 『과학 엘리트』가 개별 수상자에 대한 인터뷰에서 얻은 정보를 통계적으로 관찰하고 분석하는 데 중점을 두고 있는 데 비해, 잡지 기사를 출발점으로 삼은 이 책에서는 수상자 한 사람 한 사람의 개성과 구체적인 사정에 더욱 주목하고자 했다.

인터뷰 내용을 정리하는 과정에서는 아키바 다다토시(秋葉忠利) 씨 등과 함께했던 『시간의 세 계층』(H. 헤이즈 지음) 번역 작업이 큰 도움이 되었다. 헤이즈 역시 나와 마찬가지로 뛰어난 과학자들을 찾아다니며 인터뷰 여행을 했는데, 그가 과학자들과 나눈 대화와 자신의 인상, 감상을 유기적으로 정리해 나가는 솜씨는 이 책과는 비교할 수 없을 만큼 뛰어났고, 배울 점이 많았다.

피터 미첼은 "누구도 생각하지 않았던 영역에서 아이디어가 태어난다는 것은, 애초에 상상조차 할 수 없는 일이다"라고 말했다. 하나의 성과는 언제나 수많은 다른 이들의 작업 위에 세워지는 것이다. 이 책 또한 저드슨과 주커만을 비롯한 많은 이들의 작업 위에 이루어진 것이라 생각한다. 그들의 작업에는 없었던 무언가를, 이 책을 통해 조금이라도 덧붙일 수 있었다면, 그것은 필자에게 더없는 기쁨일 것이다.

당사자에 대한 인터뷰라는 방법에서 유의해야 할 점은, 시간이 흐르면 아무리 당사자라 하더라도 자신의 경험에 해석과 의미를 덧붙이게 된다는 사실이다. 연구를 수행하던 당시에는 명확히 의식하지 못했던 요소에, 나중에 가서야 의미가 부여되는 경우도 있다. 물론 그러한 사후적 해석도 나름의 가치를 지니지만, 그것이 반드시 발상의 순간을 정확히 포착한 것이라고 볼 수는 없다. 이 때문에 과학사가들은 발견이 이루어진 시점의 메모나 편지와 같은 1차 자료를, 당사자가 훗날 회고하며 작성하거나 구술한 기록보다 더 중시하는 경우가 많다. 그럼에도 불구하고, 저드슨의 저서에서 볼 수 있듯이, 당사자에 대한 직접 인터뷰라는 방식 또한 어떤 흥미로운 사실을 밝혀내는 데 유효하다고 믿는다.

그러나 스물세 명의 노벨상 수상자와의 인터뷰를 마친 지금, 그들의 수상 연구가 어떻게 발상되었는지에 대해 과연 어떤 공통점을 도출할 수 있는가 하는, 중요한 물음이 남는다. 우선 강하게 인상에 남는 것은, 수상자들의 관심 영역이 매우 넓고 다양하다는 점이다.

연구자들 가운데는 한 가지 연구 수법을 완전히 자기 것으로 소화한 뒤, 그것을 활용해 연이어 새로운 문제에 도전하는 이들도 있다. 또는 특정한 좁은 분야를 자신의 전문 영역이자 '수비 범위'로 삼고, 그 안에서는 모르는 것이 없을 만큼 깊이 파고드는 연구자도 있다. 물론 이러한 방식 또한 중요하며, 실제로 거기서부터 탁월한 업적이 다수 나오기도 한다. 그중에는 전문 분야 이외의 일에는 거의 관심을 보이지 않는 사람도 없지 않다.

그러나 내가 인터뷰한 노벨상 수상자들 가운데에는 그런 유형은 없었다. 노벨상 수상에 이르는 비약은, 수비 범위를 지나치게 좁히는 방식의 연구로부터는 좀처럼 나올 수 없다는 인상을 받았다. 겉보기에는 특정 분야에 집중하고 있는 듯했지만, 실상은 폭넓은 지식을 흡수하고 넓은 시야를 지닌 이들이 비약을 이뤄냈다는 공통된 패턴이 엿보였다.

또한 인터뷰에 응한 수상자들 거의 모두가, 표현에는 다소 차이가 있었지만, 하나같이 연구 주제의 설정, 즉 어떤 문제에 착안할 것인가가 가장 중요하다고 강조했다는 점은 특히 주목할 만하다.

또한 왓슨과 크릭의 DNA 이중나선 모델에서는 유전학, 생화학, 물리학이 하나로 융합되었고, 레더버그, 테이텀, 비들의 미생물 기반 유전생화학 연구에서는 문자 그대로 유전학과 생화학이 결합되었다. 이처럼 서로 다른 두 학문적 흐름이 하나로 합쳐지는 지점에서 비약이 일어났다는 공통된 패턴이 눈에 띈다.

자코브, 모노, 르보프의 효소 및 바이러스 합성의 유전적 조절에 관한 연구 역시 같은 예로 들 수 있다. 이러한 융합은 한 사람의 연구자 내에서도 이루어진다. 예를 들어 폴링의 분자 구조에 대한 관심과 양자역학, 후쿠이의 탄화수소 연구와 양자역학의 결합에서도 같은 원리가 작용하고 있다.

이처럼 수상 연구가 탄생한 배경에서 발견되는 공통점은, 곧 과학 발전을 이끄는 일반 원칙으로 이어진다. 이에 대해서는 앞으로 기회가 된다면 다시 깊이 생각해 보고 싶다.

노벨상 수상자 인터뷰 기획은 『과학 아사히(科學朝日)』 1984년 8월호의 특파원 보고란에서 시작되었다. 가능하다면 최대한 많은 수상자를 인터뷰하고 싶다고 생각했지만, 예상을 뛰어넘는 수의 수상자들을 만날 수 있었고, 그 결과 8월호부터 12월호까지 연재가 이어졌다.

당초 인터뷰를 신청한 수상자는 일본인 두 사람을 포함해 모두 서른한 명이었다. 노벨상 수상자가 워낙 바쁜 인물들이라는 점은 익히 알려진 사실이다. 인터뷰를 위해 이쪽이 움직이는 일정과 수상자 측 스케줄을 맞추는 일이 과연 가능할지, 솔직히 큰 걱정이었다. 신청은 해 보았지만, 실제로 얼마나 성사될지는 가늠하기 어려웠다.

그래서 가능한 한 많은 수상자에게 인터뷰 요청을 보내기로 했다. 결과적으로 예상보다 훨씬 높은 비율로 인터뷰가 성사되었고, 그만큼 일정도 예상보다 훨씬 빡빡해졌다.

지금까지의 노벨상 수상자를 국가별로 살펴보면, 단연 미국이 가장 많고, 그다음이 영국이다. 짧은 기간 안에 가능한 많은 수상자를 만나기 위해서는, 역시 이 두 나라에 중점을 둘 수밖에 없었다.

참고로, 인터뷰가 성사되지 못한 수상자는 다음과 같다.

셸던 리 글래쇼(S. L. Glashow), 스티븐 와인버그(S. Weinberg, 미국, 1979년 물리학상), 폴 버그(P. Berg, 미국, 1980년 화학상), 제임스 D. 왓슨(J. D. Watson, 미국, 1962년 생리학·의학상), 하르 고빈드 코라나(H. G. Khorana, 미국, 1968년 생리학·의학상), 니콜라스 틴베르헌(N. Tinbergen, 영국, 1973년 생리학·의학상), 수네 베리스트룀(S. K. Bergström, 스웨덴, 1982년 생리학·의학상), 바버라 매클린톡(B. McClintock, 미국, 1983년 생리학·의학상).

이 가운데 코라나는 "나는 인터뷰에는 응하지 않는 방침이니 이해해 주기 바란다"는 내용의 편지를 보내왔다. 버그로부터는 "인터뷰보다 우선해야 할 일이 많다"는 답신이 도착했다. 틴베르헌 부인으로부터 "남편은 병이 위중하여 인터뷰에 응할 수 있는 상태가 아닙니다"라는 친필 편지가 도착했다.

와인버그와의 인터뷰는 나의 일정상 주말을 활용해 그가 있는 텍사스주 오스틴까지 갈 수 있었기에, 처음에는 주말 인터뷰에 응하겠다는 답을 받았다. 그러나 이후 마음이 바뀐 듯, 주말에는 어렵겠다는 통보가 와서 결국 기회를 얻지 못했다. 이외의 수상자들도 대부분 일정 조율이 어려워 인터뷰를 실현할 수 없었다.

스물세 명의 노벨상 수상자와의 인터뷰는 좀처럼 얻기 어려운, 매우 귀중한 경험이었다. 그 취재 결과를 기사로 정리하는 과정에서는 여러모로

부족했던 점들이 떠올라 아쉬움도 남았지만, 그런 점들 또한 다음 기회에 요긴하게 활용할 수 있으리라 생각한다.

이번 취재에서 무엇보다도 먼저, 바쁜 시간을 쪼개어 인터뷰에 응해 주신 수상자 여러분께 깊은 감사의 마음을 전하고 싶다. 또한 미국, 영국, 프랑스에서의 취재에서는 많은 분들의 협조와 도움을 받았고, 그 신세를 잊을 수 없다.

특히 미국에서 열여섯 명의 수상자와의 인터뷰가 가능했던 것은, 뉴욕에 계신 저널리스트 바바(馬場恭子) 씨의 전폭적인 협력 덕분이었다. 이 외에도 도움을 주신 많은 분들의 성함을 일일이 언급하지는 못하지만, 마음 깊이 감사드린다.

스웨덴 대사관에서도 아낌없는 협력을 받았으며, 『과학 아사히(科學朝日)』 편집부 여러분은 이 취재를 전면적으로 지원해 주셨다. 특히 모리(森曉) 편집장 이하 편집진의 손을 거쳐, 미완의 원고가 지면에 실릴 수 있는 형태로 다듬어졌다.

이번에 단행본으로 출간되는 데 있어서는, 아사히신문 출판국 도서 편집실의 야마다(山田豊) 씨의 도움을 크게 받았다. 이 자리를 빌려 깊이 감사드린다.

1985년 5월
미우라 겐이치

노벨상(자연과학 부문) 수상자 목록

연도	노벨 물리학상	노벨 화학상	노벨 생리학·의학상
1901년	W. C. Röntgen(독일)=X선 발견	J. H. van't Hoff(네덜란드)=화학 열역학의 법칙 및 용액의 삼투압 발견	E. A. von Behring(독일)=디프테리아 치료 혈청 요법의 창시
1902년	H. A. Lorentz(네덜란드)=전자 이론 개척 P. Zeeman(네덜란드)=복사현상의 자기적 영향 실험	E. Fischer(독일)=당류 및 푸린족 화합물의 연구	R. Ross(영국)=말라리아 모기를 통한 말라리아 병원체의 생활사 발견
1903년	A. H. Becquerel(프랑스)과 P. Curie 및 M. Curie 부부(프랑스)=방사능 연구	S. A. Arrhenius(스웨덴)=전해질 이론 연구	N. R. Finsen(덴마크)=낭창(피부 결핵)의 광선 치료법 개발
1904년	J. W. Rayleigh(영국)=아르곤 발견	W. Ramsay(영국)=영족 기체 원소 발견	I. P. Pavlov(소련)= 소화 생리학 연구
1905년	P. E. A. Lenard(독일)=음극선 연구	J. F. W. A. von Baeyer(독일)=유기 색소·히드로방향족 화합물의 연구	R. Koch(독일)=결핵 연구, 결핵균 발견
1906년	J. J. Thomson(영국)=기체 내 전자운동의 이론적, 실험적 연구	H. Moissan(프랑스) = 플루오르 화합물, 크롬화합물, 탄화물 및 전기로에 대한 연구	C. Golgi(이탈리아)/S. R. Cajal(스페인)=신경조직의 구조 연구
1907년	A. A. Michelson(미국)=간섭계에 의한 연구	E. Buchner(독일)=발효에 대한 화학적 연구	C. L. A. Laveran(프랑스)=원생동물에 의해 발생하는 질병(말라리아 등) 연구
1908년	G. Lippmann(프랑스)=빛의 간섭을 사용한 유색사진의 연구	E. Rutherford(영국)=방사능에 관한 공헌	P. Ehrlich(독일)=면역학 연구 É. Metchnikoff(프랑스)=식균 작용 발견
1909년	G. Marconi(이탈리아)/K. F. Braun(독일)=무선전신의 연구	F. W. Ostwald(독일)=희석률 법칙 발견, 반응속도·화학 평형 연구	E. T. Kocher(스위스)=갑상선 연구
1910년	J. D. van der Waals(네덜란드)=상태방정식 연구	O. Wallach(독일)=테르펜 및 캄포르 연구	A. Kossel(독일)=단백질과 핵산 연구
1911년	W. Wien(독일)=흑체복사 연구	M. Curie(프랑스)=라듐, 폴로늄의 발견과 라듐화합물 등 연구	A. Gullastrand(스웨덴)=안과 광학, 특히 눈의 광학계에 관한 이론
1912년	N. G. Dalén(스웨덴)=등대용 가스 어큐뮬레이터에 사용하는 자동조절기의 발명	V. Grignard(프랑스)=그리냐르 반응 발견 P. Sabatier(프랑스)=유기촉매 반응에 대한 공헌	A. Carrel(프랑스)=혈관 봉합 및 장기 이식 수술법 개발
1913년	H. Kamerlingh Onnes(네덜란드)=저온물리학의 업적	A. Werner(스위스)=분자 속에 있어서의 원자 결합 연구	C. R. Richet(프랑스)=과민증 연구
1914년	M. von Laue(독일)=결정에 의한 X선 회절 발견	T. W. Richards(미국)=원자량의 정밀 측정	R. Bárány(오스트리아)=전정기관(반고리관)을 통한 평형감각 메커니즘 연구

1915년	W. H. Bragg/W. L. Bragg 부자(영국)=X선에 의한 결정의 구조연구	R. Willstätter(독일)=클로로필 연구	수상자 없음
1916년	수상자 없음	수상자 없음	수상자 없음
1917년	C. G. Barkla(영국)=원소의 특성 X선의 발견	수상자 없음	수상자 없음
1918년	M. Planck(독일)=양자론 연구	F. Haber(독일)=암모니아 합성	수상자 없음
1919년	J. Stark(독일)=슈타르크 효과의 발견과 연구	수상자 없음	J. Bordet(벨기에)=보체(보조면역 인자)결합 반응, 백일해균 발견
1920년	C. É. Guillaume(프랑스)=니켈강 연구 및 인바 합금 발견	W. H. Nernst(독일)=화학에 대한 열역학 이론과 그 응용	S. A. S. Krogh(덴마크)= 모세혈관 운동 조절에 관한 연구
1921년	A. Einstein(독일)=이론물리학의 업적, 특히 광전효과 법칙의 발견	F. Soddy(영국)=방사성 물질의 화학과 동위원소의 연구	수상자 없음
1922년	N. Bohr(덴마크)=원자구조 연구	F. W. Aston(영국)=질량분석기의 발명과 동위원소의 측정	A. V. Hill(영국)=근육 수축 시 열발생 연구 O. Meyerhof(독일)=근육 내 산소 소비와 젖산 생성의 관계에 관한 연구
1923년	R. A. Millikan(미국)=전자의 전하량 정밀 측정	F. Pregl(오스트리아)=미량분석법 연구	F. G. Banting(캐나다)/J. J. R. Macleod(영국)=인슐린 발견
1924년	K. M. Siegbahn(스웨덴)=X선 분광학 연구	수상자 없음	W. Einthoven(네덜란드)=심전도법 연구
1925년	J. Franck(독일)/G. Hertz(독일)=전자 충돌 연구	R. A. Zsigmondy(독일)=콜로이드 용액의 불균질성에 대한 연구	수상자 없음
1926년	J. B. Perrin(프랑스)=물질의 불연속적 구조, 특히 침강평형 연구	T. Svedberg(스웨덴)=초원심기에 의한 콜로이드 연구	J. A. G. Fibiger(덴마크)=암의 원인이 되는 선충의 발견
1927년	A. H. Compton(미국)=콤프턴 효과 발견 C. T. R. Wilson(영국)=윌슨 안개상자 발명, 기체 전리 연구	H. O. Wieland(독일)=담즙산 연구	J. W. von Jauregg(오스트리아)=마비성 치매 치료를 위한 말라리아 접종 요법 개발
1928년	O. W. Richardson(영국)=열전자 현상 연구	A. Windaus(독일)=스테린 계열 화합물 연구	C. J. H. Nicolle(프랑스)=발진티푸스 연구
1929년	L. V. de Broglie(프랑스)=전자의 파동성 연구	A. Harden(영국)/H. von Euler-Chelpin(스웨덴)=알코올 발효 연구	C. Eijkman(네덜란드)=신경염 치료 연구 F. G. Hopkins(영국)=성장촉진 비타민 발견
1930년	C. V. Raman(인도)=라만효과 발견	H. Fischer(독일)=혈액색소 연구, 헤민 합성	K. Landsteiner(오스트리아)=혈액형 발견과 연구
1931년	수상자 없음	C. Bosch(독일)=암모니아 합성 촉매 연구 F. Bergius(독일)=석탄 액화	O. H. Warburg(독일)=호흡효소 연구
1932년	W. K. Heisenberg(독일)=양자역학 연구	I. Langmuir(미국)=계면화학 연구	C. S. Sherrington(영국)/E. D. Adrian(영국)=신경세포의 기능에 관한 여러 가지 발견
1933년	P. A. M. Dirac(영국)/E. Schrödinger(오스트리아)=새로운 형식의 원자론 발견	수상자 없음	T. H. Morgan(미국)=초파리를 이용한 염색체 유전기능의 발견

1934년	J. Chadwick(영국)=중성자 발견	H. C. Urey(미국)=중수소 발견	G. R. Minot(미국)/W. P. Murphy(미국)/G. H. Whipple(미국)=빈혈 치료 연구
1935년	수상자 없음	J. F. Joliot-Curie/I. Joliot-Curie(프랑스)=인공 방사능 연구	H. Spemann(독일)= 동물의 배아 성장에 있어서 조직 유도 현상의 발견
1936년	V. F. Hess(오스트리아)=우주선 발견 C. D. Anderson(미국)=양전자 발견	P. J. W. Debye(네덜란드)=기체분자에 의한 X선 및 전자의 회절에 관한 연구	H. H. Dale(영국)/O. Loewi(오스트리아)=신경자극의 화학적 전달 메커니즘 발견
1937년	C. J. Davisson(미국)/G. P. Thomson(영국)=결정에 의한 전자 회절 발견	W. N. Haworth(영국)=탄수화물, 비타민 C 연구 P. Karrer(스위스)=비타민 A·B 연구, 비타민 C 조성 규명	Szent-Györgyi Albert(헝가리)=생물학적 산화 과정의 발견
1938년	E. Fermi(이탈리아)=중성자에 의한 인공 방사능 연구와 원자핵 반응 발견	R. Kuhn(독일)=비타민 B_2 합성(사퇴)	C. Heymans(벨기에)=호흡 조절에 있어 대동맥에 대한 연구
1939년	E. O. Lawrence(미국)=사이클로트론 발명과 인공 방사성 원소 연구(사퇴)	A. F. J. Butenandt(독일)=성호르몬 연구(사퇴) L. Ružička(스위스)=폴리메틸렌 및 테르펜 연구	G. Domagk(독일)=프론토질의 항균 효과 발견(사퇴)
1940~42년	수상자 없음	수상자 없음	수상자 없음
1943년	O. Stern(미국)=원자선 방법에 대한 공헌과 양성자의 자기 능률 발견	G. Hevesy(헝가리)=방사성 동위원소 이용에 관한 공헌	C. P. H. Dam(덴마크)=비타민 K의 발견 E. A. Doisy(미국)= 비타민 K의 화학적 성질의 발견
1944년	I. I. Rabi(미국)=원자핵 자기 능률의 측정	O. Hahn(독일)=원자핵분열 발견	J. Erlanger(미국)/H. S. Gasser(미국)=신경섬유의 기능에 관한 발견적 연구
1945년	W. Pauli(오스트리아)=파울리의 배타원리 발견	A. I. Virtanen(핀란드)=농예화학 연구	A. Fleming(영국)/E. B. Chain(영국)/H. W. Florey(영국)=페니실린 발견
1946년	P. W. Bridgman(미국)=고압물리학에 관한 업적	J. B. Sumner(미국) =효소의 결정화 J. H. Northrop(미국)/W. M. Stanley(미국)=효소와 바이러스 단백질의 순수 분리	H. J. Muller(미국)=X선에 의한 인공변이 발견
1947년	E. V. Appleton(영국)=전리층 연구	R. Robinson(영국)=알칼로이드 연구	C. F. Cori/G. T. Cori 부부(미국)=녹말의 신진대사에 관한 연구 B. A. Houssay(아르헨티나)=당 대사에 관한 뇌하수체 호르몬의 연구
1948년	P. M. S. Blackett(영국)=우주선과 원자핵 연구	A. W. K. Tiselius(스웨덴)=전기영동과 흡착분석 연구, 특히 혈청단백질의 복합성에 관한 발견	P. Muller(스위스)=DDT의 살충효과 연구
1949년	유가와 히데키(湯川秀樹, 일본)=핵력 이론에 의한 중간자의 존재 예언	W. F. Giauque(미국)= 절대 0도에 가까운 극저온에서의 원자 운동 연구	W. R. Hess(스위스)=간뇌의 기능에 관한 발견 A. E. Moniz(포르투갈)=정신분열증 치료를 위한 전두엽 대뇌 신경 절제술에 관한 연구

1950년	C. F. Powell(영국)=중간자에 관한 여러 발견	O. P. H. Diels(독일)/K. Alder(독일)=디엔 합성연구	E. C. Kendall(미국)/P. S. Hench(미국)/T. Reichstein(스위스)=부신피질 호르몬 연구
1951년	J. D. Cockcroft(영국)/E. T. S. Walton(아일랜드)=고전압 가속장치를 이용한 원소의 변환 연구	C. T. Seaborg(미국)/E. M. Mcmillan(미국)=넵투늄, 플루토늄 발견	M. Theiler(남아프리카공화국)=황열병 백신 개발
1952년	F. Bloch(미국)/E. M. Purcell(미국)=원자핵 자기 능률의 측정	A. J. P. Martin(영국)/R. L. M. Synge(영국)=분배 크로마토그래피에 의한 아미노산분석법 발견	S. A. Waksman(미국)=스트렙토마이신 발견
1953년	F. Zernike(네덜란드)=위상차 현미경 완성	H. Staudinger(독일)=고분자 화학 연구	F. A. Lipmann(미국)=대사에서 고에너지 인산결합의 중요성과 보조효소 A의 발견 H. A. Krebs(영국)=트리카르복실산(TCA) 사이클 연구
1954년	M. Born(영국)=확률론적 파동 양자역학 연구 W. Bothe(독일)=입자 산란 실험을 통한 원자물리학 발전에의 공헌	L. C. Pauling(미국)=화학결합의 본질, 특히 복잡한 분자의 구조 연구	J. F. Enders(미국)/T. H. Weller(미국)/F. C. Robins(미국)=소아마비 바이러스의 배양 완성
1955년	W. E. Lamb(미국)=수소 스펙트럼 구조에 관한 여러 발견 P. Kusch(미국)=전자의 자기 능률 측정	V. du Vigneaud(미국)=호르몬 합성 과정에 관한 발견	H. Theorell(스웨덴)= 산화효소 연구
1956년	W. H. Brattain(미국)/J. Bardeen(미국)/W. Shockley(미국)=점접합형 트랜지스터의 발명 및 개량	C. N. Hinshelwood(영국)/N. Semyonov(소련)=화학반응속도론, 특히 연쇄반응 연구	A. F. Cournand(미국)/W. Forssmann(독일)/D. W. Richards(미국)=심장 카테터법과 순환계 질환에 관한 연구
1957년	Lee T. D.(李政道, 중국)/Yang C. N.(楊振寧, 중국)=패리티 비보존에 관한 연구	A. R. Todd(영국)=뉴클레오타이드의 유기화학 연구	D. Bovet(이탈리아)=쿠라레 작용 물질의 합성 및 약리학적 연구
1958년	P. A. Cherenkov(소련)/I. Y. Tamm(소련)/I. M. Frank(소련)=체렌코프 효과의 발견과 해석	F. Sanger(영국)=인슐린의 구조 결정	G. W. Beadle(미국)/E. L. Tatum(미국)/J. Lederberg(미국)=미생물을 이용한 유전생화학의 발전
1959년	E. G. Segrè(미국)/O. Chamberlain(미국)=반(反)양성자 발견	J. Heyrovský(체코슬로바키아)=폴라로그래피 분석법의 발명	S. Ochoa(미국)=RNA의 합성 A. Kornberg(미국)=DNA의 합성
1960년	D. A. Glaser(미국)=수소 거품상자 발명	W. F. Libby(미국)=탄소 14를 이용한 연대 측정법 개발	F. M. Burnet(오스트레일리아)/P. B. Medawar(영국)=후천적 면역 내성의 발견
1961년	R. Hofstadter(미국)=원자핵의 전자산란 연구와 핵자 구조 발견 R. L. Mössbauer(서독)=감마선의 무반도(無反桃) 핵 공명흡수의 연구	M. Calvin(미국)=식물의 광합성 연구	G. von Békésy(헝가리)=내이(달팽이관)의 자극 전달 메커니즘에 관한 연구
1962년	L. D. Landau(소련)=극저온에서의 물성론 연구	M. F. Perutz(영국)/J. C. Kendrew(영국)=X선 회절에 의한 구상 단백질의 입체구조 해명	F. H. C. Crick(영국)/J. D. Watson(미국)/M. H. F. Wilkins(영국)=핵산의 분자 구조와 생체 내 정보 전달 메커니즘의 발견

1963년	E. P. Wigner(미국)=양자역학에서의 대칭성 발견과 응용 M. G. Mayer(미국)/J. H. D. Jensen(서독)=원자핵의 각(殼) 구조이론 연구	K. Ziegler(서독)/G. Natta(이탈리아)=촉매를 사용하는 방법으로 불포화 탄소화합물로부터 중합체를 만드는 연구	J. C. Eccles(오스트레일리아)/A. L. Hodgkin/A. F. Huxley(영국)=신경세포막의 이온 흐름 메커니즘에 관한 발견
1964년	C. H. Townes(미국)/N. G. Basov(소련)/A. M. Prokhorov(소련)=메이저, 레이저 발명	D. Hodgkin(영국)=X선에 의한 생화학 물질의 구조 결정	K. E. Bloch(미국)/F. Lynen(서독)=콜레스테롤과 지방산의 생합성 메커니즘 및 조절에 관한 연구
1965년	도모나가 신이치로(朝永振一郞, 일본)/J. S. Schwinger(미국)/R. P. Feynman(미국)=양자 전기역학의 기초적 연구	R. B. Woodward(미국)=유기합성에 대한 공헌	F. Jacob(프랑스)/A. Lwoff(프랑스)/J. Monod(프랑스)=효소와 바이러스 합성의 유전적 제어 연구
1966년	A. Kastler(프랑스)=원자 내 헤르츠파 공명의 광학적 방법의 발명 및 개발	R. S. Mulliken(미국)=분자오비탈(궤도)법에 의한 화학결합과 분자의 전자구조에 관한 기초적 연구	F. P. Rous(미국)=발암성 바이러스의 발견 C. B. Huggins(미국)=전립선암의 호르몬 요법에 관한 발견
1967년	H. A. Bethe(미국)=핵반응 이론에 대한 공헌, 특히 별에서의 에너지 발생에 관한 발견	R. G. W. Norrish(영국)/G. Porter(영국)/M. Eigen(서독)=급격한 온도 변화에 의한 고속 화학반응 연구	R. Granit(스웨덴)/H. K. Hartline(미국)/G. Wald(미국)=시각의 초기 과정에서의 화학적·생리학적 발견
1968년	L. W. Alvarez(미국)=소립자물리학에 대한 공헌, 특히 수소 거품상자 기술과 그 데이터 해석법의 개발	L. Onsager(미국)=열역학의 '온사게르의 상반정리(相反定理)' 발견	R. W. Holley(미국)/H. G. Khorana(미국)/M. W. Nirenberg(미국)=유전 암호의 해독과 그 단백질 합성에 대한 역할 연구
1969년	M. Gell-Mann(미국)=소립자 분류와 상호작용 이론에 관한 발견과 기여	O. Hassel(노르웨이)/D. H. R. Barton(영국)=화학 구조의 입체적 성질에 대한 개념 정립 및 그 발전	M. Delbrück(미국)/A. D. Hershey(미국)/S. E. Luria(미국)=바이러스의 증식 메커니즘과 유전학적 구조에 관한 발견
1970년	L. Néel(프랑스)=반(反)강자성과 강자성(强磁性)에 관한 연구와 발견 H. Alfvén(스웨덴)=전자기 유체역학 연구와 발견	L. F. Leloir(아르헨티나)=탄수화물 생합성에서 당 뉴클레오타이드의 발견과 연구	B. Katz (영국)/U. S. von Euler (스웨덴)/J. Axelrod (미국)=신경전달물질의 저장, 분비 및 작용 메커니즘에 관한 발견
1971년	D. Gabor(영국)=홀로그래피의 발명	G. Herzberg(캐나다)=분자, 특히 유리기(遊離基)의 전자구조 및 기하학적 구조에 관한 연구	E. W. Sutherland(미국)=호르몬 작용의 메커니즘에 관한 연구
1972년	J. Bardeen(미국)/L. N. Cooper(미국)/J. R. Schrieffer(미국)=초전도 이론의 확립	C. B. Anfinsen(미국)/S. Moore(미국)/W. H. Stein(미국)=RNA 분해 효소 연구	G. M. Edelman(미국)/R. R. Porter(영국)=항체의 화학구조에 관한 발견
1973년	에사키 레오나(江崎玲於奈, 일본)/I. Giaever(미국)/B. D. Josephson(영국)=고체에서의 터널효과 연구	E. O. Fisher(서독), G. Wilkinson(영국)=유기금속화합물에 대한 이론적 연구	K. von Frisch(오스트리아)/K. Z. Lorenz(오스트리아)/N. Tinbergen(네덜란드)=비교행동학의 창시
1974년	M. Ryle(영국)/A. Hewish(영국)=전파천문학 분야의 연구	P. J. Flory(미국)=고분자 물리화학의 이론과 실험적 업적	A. Claude(룩셈부르크)/C. R. de Duve(영국)/G. E. Palade(미국, 루마니아 출생)=세포의 구조와 기능에 관한 발견

1975년	A. N. Bohr(덴마크)/B. R. Mottelson(덴마크)/J. Rainwater (미국)=원자핵 내 집단운동과 입자운동의 결합에 대한 발견, 원자핵 구조이론의 전개	J. W. Cornforth(오스트레일리아)=효소 촉매반응의 입체화학 연구 V. Prelog(스위스)=유기분자와 반응의 입체화학에 관한 업적	D. Baltimore(미국)/H. M. Temin(미국)/R. Dulbecco (미국, 이탈리아 출생)=종양바이러스 연구
1976년	B. Richter(미국)/S. C. C. Ting(미국)=무거운 소립자의 발견	W. N. Lipscomb(미국)=붕소 수소 화합물(borane)의 구조 연구	B. S. Blumberg(미국)=HB항원 발견 D. C. Gajdusek(미국)=쿠루병의 원인 구명
1977년	J. H. van Vleck(미국)/N. F. Mott(영국)/P. W. Anderson (미국)=자성체 및 무질서계 전자구조에 관한 이론적 연구	I. Prigodine(벨기에)=비평형 열역학, 특히 산일 구조 연구	R. C. L. Guillemin(미국)/A. V. Schally(미국)=뇌 내 펩타이드 호르몬에 관한 발견 R. S. Yalow(미국)=방사면역 분석법(RIA) 개발
1978년	P. L. Kapitsa(소련)=저온물리학 분야의 여러 가지 기본적 발견 A. A. Penzias(미국)/R. W. Wilson(미국)=3K 우주 배경 복사의 발견	P. D. Mitchell(영국)=생체막에서의 에너지 변환 연구	W. Arber(스위스)=제한효소의 존재 예견 H. O. Smith(미국)=제한효소의 발견 D. Nathans(미국)=제한효소의 유전학적 응용
1979년	S. L. Glashow(미국)/S. Weinberg(미국)/A. Salam(파키스탄) =약한 힘과 전자기력의 통일 이론에 기여	H. C. Brown(미국)/G. Wittig(서독)=유기화학 반응의 발전에 대한 공헌	A. M. Cormack(미국)/G. N. Hounsfield(영국)=컴퓨터 단층촬영(CT) 기술의 개발
1980년	J. W. Cronin(미국)/B. L. Fitch(미국)=중성 K중간자의 붕괴에서의 기본적인 대칭성 파탄의 발견	P. Berg(미국)=유전자 공학의 기초가 되는 핵산의 생화학적 연구 W. Gilbert (미국)/F. Sanger(영국)=핵산의 염기배열 연구	B. Benacerraf(미국)/G. D. Snell(미국)/J. Dausset (프랑스) =면역 반응의 유전적 조절 메커니즘 해명
1981년	K. Siegbahn(스웨덴)=고분해능 전자분광학의 발전 N. Bloembergen(미국)/A. Schawlow(미국)=레이저 분광학의 발전	후쿠이 겐이치(福井謙一, 일본)/R. Hoffmann(미국)=화학 반응과정에 대한 이론적 연구	R. Sperry (미국)=대뇌 반구 기능 분화에 관한 연구 D. H. Hubel(미국)/ T. N. Wiesel(미국)=대뇌피질 시각 영역의 정보 처리에 관한 연구
1982년	K. G. Wilson(미국)=물질의 상전이(相轉移)에 관련된 임계현상에 관한 이론	A. Klug(영국)=생체 내 거대분자의 미세구조 연구	S. Bergström(스웨덴)/B. Samuelsson(스웨덴)/J. Vane(영국) =프로스타글란딘의 분자 구조와 작용 기작에 관한 연구
1983년	S. Chandrasekhar(미국)=별의 진화에 관한 물리적 과정 연구 W. A. Fowler (미국)=우주의 화학물질 생성과정에서의 핵반응 연구	H. Taube(미국)= 금속 착체에서의 전자 전달 메커니즘 연구	B. McClintoke(미국)=트랜스포존(이동 유전자)의 발견
1984년	C. Rubbia(이탈리아 출생), S. von der Meer(네덜란드)= 약한 힘을 전달하는 입자 위크보손의 발견에 대한 공헌	R. B. Merrifield(미국)=고상반응을 이용한 화학 합성법 개발	N. K. Jerne(프랑스, 영국 출생)=면역 메커니즘의 발달과 조절에 관한 이론 G. J. F. Köhler(스위스, 독일 출생)/C. Milstein(영국, 아르헨티나 출생) = 단일클론항체 생산법의 개발
1985년	K. von Klitzing(서독)=홀(Hall)효과에서의 양자역학적 성질 발견	J. Karle(미국)/H. A. Hauptman(미국)=X선 회절에 의한 결정구조의 직접 측정법 개발	M. Brown(미국)/J. L. Goldstein(미국)=콜레스테롤 대사 메커니즘의 해명. 질병의 치료화를 혁신

1986년	E. Ruska(서독)=전자현미경에 관한 기초 연구와 개발 G. Bining(서독)/H. Rohrer(스위스)=주사형 터널링 현미경의 개발	D. R. Herschbach(미국)/Y. T. Lee(대만, 미국)/J. C. Polanyi(캐나다)=화학반응 소과정의 동력학적 연구에 대한 공헌	R. Levi-Montalcini(이탈리아)/S. Cohen(미국)=신경 성장 인자 및 상피세포 성장 인자의 발견
1987년	J. G. Bednorz(서독)/K. A. Müller(스위스)=산화물 고온 초전도체의 발견	C. J. Pedersen(미국)/D. J. Cram(미국)/J. M. Lehn(프랑스)=선택적으로 구조 특이적 반응을 유도하는 분자(크라운 화합물 등)의 합성	도네가와 스스무(利根川進, 일본)=다양한 항체를 생성하는 유전적 원리의 해명
1988년	J. Steinberg(미국)/M. Schwartz(미국)/L. Lederman(미국)=뉴트리노의 발견을 통해 경입자의 이중구조를 해명, 물질의 기본구조와 우주생성이론 규명에 공헌	J. Deisenhofer(서독)/R. Huber(서독)/H. Michel(서독)=광합성 과정의 3차원 구조 규명 및 물리적 해명	J. W. Black (영국)=협심증과 위궤양 치료제 개발 G. H. Hitchings(미국)/G. B. Elion(미국)=항암제와 면역억제제 개발을 위한 이론 확립 등, 약물요법의 핵심 원리 발견
1989년	Norman F. Ramsey(미국)/Hans G. Dehmelt(미국)=수소분자 증폭기와 원자시계에 이용할 수 있는 진자발진방법 발명 Wolfgang Paul(서독)=이온 포획법 개발	Sidney Altman(미국, 캐나다 출생)/Thomas R. Cech(미국)=RNA의 촉매 기능 발견에 의한 공헌	J. M. Bishop(미국)/H. E. Varmus(미국)=레트로바이러스에 대한 발암자의 세포적 기원에 관한 연구
1990년	Jerome I. Friedman(미국)/Henry W. Kendall(미국)/Richard E. Taylor(미국)=양성자·중성자에 대한 전자의 비탄성 산란을 통한 쿼크 모델의 확립	Elias J. Corey(미국)=유기합성의 이론과 방법의 개발	Joseph E. Murray(미국)/E. Donnall Thomas(미국)=질병 치료의 장기·세포 이식에 관한 발견
1991년	Pierre-Gilles de Gennes(프랑스)=액정이나 고분자 내에서 분자나 원자들이 일정한 방향으로 배열된 정돈 상태에서 무질서한 상태로 옮겨갈 때 어떤 현상이 일어나는지를 수학적으로 밝힘.	Richard R. Ernst(스위스)=초고분해능 핵자기공명(NMR) 분광학 방법론 개발	Erwin Neher(독일)/Bert Sakmann(독일)=세포막의 이온통로 활동을 특정하는 방법을 개발
1992년	Georges Charpak(프랑스)=소립자 검출 장치 '다중도선 비례계수기(Multiwire Proportional Cha mber)' 개발	Rudolph A. Marcus(미국)=화학 반응계의 전자 전달 반응속도 이론 정립	Edmond H. Fischer(미국)/Edwin G. Krebs(미국)=단백질의 인산화 가역과정을 규명

옮긴이의 말

요즘 우리나라에서는 '노벨상 도전'이 활발히 거론되고 있다. 세계가 놀라워한 단기간의 경제성장을 이루며 터득한 '하면 된다'는 기운이 사회 전반에 팽배해지고 있다. 초·중·고등학생에게 장래 희망을 물으면 '과학자가 되겠다'며 어깨를 펴는 이들이 많다. 과학기술처는 '2000년대를 향한 과학·기술 장기 계획'이라는 청사진을 제시했고, 국민들 사이에서는 과학기술의 진흥이 곧 '우리의 살길'이라는 인식이 점차 확산되고 있다. 이러한 환경 속에서 노벨상의 영예를 안은 수상자들의 방한이 잦아지고 있으며, 그들의 강연이나 소감을 직접 접할 수 있는 기회도 점점 늘어나고 있다.

하지만 한 가지 아쉬운 점이 있다. 바로 그 수상자들과 직접 마주 앉아, 위대한 업적이 이루어지기까지의 연구 과정을 차분히 들을 수 있는 기회는 여전히 많지 않다는 점이다.

이 책은 바로 이러한 아쉬움을 조금이나마 해소해 줄 수 있으리라 믿는다. 물리학, 화학, 생리학·의학 등 여러 분야에 걸쳐, 저자는 해박한 과학 소양을 지닌 과학도로서, 또 오랜 전통을 자랑하는 일본의 저명한 과학잡지 『과학 아사히(科學朝日)』의 편집기자로서, "노벨상 수상 연구의 발상과, 그 연구가 태어난 조건을 밝히고 싶다"는 의도 아래, "훌륭한 연구는 어떻게 탄생하며, 과학의 비약은 어떻게 일어나는가"라는 핵심적인 과제를 파헤치고자 하였다. 그는 철저한 준비와 불타는 열정을 바탕으로, 노벨상 수상자 23명을 직접 찾아가 무릎을 맞대고 생생한 증언을 들었다. 이 책은 그들의 이야기를 한 사람 한 사람 정성스럽게 엮은 결과물이다.

독자 여러분도 이 책을 통해 수상 연구의 발상과 그 배경을 깊이 있게 들여다볼 수 있을 것이며, 수상자들의 인간적인 면모를 느끼고, 많은 교훈과 감동을 얻게 되리라 믿는다.

과학자의 자서전이나 전기는 각기 다른 형식을 취하더라도 공통된 맥락을 공유하듯, 이러한 탐방기 역시 현재와 미래를 위한 과학사적 자료로서 매우 귀중한 문헌적 가치를 지닌다. 그런 점에서 이 책은 과학 전기의 유산이 빈약한 우리 사회에서 더욱 뜻깊은 의미가 있다. 과학을 연구하는 이들, 과학자를 꿈꾸는 이들, 과학에 대한 올바른 인식을 갖고자 하는 이들은 물론, 교단에 서 계신 선생님들께도 유익한 강의 자료가 되기를 바란다.

역자는 이 책의 초판이 출간된 직후, 저자로부터 책을 기증받았고, 한국어판 출간을 염두에 두고 저자와 협의하여 번역을 추진하게 되었다. 이처럼 뜻깊은 책은 관심 있는 이들에게 널리 권하고 싶은 마음이 컸다.

번역 작업에는 오랜 시간이 걸렸다. 출판사의 다양한 업무를 병행하며 짬짬이 진행하다 보니, 이제서야 비로소 세상에 선보이게 되었다. 그사이 일본에서는 초판 출간 후 1년이 채 지나지 않아 벌써 3판째가 출간되었다는 소식을 저자로부터 전해 들었다.

과학기술 선진국으로 자타가 공인하는 일본에서 이 책이 이렇게 빠른 속도로 널리 읽히고 있다는 사실은, 이 책의 매력은 물론, 일본인들이 과학기술에 품고 있는 집념과 저력을 새삼 실감하게 한다. 우리 독자들 또한 그러한 정신에 공감하며, 알고자 하는 열정과 도전하려는 기운이 넘쳐나기를 소망한다.

이 책의 번역 출간에 즈음하여, 저자 미우라 겐이치(三浦賢一) 씨와 발행사인 아사히신문사(朝日新聞社)로부터 번역 출판권을 흔쾌히 허락받았으며, 한국의 과학 진흥을 향한 따뜻한 격려도 함께 받았다. 특히 수상자들의 인간미를 담은 초상화 사용을 기꺼이 허락해 주신 기무라 슈지(木村 しゆうじ) 씨를 비롯해, 여러 분들의 각별한 배려와 협력은 큰 힘이 되었다. 이 자리를 빌려 진심으로 감사의 뜻을 전한다.

끝으로, 과학 풍토 조성을 위한 역자의 작은 노력에 늘 변함없는 협조와 격려를 아끼지 않으신 한국과학저술인협회 김정흠 회장(고려대학교 교수), 박택규 부회장(건국대학교 교수), 송상용 한국과학사학회 부회장(한림대학교 교수)께 깊은 감사를 드린다. 이분들의 도움 덕분에 이 책은 역자의 스물두 번째 번역서로서 세상에 나올 수 있었다.

아울러 이 책에서 인명 표기(국립국어원 『외래어 표기 용례집』에 따라 통일) 및 지명 등 외래어 표기와 관련하여 혹시라도 오류가 있다면, 그 모든 책임은 전적으로 역자에게 있음을 밝힌다. 독자 여러분의 너그러운 이해와 아낌없는 지도를 부탁드린다.

옮긴이 손영수